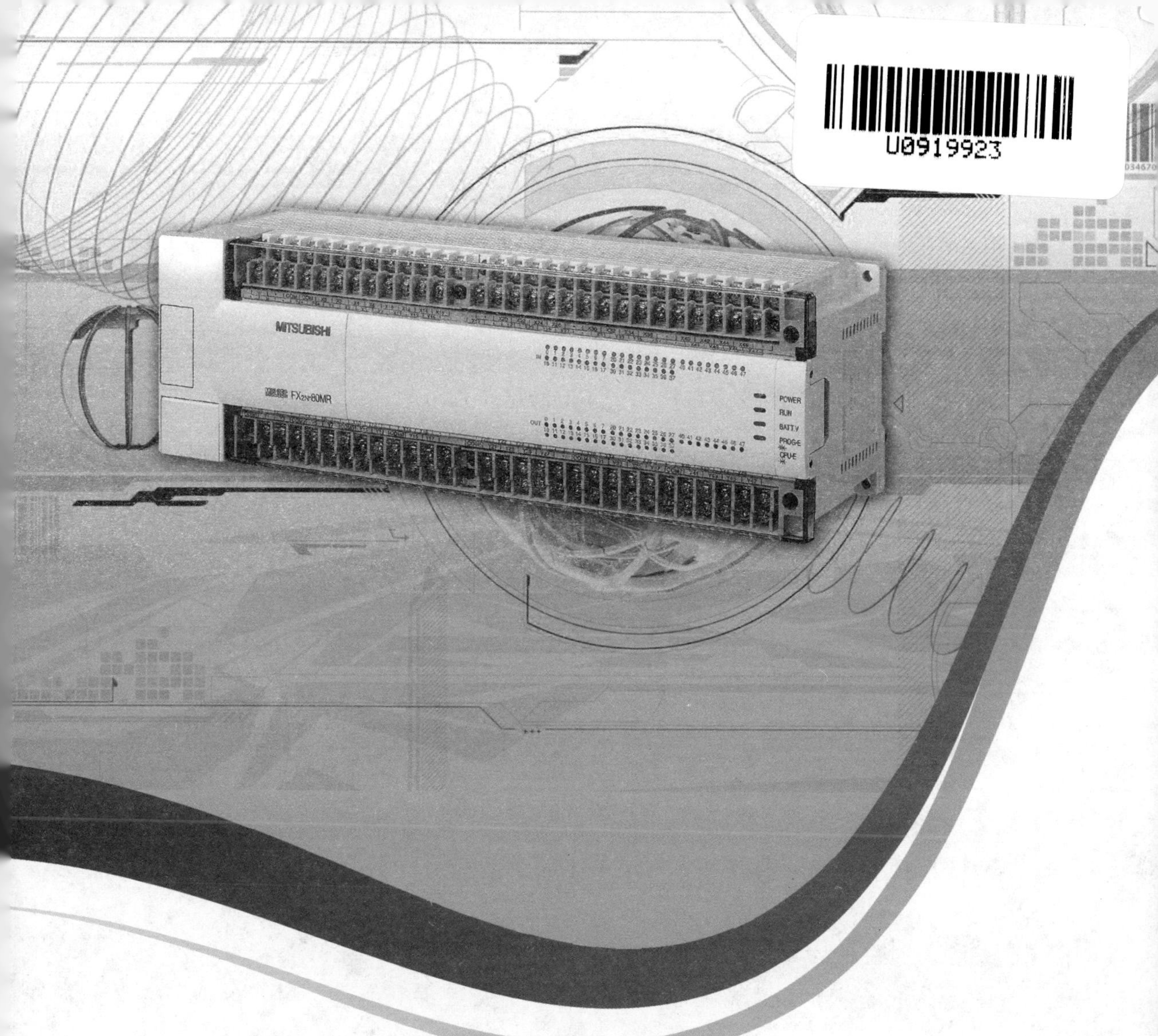

电气控制与PLC项目化教程

主　编　江可万
参　编　牟振英　袁冬琴　王银月

大连理工大学出版社

图书在版编目(CIP)数据

电气控制与PLC项目化教程 / 江可万主编. 一 大连 : 大连理工大学出版社，2014.8(2018.7 重印)

ISBN 978-7-5611-9447-8

Ⅰ. ①电… Ⅱ. ①江… Ⅲ. ①电气控制一教材②plc技术一教材 Ⅳ. ①TM571.2②TM571.6

中国版本图书馆CIP数据核字(2014)第182121号

大连理工大学出版社出版

地址：大连市软件园路80号 邮政编码：116023

发行：0411-84708842 邮购：0411-84708943 传真：0411-84701466

E-mail：dutp@dutp.cn URL：http://dutp.dlut.edu.cn

大连力佳印务有限公司印刷 大连理工大学出版社发行

幅面尺寸：185mm×260mm 印张：15.25 字数：371千字

2014年8月第1版 2018年7月第3次印刷

责任编辑：孔泳滔 责任校对：程振明

封面设计：张 莹

ISBN 978-7-5611-9447-8 定 价：37.80元

本书如有印装质量问题，请与我社发行部联系更换。

前 言

《电气控制与PLC项目化教程》是技术性和实践性很强的专业课程教材，是机电类各专业的核心课程教材。本教材共分五篇：第一篇为电气控制篇，主要讲述各类低压电器的结构及原理、典型控制环节的原理分析、控制对象的工艺与原理分析；第二篇为公共基础篇，主要讲述PLC的组成及工作原理、编程软件及机电仿真软件的使用；第三篇为基本技能篇，依据三菱FX2N系列PLC为对象，讲解PLC的基本指令、顺序控制指令、功能指令、模拟量模块与通信联网的应用；第四篇为工程应用篇，主要讲述PLC工程应用中的分析过程，软、硬件设计方法及步骤，结合具体控制系统掌握从知识向能力的转化技能；第五篇为S7-200基本应用篇，主要讲述西门子S7-200 PLC的指令系统与软件编程，并进行较简单的工程应用。

本教材的突出特点是“教、学、做”合一的编写方法、项目化的体例结构、模拟仿真的教学载体。教材包括二十八个项目，其中很多项目来自于工程实例，给出了详细的实施步骤，有较强的针对性和实用性；每个工程案例都具有硬件系统的仿真和软件系统的编程，均可观察到系统运行的过程和结果。

本教材是校企合作编写的结晶，其作者均为来自于高校的教师和企业的专家，编写分工如下：江可万负责第五篇的编写，牟振英（企业）负责第四篇的编写，袁冬琴负责第三篇的编写，王银月负责第一篇及第二篇的编写。全书由江可万负责统稿。

本教材可作为本科、高职高专、职业院校机电类相关专业的教材，也可作为工程技术人员自学或培训教材使用。

本教材提供的教学资源包括电子课件、电子教案、习题及习题解答、试卷库及其参考答案、仿真软件、与教材配套的仿真程序，有相关需求者可与编者联系。

限于编者的水平和编写时间，教材中仍可能存在疏漏之处，恳请读者批评指正，以便修订时改进。

编 者

2014 年 8 月

所有意见和建议请发往：dutpgz@163.com

欢迎访问教材服务网站：http://www.dutpbook.com

联系电话：0411-84706676　84707424

目录

第一篇　电气控制篇

第二篇　公共基础篇

第三篇　基本技能篇

第四篇　工程应用篇

第五篇　S7-200 基本应用篇

电气控制篇

项目一

常用低压电器

1.1 低压电器的基本知识

低压电器通常是指在交流电压小于 1 200 V、直流电压小于 1 500 V 的电路中起接通、断开、保护和调节作用的电气设备。低压电器是电力拖动自动控制系统的基本组成元件，控制系统的优劣和所用低压电器的性能有直接关系。作为电气工程技术人员，必须熟悉常用低压电器的结构与原理，掌握其使用与维护等方面的知识和技能。

1.1.1 低压电器的分类

常用的低压电器主要有接触器、继电器、刀开关、断路器、转换开关、行程开关、按钮、熔断器等。低压电器的种类繁多，功能各异，分类的方法很多，主要有以下分类：

1. 按用途和控制对象分类

(1)低压配电电器　主要用于低压配电系统中，要求系统发生故障时准确动作，在规定的条件下具有稳定性，使电器不会损坏。如刀开关、转换开关、熔断器等。

(2)低压控制电器　主要用于电气传动系统中。要求寿命长、体积小、质量轻且动作迅速、准确、可靠。如接触器、继电器、启动器、主令电器等。

2. 按动作方式分类

(1)自动切换电器　依靠自身参数的变化或外来信号的作用，自动完成接通和分断等动作。如接触器、继电器等。

(2)非自动切换电器　靠外力(如人力)直接操作进行切换的电器。如刀开关、转换开关、按钮等。

3. 按有无触点分类

(1)有触点电器　利用触点的接通和分断来切换电路。如接触器、刀开关、按钮等。

(2)无触点电器　无可分离的触点，主要利用电子元件的开关效应，即导通和截止来实现电路的通、断控制。如接近开关、霍尔开关、电子式时间继电器等。

4. 按工作原理分类

(1)电磁式电器　根据电磁感应原理来动作的电器。如接触器、电磁式继电器等。

(2)非电量控制电器　依靠外力或非电量信号(如速度、压力、温度)的变化而动作的电器。如转换开关、行程开关、速度继电器、压力继电器等。

1.1.2 低压电器的基本结构

1. 电磁机构

电磁机构是电磁式电器的主要组成部分,它将电磁能转换成机械能,带动触点动作,使电路接通或断开。其工作原理是:当线圈中有电流通过时,产生电磁吸力,电磁吸力克服弹簧的反作用力,使衔铁与铁芯闭合,衔铁带动连接机构运动,从而带动相应触点动作,实现电路的通、断控制。

电磁机构由吸引线圈、铁芯和衔铁三个基本部分组成。电磁机构大致有如下几种,如图1-1所示。

图1-1(a)所示为衔铁绕棱角转动拍合式,适用于直流接触器。

图1-1(b)所示为衔铁绕轴转动拍合式,适用于触点容量较大的交流接触器。

图1-1(c)所示为衔铁沿直线运动螺管式,适用于交流接触器、继电器等。

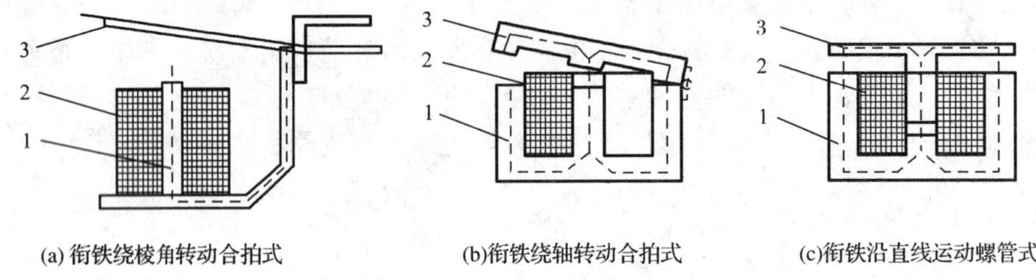

(a)衔铁绕棱角转动合拍式　(b)衔铁绕轴转动合拍式　(c)衔铁沿直线运动螺管式

图1-1　常用电磁机构的结构

1—铁芯;2—吸引线圈;3—衔铁

2. 触头系统

触头是有触点电器的执行部分,通过触头的动作控制电路的通、断。触头通常由动、静触点组合而成。

(1)触点的接触形式　触点的接触形式有点接触(如球面对球面、球面对平面等)、面接触(如平面对平面)和线接触(如圆柱对平面、圆柱对圆柱)三种。如图1-2所示。三种接触形式中,点接触形式的触点只适用于小电流的电器中,如接触器的辅助触点和继电器的触点;面接触形式的触点允许通过较大的电流,一般在接触表面镶有合金,以减小触点接触电阻和提高耐磨性,多用于较大容量接触器的主触点;线接触形式的触点接触区域是一条直线,其触点在通、断过程中有滚动动作,这种滚动接触多用于中等容量的触点,如接触器的主触点。

(2)触头的结构形式　在常用的继电器和接触器中,触头的结构形式主要有单断点指形触头和双断点桥式触头两种。

3. 灭弧系统

(1)电弧的产生及危害　当触头分断电流时,由于电场的存在,触头间会产生电弧。电弧实际上是触头间气体在强电场作用下产生的放电现象。电弧的存在既烧蚀触头的金属表面,降低了电器使用寿命,又延长了切断电路的时间,还容易形成飞弧,造成电源短路事故,

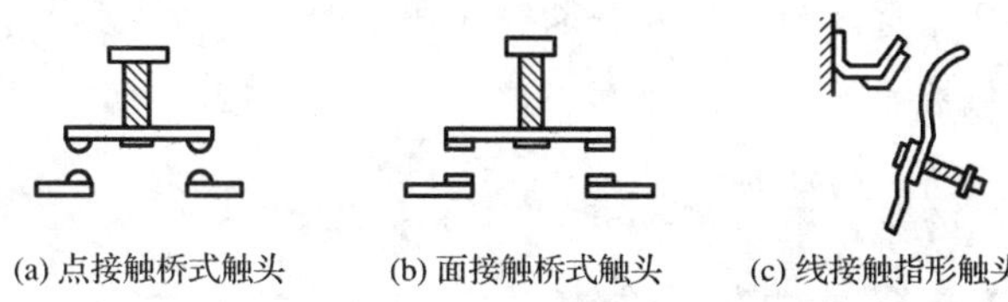

图 1-2 触头的结构形式

因此必须迅速将电弧熄灭。

(2)常用的灭弧方法 根据电流性质不同,电弧可分为直流电弧和交流电弧。由于交流电弧有自然过零点,所以容易熄灭;而直流电弧没有薄弱点,所以电弧不易熄灭。

灭弧的方法有多种,常用的有电动力灭弧(双断口灭弧)、磁吹灭弧、灭弧栅片灭弧、灭弧罩灭弧。

1.1.3 低压电器的主要技术参数

由于电路的工作电压或电流等级不同,通、断频繁程度不同,负载的性质不同,所以必须对电器提出不同的技术参数,保证电器能可靠地接通和分断电路。

1. 额定电压和额定电流

额定电压是指在规定的条件下,能保证电器正常工作的电压值,一般指触点额定电压值,电磁式电器还规定了电磁线圈的额定电压。

额定电流是指根据电器的具体使用条件确定的电流值,它和额定电压、电网频率、额定工作环境、使用类别、触点寿命及防护参数等因素有关。同一个电器使用条件不同,额定电流也不同。

2. 通断能力

通断能力以控制规定的非正常负载时所能接通和断开的电流值来衡量。接通能力是指开关闭合时不会造成触点熔焊的能力。断开能力是指开关断开时能可靠灭弧的能力。

3. 寿命

低压电器的寿命包括机械寿命和电寿命,机械寿命是指低压电器在无电流情况下能操作的次数,电寿命是指在规定使用条件下,不需要修理或更换零件的负载操作次数。

1.2 接触器

接触器是用于远距离频繁地接通和断开交直流主电路及大容量控制电路的一种自动切换电器。其主要控制对象是电动机,也可以控制其他的负载。接触器具有操作频率高,使用寿命长,工作可靠,性能稳定,维护方便等优点,同时还具有低电压释放保护功能,在电力拖动自动控制系统中被广泛应用。接触器实物如图 1-3 所示。

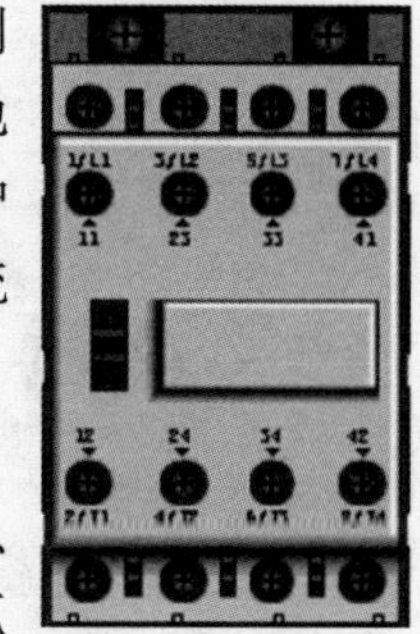

图 1-3 接触器实物

接触器可分为交流接触器和直流接触器。

交流接触器常用于远距离、频繁地接通和分断额定电压至 1 140 V、电流至 630 A 的交流电路。交流接触器主要由电磁系统、触点系统、灭弧装置和其他部件组成。

直流接触器主要用来远距离接通和分断额定电压至440 V、额定电流至630 A的直流电路或频繁地操作和控制直流电动机启动、停止、反转及反接制动。直流接触器也由电磁系统、触点系统、灭弧装置等部分组成。

1.2.1 接触器的主要技术参数

接触器的主要技术参数有额定电压、额定电流、寿命、线圈操作功率、额定操作频率和动作值等。

1. 额定电压

接触器主触点的额定电压，一般情况下，交流主要有220 V、380 V、660 V，在特殊场合额定电压可达1 140 V；直流主要有110 V、220 V、440 V等。

2. 额定电流

额定电流是指接触器主触点的额定工作电流。它是在一定的条件下(额定电压、使用类别、操作频率等)规定的。目前常用的电流等级为10～800 A。

3. 机械寿命和电气寿命

接触器的机械寿命一般可达数百万次至一千万次；电气寿命一般是机械寿命的5%～20%。

4. 线圈消耗功率

线圈消耗功率可分为启动功率和吸持功率。对于直流接触器，两者相等；对于交流接触器，一般启动功率为吸持功率的5～8倍。

5. 额定操作频率

接触器的额定操作频率是指每小时允许的操作次数，一般为300次/h、600次/h和1 200次/h。

6. 动作值

动作值是指接触器的吸合电压和释放电压。规定接触器的吸合电压大于线圈额定电压85%时应可靠吸合，释放电压不高于线圈额定电压的70%。

1.2.2 接触器的常用型号及电气符号

接触器的图形符号如图1-4所示，文字符号为KM。

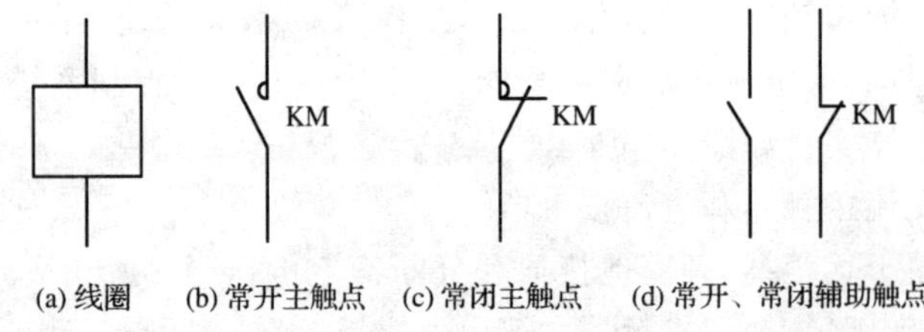

(a) 线圈 (b) 常开主触点 (c) 常闭主触点 (d) 常开、常闭辅助触点

图1-4 接触器的图形符号

接触器的型号说明如图 1-5 所示。

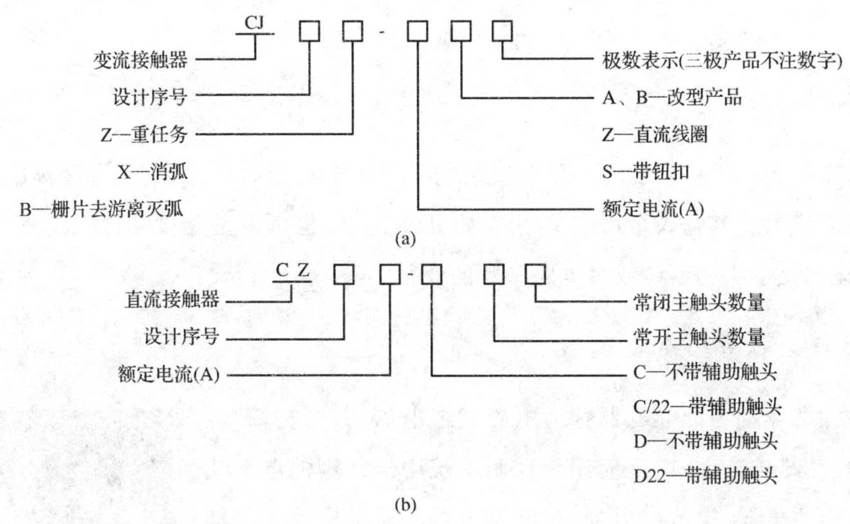

图 1-5　接触器的型号说明

例如:CJ10Z-40/3 为交流接触器,设计序号为 10,重任务型,额定电流为 40 A,主触点为三极。CJ12T-250/3 为改型后的交流接触器,设计序号为 12,额定电流为 250 A,主触点为三极。

我国生产的交流接触器常用的有 CJ10、CJ12、CJX1、CJ20 等系列及其派生系列产品,CJ10 系列及其改型产品已逐步被 CJ20、CJX 系列产品取代。上述系列产品一般具有三对常开主触点,常开、常闭辅助触点各两对。直流接触器常用的有 CZ20 系列,分为单极和双极两大类,常开、常闭辅助触点各不超过两对。除以上常用系列外,我国近年来还引进了一些生产线,生产了一些满足 IEC 标准的交流接触器,下面加以简单介绍。

CJ12B-S 系列锁扣接触器用于交流 50 Hz、电压 380 V 及以下、电流 600 A 及以下的配电电路中,供远距离接通和分断电路用,并适用于不频繁启动和停止的交流电动机。它具有正常工作时吸引线圈不通电、无噪声等特点。其锁扣机构位于电磁系统的下方。锁扣机构靠吸引线圈通电,吸引线圈断电后靠锁扣机构保持在锁住位置。由于线圈不通电,所以不仅无电力损耗,而且消除了噪声。

1.2.3　接触器的选用

交流接触器应根据负荷的类型和工作参数合理选用,主要考虑以下方面:

(1)接触器控制的电动机或负载电流的类型。

(2)接触器主触点的额定电压应不小于主电路的工作电压。

(3)接触器主触点的额定电流应不小于被控电路的额定电流,对于电动机负载根据其运行方式适当增减。

(4)接触器吸引线圈的额定电压和频率与所控制电路的选用电压和频率一致。

此外,在选用接触器时还要考虑接触器的触点数量、种类等是否满足控制电路的要求。

1.3 继电器

继电器是指根据某些信号的变化来接通或断开小电流控制电路，实现远距离控制和保护的自动控制电器。其输入量可以是电流、电压等电量，也可以是湿度、时间、速度、压力等非电量，其输出是触头的动作或者电路参数的变化。

1.3.1 电磁式继电器

以电磁力为驱动力的继电器称为电磁式继电器，其结构简单、价格低廉、使用维护方便，广泛应用于控制系统中。常用的电磁式继电器有电压继电器、电流继电器、中间继电器等。继电器实物如图 1-6 所示。

图 1-6 继电器实物

1. 常用的电磁式继电器

(1)电压继电器 根据线圈两端电压的大小通断电流的继电器称为电压继电器。根据实际需要，电压继电器可以分为过电压继电器、欠电压继电器和零电压继电器。过电压继电器的动作电压范围为(105%～120%)U_N，欠电压继电器吸合动作范围为(20%～50%)U_N，释放电压调整范围为(7%～20%)U_N，零电压继电器当电压降至(5%～25%)U_N时动作，它们分别起过压、欠压、零压保护作用。

电压继电器工作时并联入电路，其一次侧线圈匝数多，导线细，阻抗大，用于反映电路电压的变化。

(2)电流继电器 电流继电器根据线圈中电流的大小而动作。电流继电器按用途可分为欠电流继电器和过电流继电器。欠电流继电器的吸引线圈吸合电流为线圈额定电流的30%～65%，释放电流为额定电流的 10%～20%，用于欠电流保护或控制。过电流继电器在电路正常工作时不动作，当电流超过某一定值时才动作，整定范围为额定电流的 110%～400%，其中交流过电流继电器为 110%～400%，直流过电流继电器为 70%～300%，过电流继电器用于过电流保护和控制。

电流继电器串联入电路中，可反映电路电流的变化，其线圈匝数少、导线粗、阻抗小。

(3)中间继电器 中间继电器实质上是一种电压继电器，其触点对数多，触点容量大，其作用是将一个输入信号变成多个输出信号或将信号放大，起到信号中转的作用。

2. 电磁式继电器的常用型号及电气符号

(1)常用型号及含义(图 1-7)

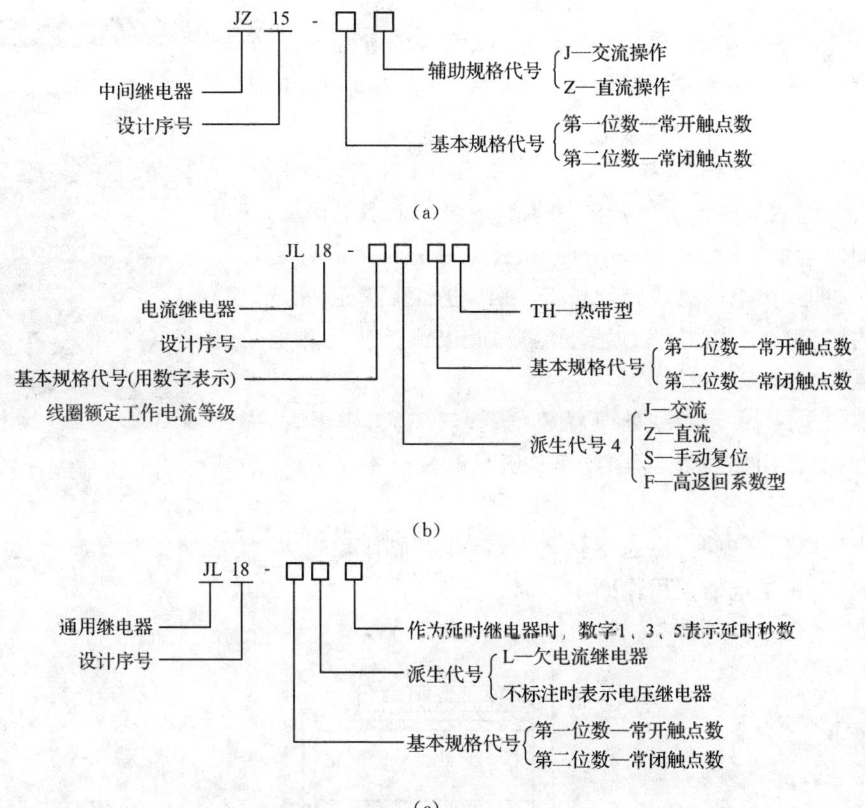

图 1-7 电磁式继电器的常用型号

(2)电气符号(图 1-8)

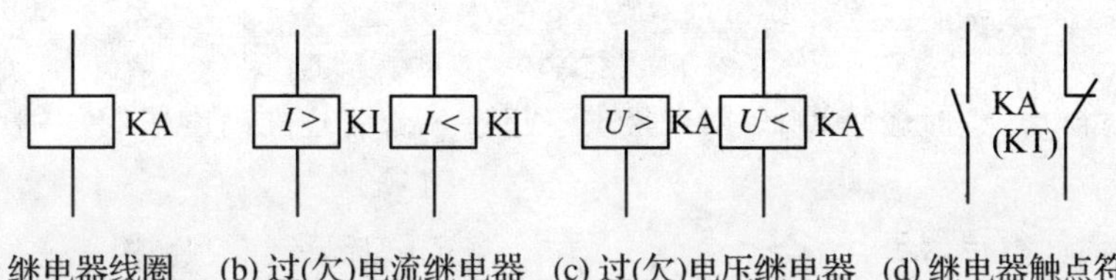

(a) 继电器线圈一般符号 (b) 过(欠)电流继电器线圈符号 (c) 过(欠)电压继电器线圈符号 (d) 继电器触点符号

图 1-8 电磁式继电器的电气符号

3. 电磁式继电器的选择原则

继电器是组成控制系统的基础元件，选用时应综合考虑继电器的适用性、功能特点、使用环境、额定电压、额定电流等因素，做到合理选择。主要考虑以下方面：

(1)类型和系列的选用。

(2)使用环境的选择。

(3)使用类别的选用。典型用途是控制交直流电磁铁，例如交直流接触器线圈。使用类型如 AC-11、DC-11。

(4)额定电压、额定电流的选用。继电器线圈的额定电压与额定电流选用时应注意与系统要求一致。

1.3.2 时间继电器

时间继电器是一种利用电磁原理或机械原理实现触点延时接通或断开的自动控制电器，其种类很多，常用的有电磁式、空气阻尼式、电动式和晶体管式等。按延时方式可分为通电延时型和断电延时型两种。时间继电器实物如图1-9所示。

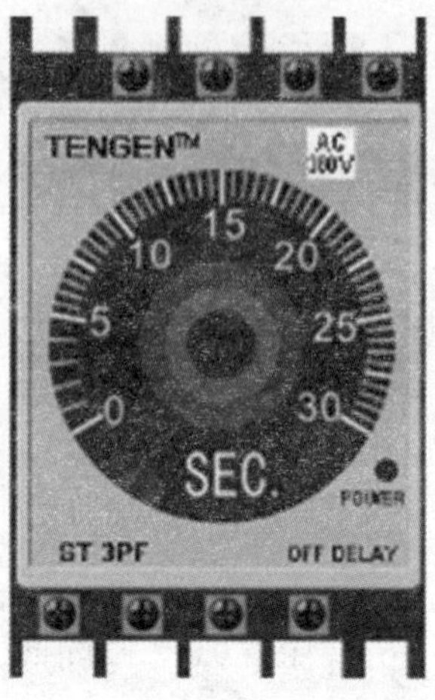

图1-9 时间继电器实物

1. 直流电磁式时间继电器

在直流电磁式电压继电器的铁芯上增加一个阻尼铜套，即可构成时间继电器，其结构如图1-10所示。它是利用电磁阻尼原理产生延时的，由电磁感应定律可知，在继电器线圈通、断电过程中铜套内将感应电势，并流过感应电流，此电流产生的磁通总是反对原磁通变化。

电器通电时，由于衔铁处于释放位置，气隙大，磁阻大，磁通小，铜套阻尼作用相对也小，因此衔铁吸合时延时不显著(一般忽略不计)。

而当继电器断电时，磁通变化量大，铜套阻尼作用也大，使衔铁延时释放而起到延时作用。因此，这种继电器仅用作断电延时。

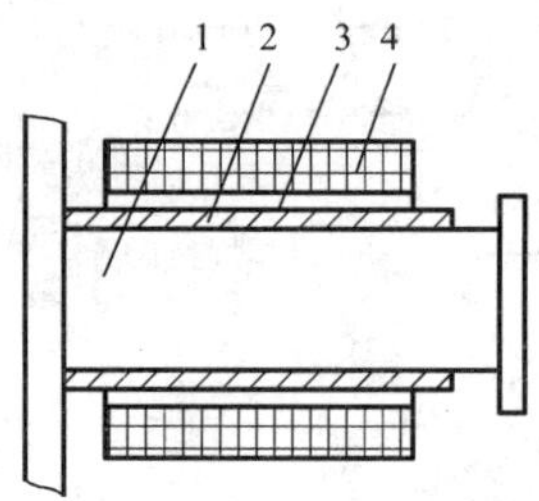

图1-10 带有阻尼铜套的铁芯示意图

1—铁芯；2—阻尼铜套；3—绝缘层；4—线圈

这种时间继电器延时较短，JT3系列最长不超过5 s，而且准确度较低，一般只应用于要求不高的场合。

2. 空气式时间继电器

空气式时间继电器又称为空气阻尼式时间继电器，是利用空气阻尼原理获得延时的。它由电磁系统、延时机构和触点三部分组成，其电磁机构为直动式双E型，触点系统采用LX5型微动开关，延时机构采用气囊式阻尼器。

空气式时间继电器既具有由空气室中的气动机构带动的延时触点，也具有由电磁机构直接带动的瞬动触点，可以做成通电延时型，也可以做成断电延时型。其电磁机构可以是直流的，也可以是交流的。

3. 电子式时间继电器

电子式时间继电器在时间继电器中已成为主流产品，它是采用晶体管或集成电路和电子元件等构成的。目前已有采用单片机控制的时间继电器。电子式时间继电器具有延时范围广、精度高、体积小、耐冲击和振动、调节方便及寿命长等优点，因此发展很快，应用广泛。

电子式时间继电器的输出形式有两种：有触点式和无触点式，前者利用晶体管驱动小型电磁式继电器，后者采用晶体管或晶闸管输出。

4. 单片机控制时间继电器

近年来，随着微电子技术的发展，采用集成电路、功率电路和单片机等电子元件构成的新型时间继电器大量面市。如 DHC6 多制式单片机控制时间继电器、J5S17、J3320、JSZ13 等系列大规模集成电路数字时间继电器，J5145 等系列电子式数显时间继电器、J5G1 等系列固态时间继电器等。

5. 时间继电器的常用型号及电气符号

(1)时间继电器常用型号及含义(图 1-11)

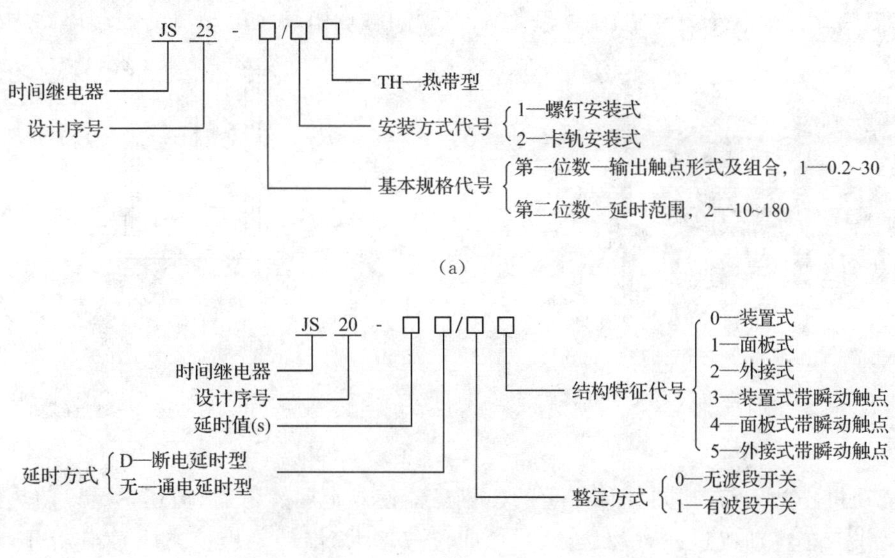

图 1-11 时间继电器常用型号及含义

(2)电气符号(图 1-12)

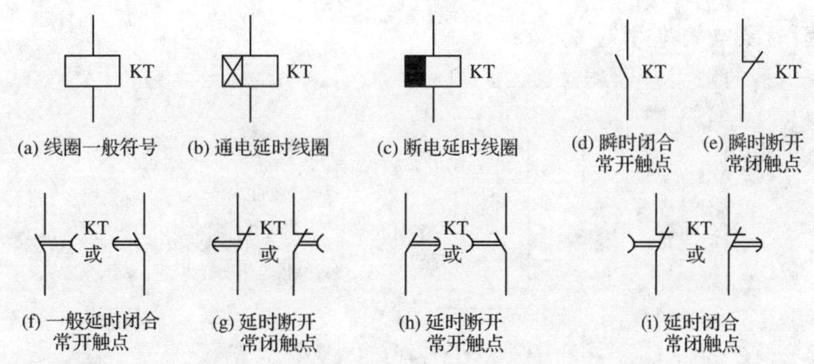

图 1-12 时间继电器的电气符号

6. 时间继电器的选用原则

时间继电器的类型多样，各具特点，选择时应从以下方面考虑：

(1)根据控制电路对延时触点的要求选择延时方式，即通电延时型或断电延时型。

(2)根据延时范围和精度要求选择。

(3)根据使用场合、工作环境选择。例如，电源电压波动大的场合可选用空气式或电动式时间继电器；电源频率不稳定场合不宜选用电动式；环境温度变化大的场合不宜选用空气式和电子式时间继电器。

1.3.3 热继电器

热继电器主要用于电力拖动系统中电动机负载的过载保护。

1. 热继电器的结构及工作原理

热继电器主要由热元件、双金属片和触点等组成，如图1-13所示，热元件由发热电阻丝做成。双金属片由两种热膨胀系数不同的金属辗压而成，当双金属片受热时会弯曲变形。使用时，把热元件串联于电动机的主电路中，而常闭触点串联于电动机的控制电路中。

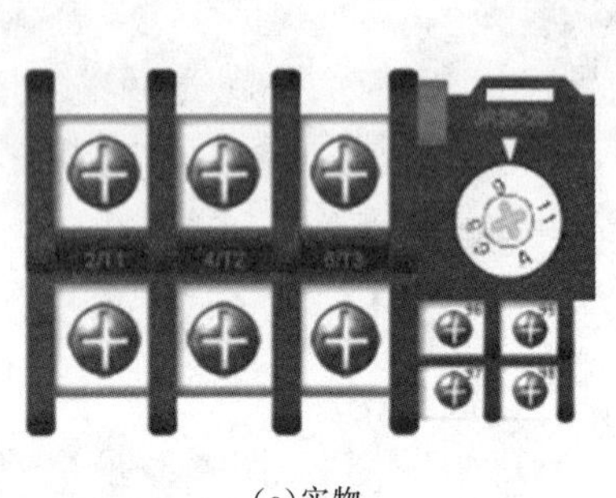

(a)实物

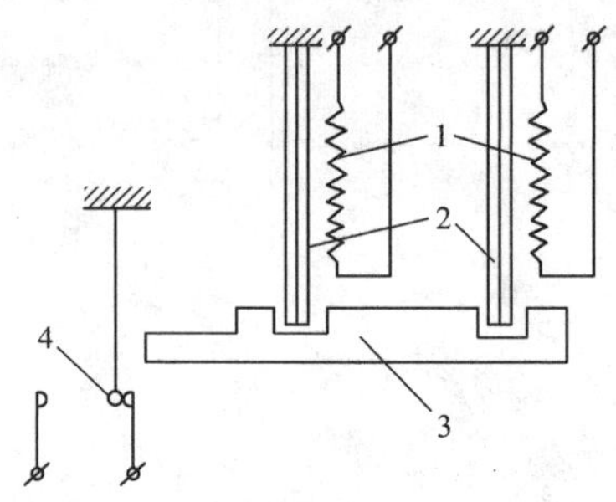

(b)原理

1—热元件；2—双金属片；3—导板；4—触点(复位)

图1-13 热继电器

当电动机正常运行时，热元件产生的热量虽能使双金属片弯曲，但还不足以使热继电器的触点动作。当电动机过载时，双金属片弯曲位移增大，推动导板使常闭触点断开，从而切断电动机控制电路(起保护作用)。热继电器动作后一般不能自动复位，要等双金属片冷却后按下复位按钮才能复位。热继电器动作电流的调节可以借助于旋转凸轮至不同位置来实现。

2. 常用型号及电气符号

(1)热继电器的常用型号及含义(图1-14)

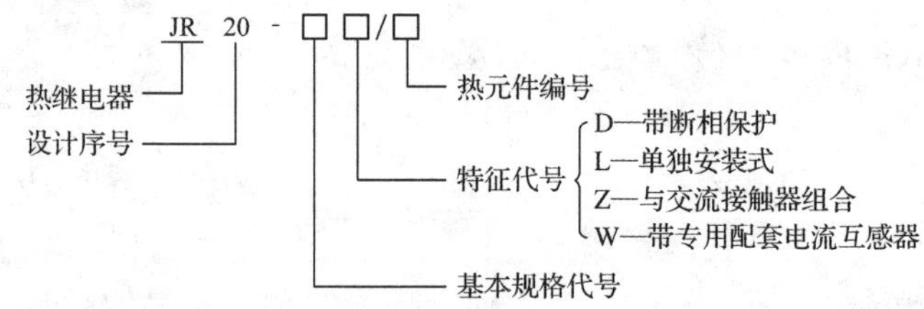

图1-14 热继电器的常用型号及含义

(2)电气符号(图1-15)

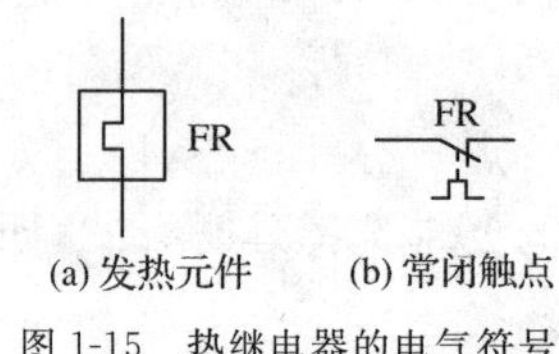

(a)发热元件 (b)常闭触点

图1-15 热继电器的电气符号

3. 热继电器的选择原则

(1)星形接法的电动机可选用两相或三相结构热继电器;三角形接法的电动机选用带断相保护装置的三相结构热继电器。

(2)根据被保护电动机的实际启动时间选取6倍额定电流下具有相应可返回时间的热继电器。一般热继电器的返回时间约为6倍额定电流下动作时间的50%~70%。

(3)热元件额定电流

$$I_N=(0.95\sim1.05)I_{MN}$$

式中 I_N——热元件的额定电流;

I_{MN}——电动机的额定电流。

热元件选好后,要根据电动机的额定电流来调整它的整定值。

1.3.4 速度继电器

速度继电器是根据电磁感应原理制成的,主要用作鼠笼式异步电动机的反接制动鼓,故又称为反接制动继电器。它主要由转子、定子及触点三部分构成,如图1-16所示。

速度继电器的轴与电动机的轴相连接。转子固定在轴上,定子与轴同心。当电动机转动时,速度继电器的转子随之转动,绕组切割磁场产生感应电动势和电流,此电流和永久磁铁的磁场作用产生转矩,使定子向轴的转动方向偏摆,通过定子柄拨动触点,使常闭触点断开、常开触点闭合。当电动机转速下降到接近零时,转矩减小,定子柄在弹簧力的作用下回复至原位,触点也复原。速度继电器根据电动机的额定转速进行选择。

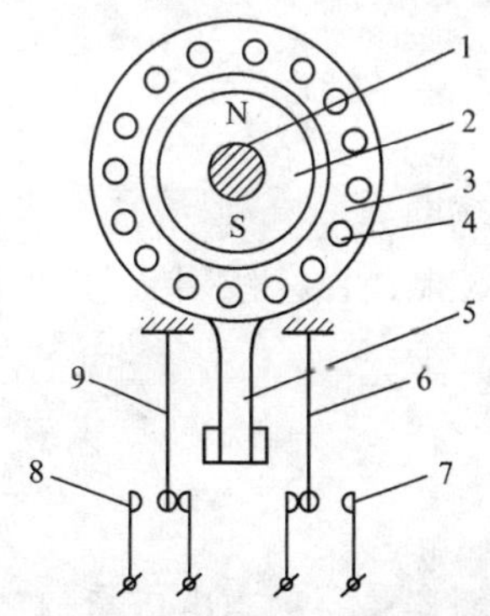

图1-16 速度继电器的结构

1—转子;2—电动机轴;3—定子;4—绕组;5—定子柄;6、9—簧片;7—静触点;8—动触点

速度继电器的电气符号如图1-17所示。

图1-17 速度继电器的电气符号

速度继电器应用广泛,可以用来监测船舶、火车的内燃机引擎以及气体、水和风力涡轮机,还可以用于造纸业、制箔业和纺织业生产上。在船用柴油机以及很多柴油发电机组的应用中,速度继电器可作为二次安全回路,当出现紧急情况时,能够迅速关闭引擎。

1.3.5 干簧继电器

干簧继电器是一种具有密封触点的电磁式继电器。干簧继电器可以反映电压、电流、功率以及电流极性等信号,在检测、自动控制、计算机控制技术等领域中应用广泛。干簧继电器主要由干式舌簧片与励磁线圈组成。干式舌簧片(触点)是密封的,由铁-镍合金做成,其接触部分通常镀有贵重金属(如金、铑、钯等),它接触良好,具有优良的导电性能。触点密封在充有氮气等惰性气体的玻璃管中,因而有效地防止了尘埃的污染,减少了触点的腐蚀,提高了工作可靠性。其结构如图 1-18 所示。

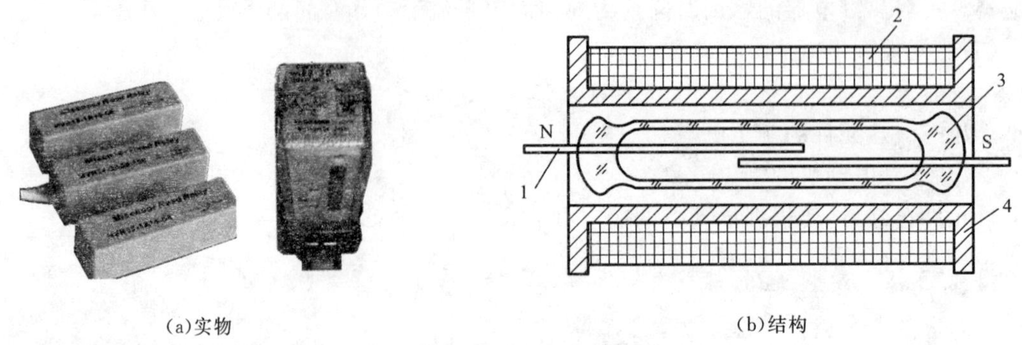

(a)实物　　(b)结构

图 1-18　干簧继电器

1—舌簧片;2—线圈;3—玻璃管;4—骨架

当线圈通电后,玻璃管中两舌簧片的自由端分别被磁化成 N 极和 S 极而相互吸引,因而接通控制电路。线圈断电后,舌簧片在自身的弹力作用下分开,将控制电路切断。

1.4　熔断器

熔断器是一种当电流超过额定值一定时间后,以它本身产生的热量使熔体熔化而分断电路的电器。它广泛应用于低压配电系统和控制系统及用电设备的短路和过电流保护。熔断器实物如图 1-19 所示。

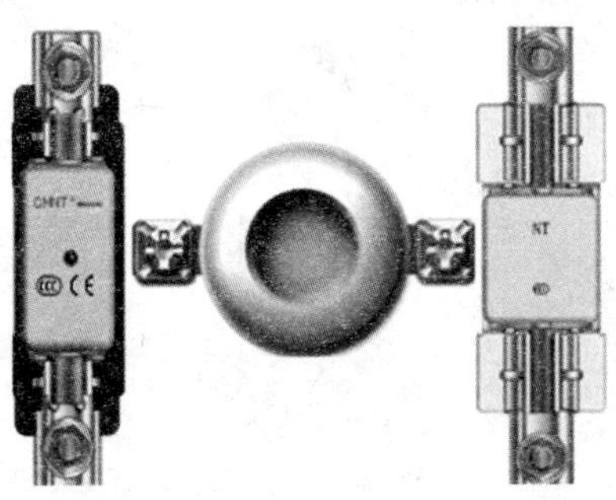

图 1-19　熔断器实物

1.4.1　熔断器的结构、原理及分类

熔断器主要由熔体和安装熔体的熔管(或熔座)两部分组成。熔体是熔断器的主要组成部分,它既是感测元件又是执行元件。熔体由易熔金属材料铅、锡、锌、银、铜及其合金制成,通常做成丝状、片状、带状或笼状,它串联于被保护电路。熔管一般由硬质纤维或瓷质绝缘材料制成半封闭式或封闭式外壳,熔体装于其内。熔管的作用是便于安装熔体和有利于熔

体熔断时熄灭电弧。

熔断器串联于被保护电路中，电流通过熔体时产生的热量与电流的平方和电流通过的时间成正比，电流越大，则熔体熔断的时间越短，这种特性称为熔断器的保护特性或安秒特性，如图 1-20 所示，可见熔断时间与电流成反时限特性。

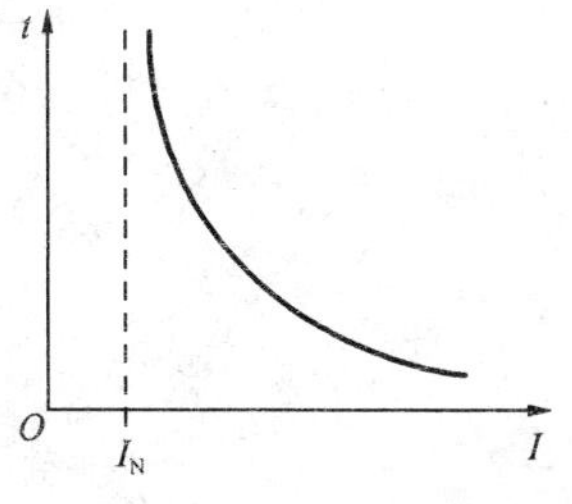

图 1-20 熔断器的安秒特性

熔断器的种类很多，按结构分为开启式、半封闭式和封闭式；按有无填料分为有填料式、无填料式；按用途分为工业用熔断器、保护半导体器件熔断器及自复式熔断器等。

1.4.2 常用的熔断器

1. 插入式熔断器

常用的插入式熔断器有 RC1A 系列，如图 1-21 所示，主要用于低压分支路及中、小容量控制系统的短路保护，亦可用于民用照明电路的短路保护。

RC1A 系列结构简单，由瓷座、触点、熔体等组成，其价格低廉，熔体更换方便，但是分断能力低。

2. 螺旋式熔断器

螺旋式熔断器有 RL1、RL2、RL6、RL7 等系列，如图 1-22 所示，常用于配电线路及机床控制电路中的短路保护。

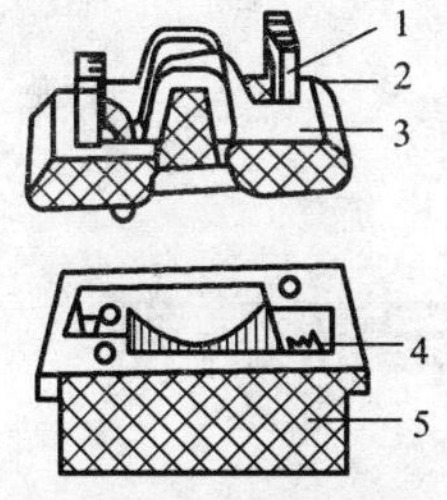

图 1-21 插入式熔断器

1—动触点；2—熔体；3—瓷插件；4—静触点；5—瓷座

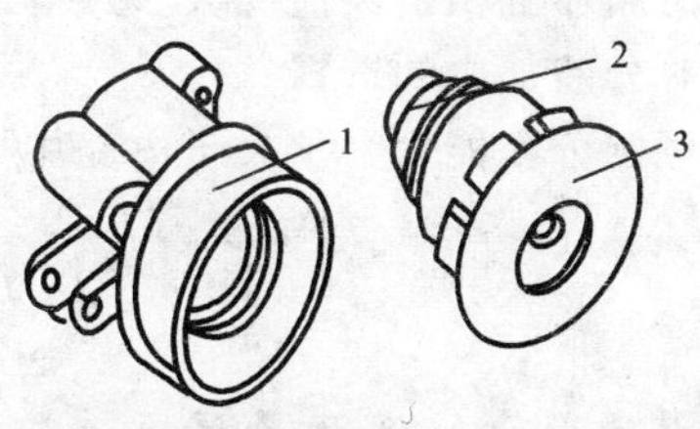

图 1-22 螺旋式熔断器

1—底座；2—熔管；3—瓷帽

螺旋式熔断器由底座、熔管、瓷帽等组成。熔管内装有熔体，并装满石英砂，将熔管置于底座内，旋紧瓷帽，电路就可以接通。螺旋式熔断器具有较高的分断能力，限流性好，有明显的熔断指示，不用工具就能安全更换熔体，在机床中被广泛采用。

该熔断器分为无填料式、有填料式和快速熔断式三种。常用的系列有 RM10、RT12、RT13、RT14、RS2 等。其中，RM10 为无填料式，常用于低压电力网或成套配电设备中。RT12、RT13、RT14 为有填料式，填料为石英砂，用于冷却和熄灭电弧，常用于大容量电力网或配电设备中。RS2 为快速熔断器，主要用于保护半导体元件。

1.4.3 熔断器的型号及电气符号

(1)熔断器的型号及含义(图 1-23)

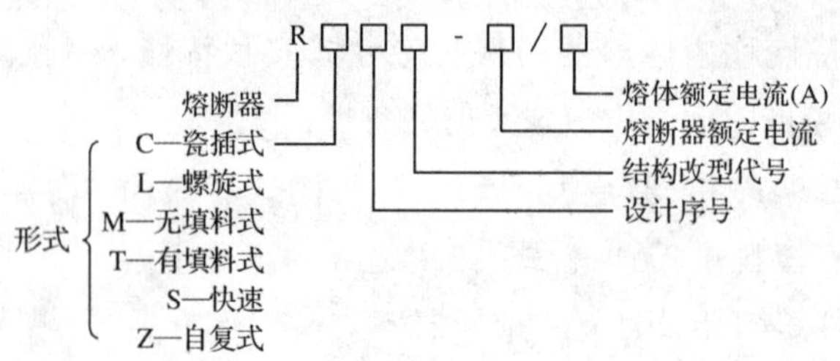

图 1-23 熔断器的型号及含义

(2)熔断器的电气符号为 FU 。

1.4.4 熔断器的选择原则

熔断器的选择主要是选择熔断器的类型、额定电压、额定电流和分断能力。

1. 类型的选择

根据负载的保护特性、短路电流、使用场合、安装条件和各类熔断器的适用范围来选择熔断器的类型。

2. 额定电压的选择

熔断器的额定电压应大于或等于电路的工作电压。

3. 额定电流的确定

熔断器的额定电流应大于或等于熔体的额定电流。

4. 分断能力的选择

额定分断能力必须大于电路中可能出现的最大短路电流。

1.5 低压开关和低压断路器

1.5.1 低压开关

1. 刀开关

刀开关主要用于电气线路的隔离电源,也可作为不频繁地接通和分断空载电路或小电流电路之用。接线时应将电源线接在上端,负载接在下端,这样拉闸后刀片与电源隔离,可防止意外事故发生,图 1-24 所示为常用刀开关的外形。

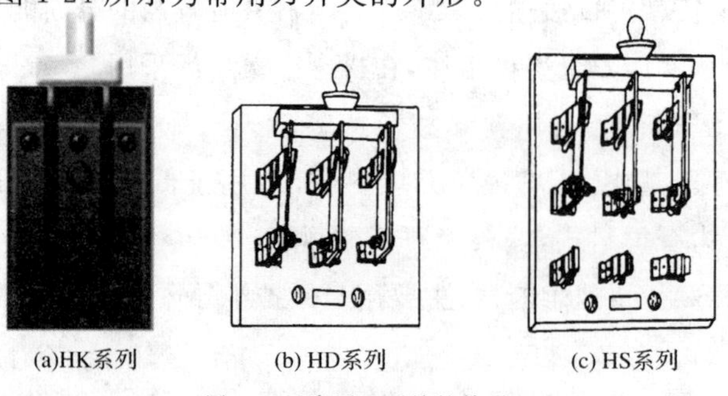

(a)HK系列 (b) HD系列 (c) HS系列

图 1-24 常用刀开关的外形

刀开关的电气符号如图 1-25 所示。

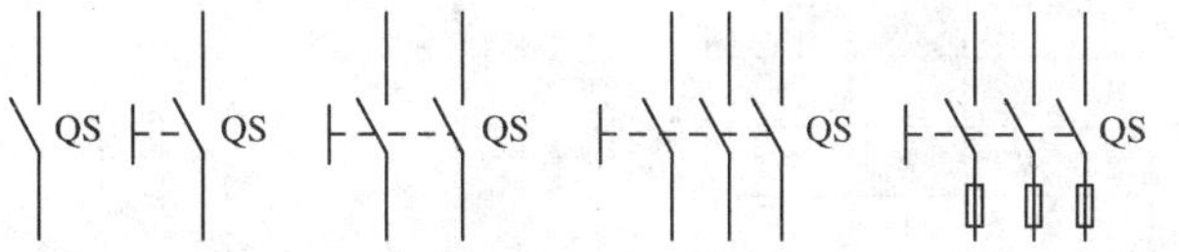

(a) 单级 (b) 双级 (c) 三级 (d) 三级刀熔开关

图 1-25 刀开关的电气符号

2. 转换开关

转换开关又称为组合开关，是一种多触点、多位置、可控制多个回路的电器。一般用于电气设备中非频繁地通断电路、换接电源和负载，可测量三相电压以及控制小容量感应电动机。如图 1-26 所示为 HZ 系列组合开关实物。

组合开关沿转轴自下而上分别安装了三层开关组件，每层上均有一个动触头、一对静触头及一对接线柱，各层分别控制一条支路的通与断，形成组合开关的三极。手柄每转过一定角度，就带动固定在转轴上的三层开关组件中的三个动触头同时转动至一个新位置，在新位置上分别与各层的静触头接通或断开。

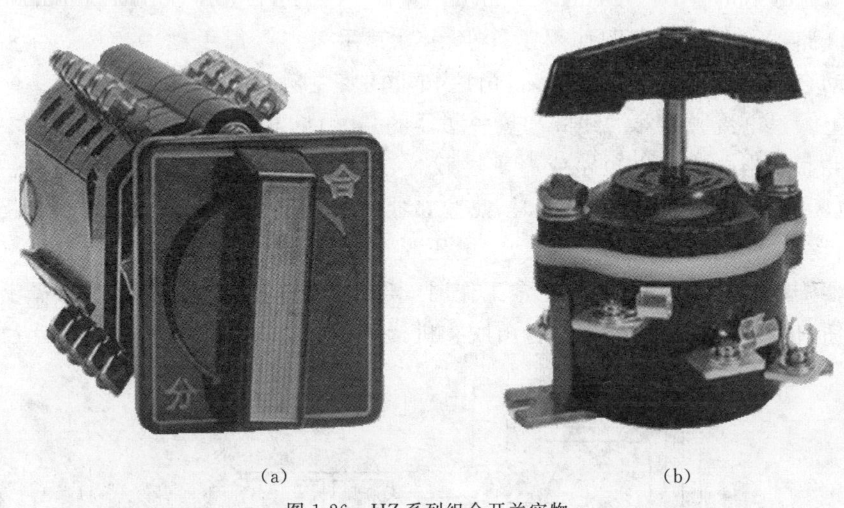

(a) (b)

图 1-26 HZ 系列组合开关实物

转换开关的型号及含义如图 1-27 所示。

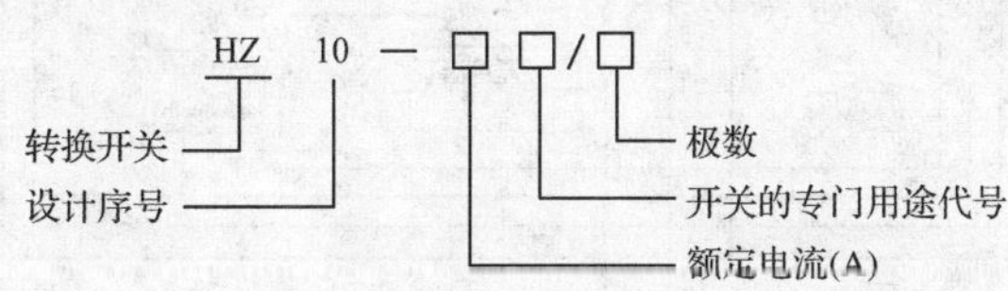

图 1-27 转换开关的型号及含义

转换开关的电气符号如图 1-28 所示。

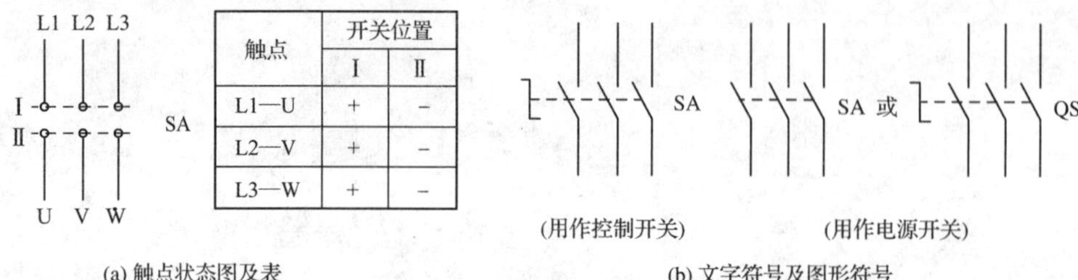

触点	开关位置	
	Ⅰ	Ⅱ
L1—U	+	−
L2—V	+	−
L3—W	+	−

(a) 触点状态图及表　　(b) 文字符号及图形符号

图 1-28　转换开关的电气符号

1.5.2 低压断路器

低压断路器也称为自动空气开关，可用来接通和分断负载电路，也可用来控制不频繁启动的电动机。其功能相当于刀开关、过电流继电器、失压继电器、热继电器及漏电保护器等多种电器的组合，能实现过载、短路、失压、欠压等多种保护，是低压配电网中应用非常广泛的一种保护电器。低压断路器实物如图 1-29 所示。

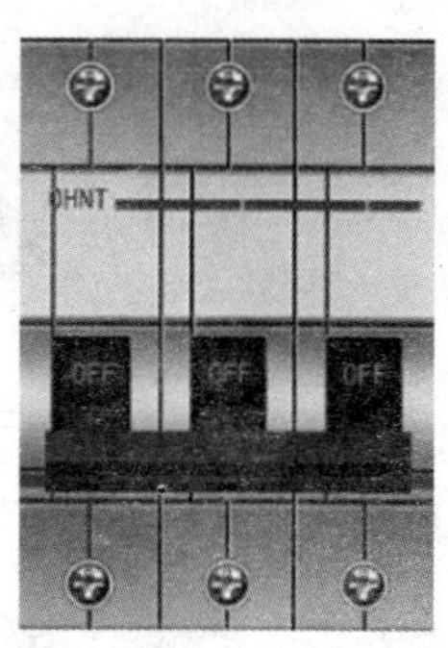

图 1-29　低压断路器实物

1. 低压断路器的结构和工作原理

低压断路器主要由主触头及灭弧装置、脱扣器、自由脱扣机构和操作机构等组成。

低压断路器的工作原理图如图 1-30 所示。其主触点是靠手动操作或电动合闸的。主触点闭合后，自由脱扣机构将主触点锁住在合闸位置上。过电流脱扣器的线圈和热脱扣器的热元件与主电路串联，欠电压脱扣器的线圈和电源并联。当电路发生短路或严重过载时，过电流脱扣器的衔铁吸合，使脱扣机构动作，主触点断开主电路。当电路过载时，热脱扣器的热元件发热使双金属片向上弯曲，推动自由脱扣机构动作。当电路欠电压时，欠电压脱扣器的衔铁释放，也使自由脱扣机构动作。分励脱扣器则用于远距离控制，在正常工作时，其线圈是断电的。在需要远距离控制时，按下相应按钮，使线圈通电，衔铁带动自由脱扣机构动作，使主触点断开。

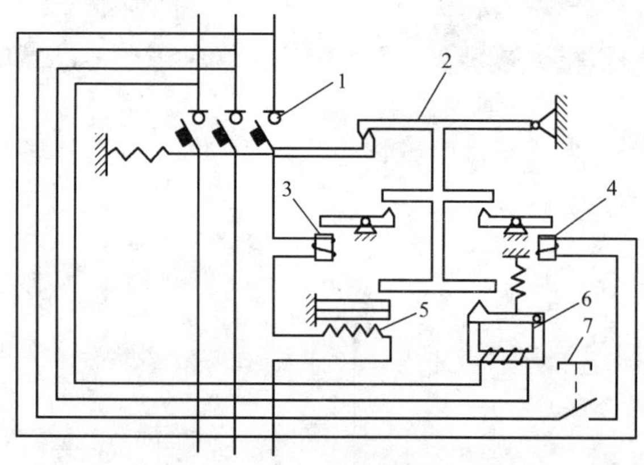

图 1-30　低压断路器的工作原理

1—主触头；2—自由脱扣机构；3—过电流脱扣器；4—分励脱扣器；
5—热脱扣器；6—欠电压脱扣器；7—停止按钮

2. 低压断路器的型号、含义及电气符号

(1)型号及含义(图 1-31)

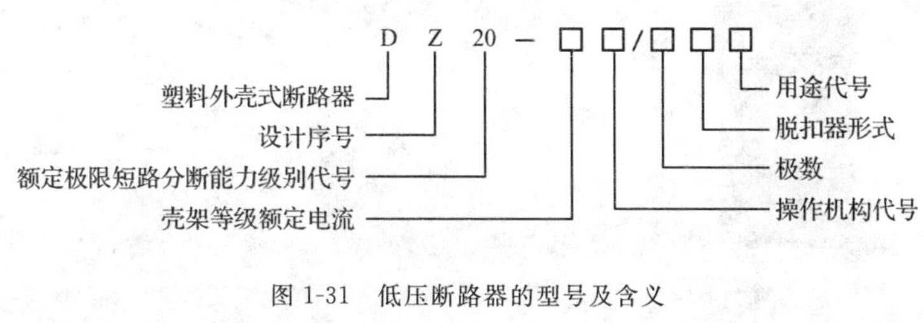

图 1-31　低压断路器的型号及含义

(2)低压断路器的电气符号为 QF。

3. 低压断路器的选择原则

低压断路器的选择主要从以下方面考虑：

(1)根据使用场合和保护要求来选择断路器的类型。例如，一般选用塑料外壳式；短路电流大的选用限流式；额定电流比较大或有选择性保护要求的选用框架式；控制和保护含半导体器件的直流电路选用直流快速断路器等。

(2)断路器的额定电压、额定电流应人于或等于电路、设备的正常工作电压、工作电流。

(3)断路器的极限通断能力应大于或等于电路的最大短路电流。

(4)欠电压脱扣器的额定电压应等于电路的额定电压，过电流脱扣器的额定电流应大于或等于电路的最大负载电路。

1.6　主令电器

在控制系统中，主令电器是一种专门发布命令、直接作用或通过电磁式电器间接作用于控制电路的电器。常用来控制电动机的启动、停止、调速及制动等。

常用的主令电器有控制按钮、行程开关、接近开关、主令控制器、万能转换开关及其他主令电器(如脚踏开关、倒顺开关、紧急开关、钮子开关)等。

1.6.1　控制按钮

控制按钮是一种结构简单、使用广泛的手动电器，它可以配合继电器、接触器对电动机实现远距离的自动控制。

1. 结构

控制按钮由按钮帽、复位弹簧、桥式触点和外壳等组成，通常做成复合式，即具有常闭触点和常开触点，如图 1-32 所示。按下控制按钮时，常闭触点先断开，常开触点后闭合；释放控制按钮时，在复位弹簧的作用下，各触点按相反顺序自动复位。

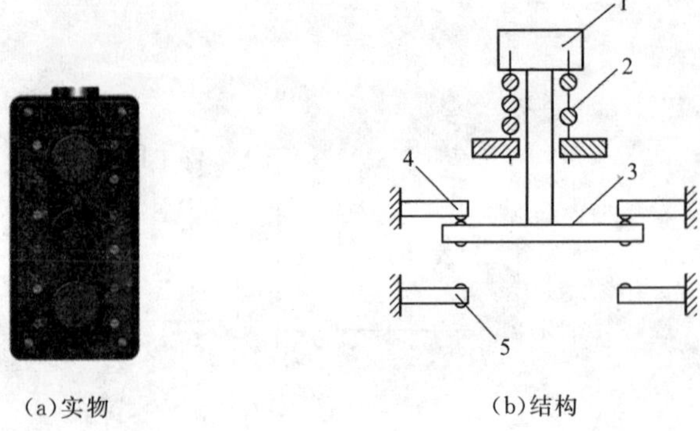

(a)实物　　(b)结构

图 1-32　按钮开关

1—按钮帽;2—复位弹簧;3—动触点;4—常闭静触点;5—常开静触点

控制按钮的种类很多,按结构可分为揿钮式、紧急式、钥匙式、旋钮式、带指示灯式等。

2. 电气符号

控制按钮的电气符号为 SB E-\ SB E-\ SB E-\---\ 。

3. 选择原则

(1)根据使用场合选择控制按钮的种类,如开启式、防水式、防腐蚀式等。

(2)根据用途选用合适的类型,如钥匙式、紧急式等。

(3)根据控制电路需要确定控制按钮数,如单钮、双钮、三钮等。

(4)按工作状态指示和工作情况的需要选择控制按钮及指示灯的颜色等。

1.6.2 位置开关

位置开关可分为行程开关和接近开关。

1. 行程开关

行程开关又称为限位开关,用于控制机械设备的行程及限位保护。在实际生产中,将行程开关安装在预先安排的位置,当安装于机械运动部件上的模块撞击行程开关时,行程开关的触点动作,实现电路的切换。因此,行程开关是一种根据运动部件的行程、位置而切换电路的电器,它的作用原理与控制按钮类似。行程开关广泛用于各类机床和起重机械,用以控制其行程并进行终端限位保护。在电梯的控制电路中,还利用行程开关来控制开关轿门的速度、自动开关门的限位以及轿厢的上、下限位保护。行程开关实物如图 1-33 所示。

图 1-33　行程开关实物

行程开关按其结构可分为直动式、滚轮式、微动式和组合式。

(1)直动式行程开关

直动式行程开关的结构原理如图 1-34 所示,其动作原理与控制按钮相同,但其触点的分合速度取决于生产机械的运行速度,不宜用于速度低于 0.4 m/min 的场所。

(2)滚轮式行程开关

滚轮式行程开关的结构原理如图 1-35 所示，当被控机械上的撞块撞击带有滚轮的撞杆时，撞杆转向右边，带动凸轮转动，顶下推杆，使微动开关中的触点迅速动作。当运动机械返回时，在复位弹簧的作用下，各部分动作部件复位。

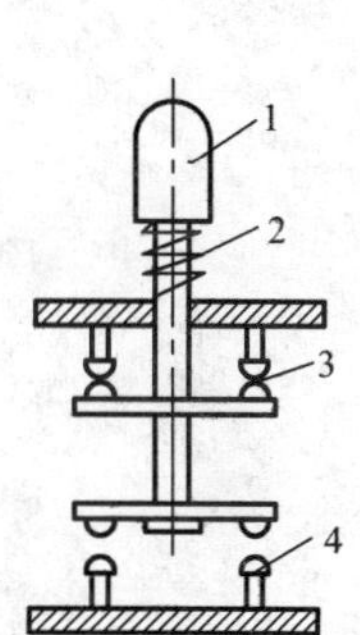

图 1-34　直动式行程开关

1—推杆；2—弹簧；3—动断触点；4—动合触点

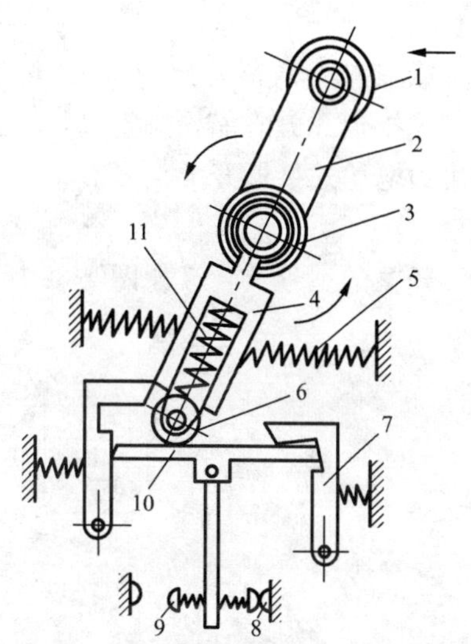

图 1-35　滚轮式行程开关

1—滚轮；2—上转臂；3、5、11—弹簧；4—套架；6—滑轮；7—压板；8、9—触点；10—横板

滚轮式行程开关可分为单滚轮自动复位式和双滚轮(羊角式)非自动复位式，双滚轮行程开关具有两个稳态位置，有“记忆”功能，在某些情况下可以简化控制电路。

(3)微动式行程开关

微动式行程开关的结构如图 1-36 所示。常用的有 LXW-11 系列产品。

2. 接近开关

接近式位置开关是一种非接触式的位置开关，简称接近开关。它由感应头、高频振荡器、放大器和外壳组成。当运动部件与接近开关的感应头接近时，就使其输出一个电信号。接近开关可分为电感式和电容式两种。接近开关实物如图 1-37 所示。

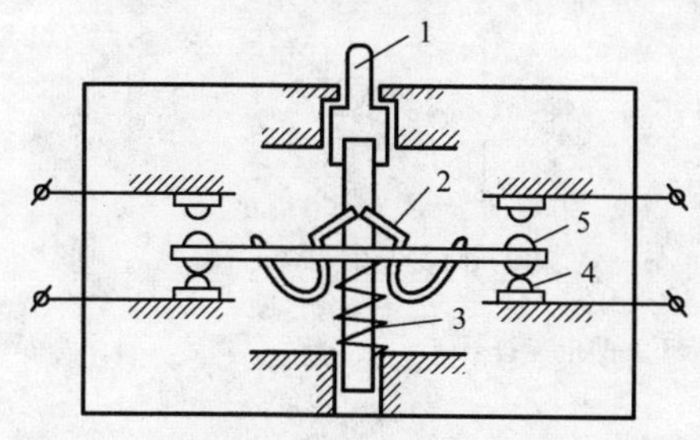

图 1-36　微动式行程开关

1—推杆；2—弹簧；3—压缩弹簧；4—动断触点；5—动合触点

图 1-37　接近开关实物

电感式接近开关的感应头是一个具有铁氧体磁芯的电感线圈，只能用于检测金属体。振荡器在感应头表面产生一个交变磁场，当金属接近感应头时，金属中产生的涡流吸收了振荡的能量，使振荡减弱直至停振，因而产生振荡和停振两种信号，经整形放大器转换成二进制的开关信号，从而起到"开""关"的控制作用。

电容式接近开关的感应头是一个圆形平板电极，与振荡电路的地线形成一个分布电容，当有导体或其他介质接近感应头时，电容量增大而使振荡器停振，经整形放大器输出电信号。电容式接近开关既能检测金属，又能检测非金属及液体。

常用的电感式接近开关型号有 LJ1、LJ2 等系列，电容式接近开关型号有 LXJ15、TC 等系列。

位置开关的型号及含义如图 1-38 所示。

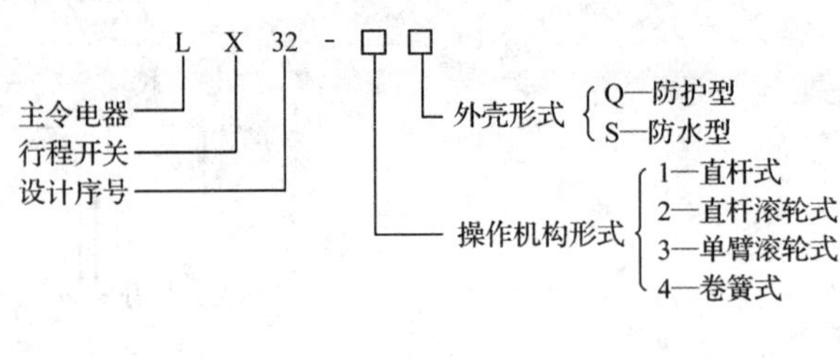

(a)

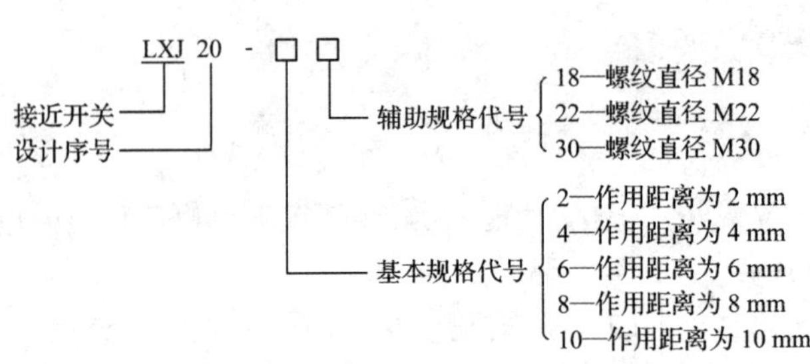

(b)

图 1-38 位置开关的型号及含义

位置开关的电气符号如图 1-39 所示。

SQ SQ SQ SQ SQ

(a) 行程开关 (b) 接近开关

图 1-39 位置开关的电气符号

1.6.3 主令控制器

主令控制器又称为凸轮控制器，是一种可以频繁操作的电器，可以对控制电路发布命令、与其他电路发生联锁或进行切换。常配合磁力启动器对绕线式异步电动机的启动、制动、调速及换向实行远距离控制，广泛用于各类起重机械的控制系统中。凸轮控制器实物如图 1-40 所示。

图 1-40 凸轮控制器实物

主令控制器一般由外壳、触点、凸轮、转轴等组成，其动作过程与万能转换开关相类似，也是由一块可转动的凸轮带动触点动作。但它的触点容量较大，操纵挡位也较多。

常用的主令控制器有 LK5 和 LK6 系列两种。其中 LK5 系列分为直接手动操作、带减速器的机械操作与电动机驱动三种。LK6 系列的操作则由同步电动机和齿轮减速器组成定时元件，按规定的时间顺序，周期性地分合电路。

在控制电路中，主令控制器的触点也与操作手柄的位置有关，其图形符号及触点分合状态的表示方法与万能转换开关相似。

项目二

三相异步电动机的电气控制

2.1 继电器-接触器控制系统简介

2.1.1 控制系统概述

生产机械的运动需要电动机的拖动，即电动机是拖动生产机械的主体。但电动机的启动、调速、正/反转、制动等的控制，则需要另外一套装置，即控制系统来完成。

控制系统的形式多种多样，按触点可分为有触点控制系统与无触点控制系统；按距离可分为就地控制与远地控制系统；按控制量可分为时间控制、电流控制、速度控制、位置控制、压力控制、温度控制系统；按工作程序可分为顺序控制和逆序控制系统等。

用继电器、接触器、按钮、行程开关等电器元件，按一定的接线方式组成的电力拖动控制系统称为继电器-接触器控制系统。该控制系统能实现电力拖动系统的启动、调速、反转、制动等运行性能的控制和保护，从而可满足生产机械各种生产工艺的控制要求。

2.1.2 电气控制电路的构成和基本保护

1. 电气控制电路的构成

(1)继电器-接触器控制电路的表示方法

继电器-接触器控制电路一般有电气安装图、电气接线图和电气原理图三种表示方法。

①电气安装图　电气安装图用来表示电器设备和元件的实际安装位置，是生产机械电器设备制造、安装和维修必不可少的技术文件。电气安装图可集中画在一张图中，或将控制柜、操作台的电器元件布置图分别画出，但图中各电器元件代号应与有关电气原理图和元器件清单上的代号相同。

在电气安装图中，机械设备轮廓用双点画线表示，所有可见的和需要表达清楚的电器元件及设备，用粗实线绘出其简单的外形轮廓即可，其中电器元件无须标注尺寸。图 2-1 为某机床电气安装图。

②电气接线图　电气接线图用来表明电气设备各单元之间的接线关系。主要用于安装接线、线路检查、线路维修和故障处理等，在生产现场得到了广泛应用。绘制电气接线图时

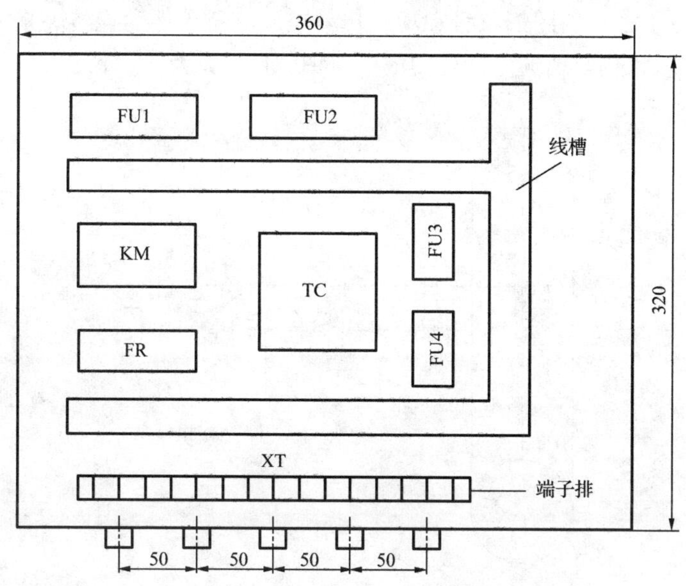

图 2-1　某机床电气安装图

必须遵循的基本原则有：各电器元件的图形符号、文字符号等均与电气原理图一致；外部单元同一电器的各部件画在一起，其布置基本符合电器实际情况；不在同一控制箱和同一配电屏上的各电器元件的连接是经接线端子板实现的，电气连接关系以线束表示，连接导线应标明导线参数（数量、截面积、颜色等），一般不标注实际走线途径；对于控制装置的外部连接线应在图上或用接线来表示清楚，并标明电源引入点。图 2-2 是某设备电气接线图。

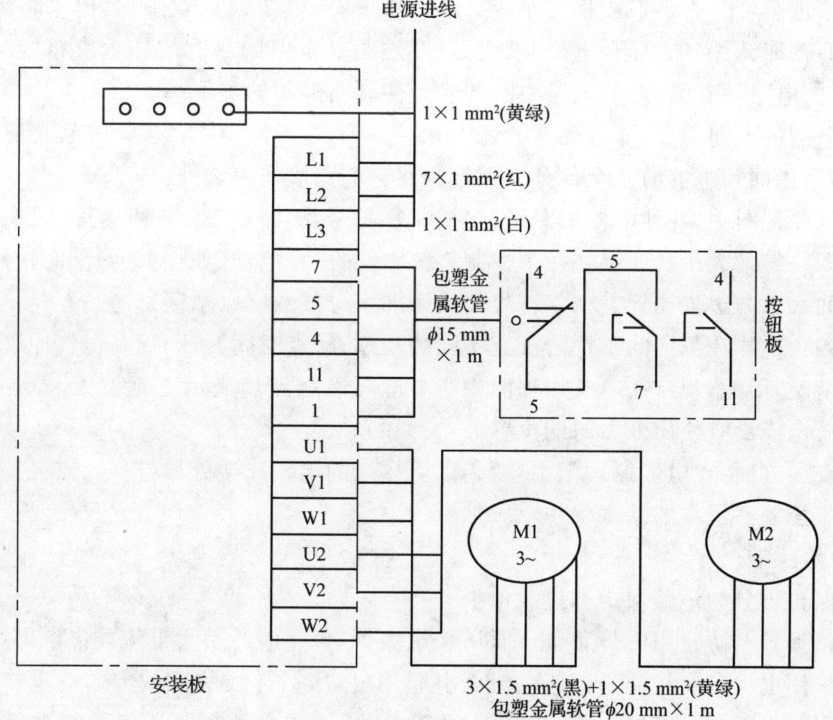

图 2-2　某设备电气接线图

③电气原理图　是指用图形符号和项目代号表示电器元件的连接关系及电气原理的图形，它是在设计部门和生产现场广泛应用的电路图。图 2-3 为接触器控制异步电动机启、停控制电路的电气原理图。

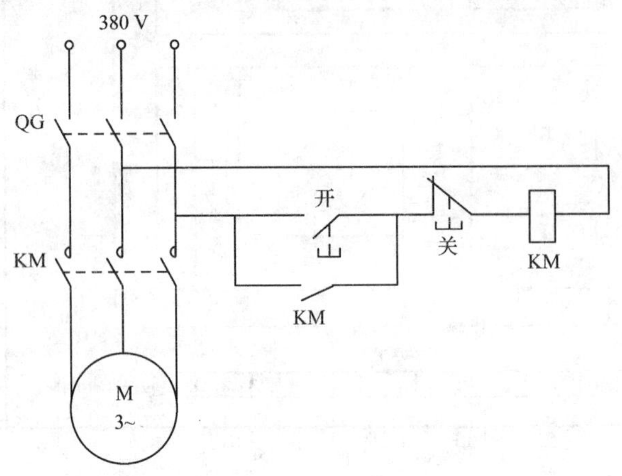

图 2-3　电动机启、停控制电气原理图

(2)电气原理图的组成与绘制方法

电气原理图一般由主电路和控制电路两大部分组成。

主电路由电动机以及与电动机相连接的电器、连线等组成；控制电路由操作按钮、电器等组成。

绘制电气原理图时，通常将主电路和控制电路分开绘制。

电气原理图可分为水平或垂直布置。水平布置时，电源线垂直画，其他电路水平画，控制电路中的耗能元件(如线圈、电磁铁、信号灯等)画在电路的最右端。垂直布置时，电源线水平画，其他电路垂直画，控制电路中的耗能元件画在电路的最下端。

各个电器的不同部分(如接触器的线圈和触点等)并不按照它的实际布置情况绘制在电路中，而是采用同一电器的各个部分分别绘制在它们完成作用之处。

在电气原理图中，各种电器的图形符号、文字符号均按规定绘制和标写，同一电器的不同部分用同一符号表示。如果在一个控制系统中，同一种电器(如接触器)同时使用多个，其文字符号的表示方法为在规定文字符号前或后加字母或数字以示区别。

因为各个电器在不同的工作阶段有不同的动作，触点时闭时开，而在电气原理图中只能表示一种情况，因此，规定在电气原理图中所有电器的触点均表示正常位置，即各种电器在线圈没有通电或没有使用外力时的位置。

为了查线方便，在电气原理图中，两条以上导线的电气连接处要打一圆点。

2. 电气控制系统中的基本保护

(1)电流保护

电流保护可分为短路保护和过载保护。

①短路保护　防止用电设备(电动机、接触器等)短路而产生大电流冲击电网，损坏电源设备或保护用电设备突然流过短路电流而引起用电设备、导线和机械上的严重损坏。采用的电器主要是熔断器、自动断路器。保护原理：熔断器或自动断路器串联至被保护的电路中，当电路发生短路或严重过载时，熔断器的熔体部分自动迅速熔断，自动断路器的过电流

脱扣器脱开，从而切断电路，使导线和电器设备不受损坏。

②过载保护　防止用电设备长期过载而损坏用电设备。采用的电器主要有热继电器、自动断路器。保护原理：热继电器的线圈接在电动机的电路中，而触点接在控制电路中。当电动机过载时，长时间的发热使热继电器的线圈动作，从而触点动作，断开控制电路，使电动机脱离电网；自动断路器接入被保护的电路中，长期的过电流使热脱扣器脱开，从而切断电路。

(2)零压(或欠压)保护

在自动控制系统中，保证在失电后，没有人工操作，电动机不能自动启动的保护称为零压(欠压)保护。其作用是防止因电源电压的消失或降低引起机械设备停止运行，当故障消失后，在没有人工操作的情况下，设备自动启动运行而可能造成的机械或人身事故。

图 2-4 所示电路是一个没有零压(欠压)保护的电路。在该电路中，当 QG 合上后，电动机通电旋转，机械开始运动；在工作过程中，电源停电，电动机停止，机械停止运动；当电源通电时，电动机即自动启动运行，导致机械突然运动，这可能造成机械或人身事故。因此该电路没有零压(欠压)保护。

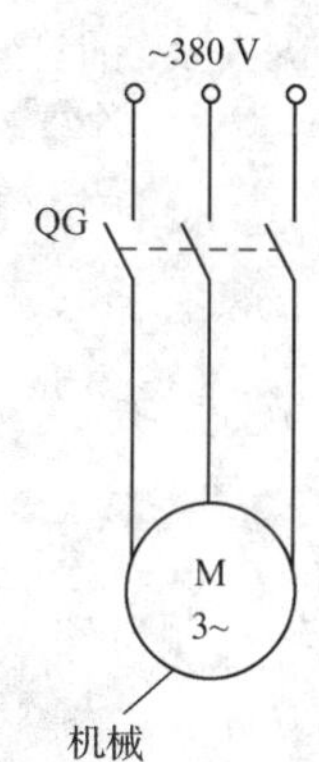

图 2-4　没有零压(欠压)保护的电路

(3)互锁保护

在保护一个电器通电时，另一个电器不能通电，若需后者通电，则前者必须先断电的保护称为互锁保护。

2.2　三相异步电动机直接启动控制电路

电动机接通电源后由静止状态过渡到稳定运行状态的过程，称为电动机的启动。直接启动就是通过开关或接触器将额定电压直接加在电动机的定子绕组上，因此又称为全压启动。电动机直接启动所用电气设备少、电路简单，但启动电流很大，为额定值的 4～7 倍，过大的启动电流易使电动机过热，加速老化，缩短使用寿命，并且会使电网产生很大的电压降而影响其他设备的稳定运行。因此，容量较大的电动机，需采用降压启动，以减小启动电流。

2.2.1　三相鼠笼式异步电动机点动控制电路

点动控制常用于电动机的短时控制，如控制生产机械的步进、快进和调整等。用继电器-接触器实现点动控制可减轻劳动强度、提高生产率；可实现以小电流的控制电路控制大电流的主电路；能实现远距离控制等。

三相鼠笼式异步电动机点动控制电路如图 2-5 所示。图中左边部分为主电路，右边部分为控制电路。

主电路由刀开关 QG、熔断器 FU、接触器 KM1 的主触点等组成。由主电路可知：当 QG 合上后，只有控制接触器 KM1 的触点合上或断开时，才能使电动机启动或停止运行，即要求控制电路能控制 KM1 的主触点合上或断开。

控制电路由按钮 SB1 及接触器 KM1 的线圈组成。当 QG 合上后，控制电路两端有电压。初始状态时,接触器 KM1 的线圈失电,其主触点处于断开状态;当按下启动按钮 SB1 时,接触器 KM1 的线圈通电,其主触点合上,使电动机接通电源而运转;当松开按钮 SB1 后,接触器 KM1 的线圈失电,其主触点断开,使电动机脱离电网而停止运转。

该点动控制电路具有短路和欠压保护功能。

短路保护由熔断器(FU)实现,当主电路或控制电路短路时,短路电流使熔断器的熔体部分烧断,使主电路和控制电路都脱离电网而停止工作。

当电动机在运转时电源突然停电时,电动机停止运转,接触器 KM1 的线圈失电。但当电源突然来电时,由于接触器 KM1 的线圈不能通电,电动机不能自动启动运行。只有当按下启动按钮 SB1 时才能使电动机启动运行,即该电路具有欠压保护功能。

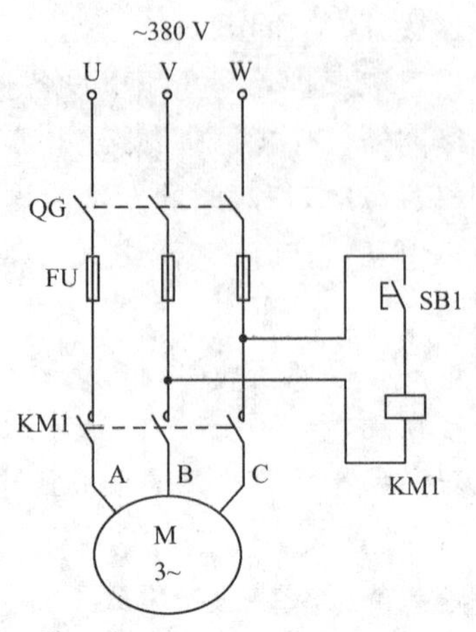

图 2-5　三相鼠笼式异步电动机点动控制电路

2.2.2　三相鼠笼式异步电动机连续运转控制电路

连续运转控制电路也称为具有自锁的控制电路。三相鼠笼式异步电动机连续运转控制电路如图 2-6 所示。图 2-6(a)中左边部分为主电路,右边部分为控制电路,图 2-6(b)为仿真实物图。

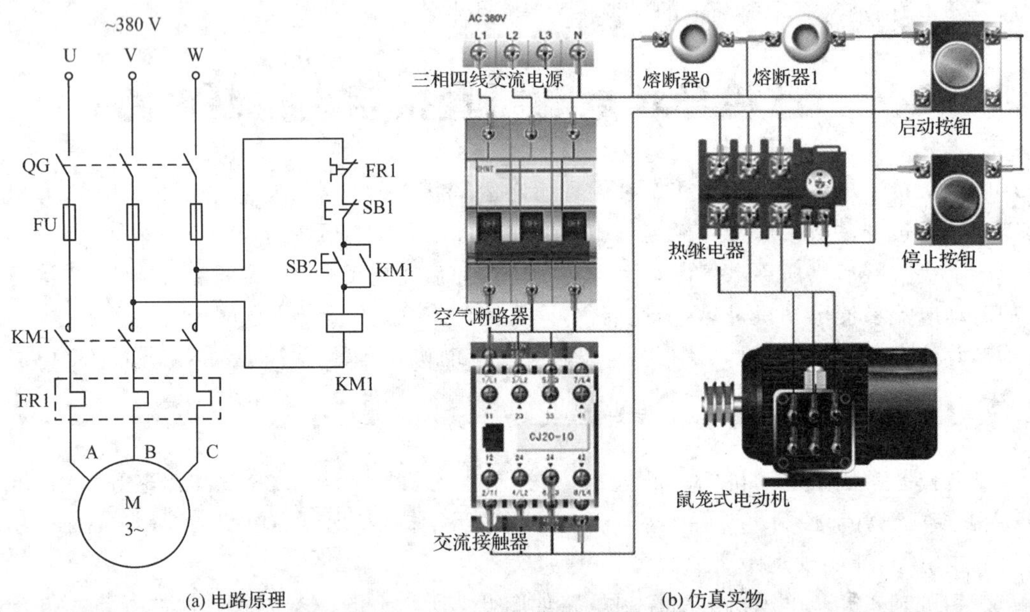

(a) 电路原理　　(b) 仿真实物

图 2-6　三相鼠笼式异步电动机连续运转控制电路

主电路由刀开关 QG、熔断器 FU、接触器 KM1 的主触点、热继电器 FR1 的热元件等组成;由主电路可知:当 QG 合上后,只有控制接触器 KM1 的触点合上或断开时,才能控制电动机接通或断开电源而启动运行或停止运行,即要求控制电路能控制 KM1 的主触点合上或断开。

控制电路由按钮 SB1 和 SB2、热继电器 FR1 常闭触点及接触器 KM1 的线圈和常开辅助触点 KM1 组成。当 QG 合上后，控制电路两端有电压。

初始状态时，接触器 KM1 的线圈失电，其主触点和辅助触点均为断开状态；当按下启动按钮 SB2 时，接触器 KM1 的线圈通电，其辅助触点自锁(松开按钮 SB2 使其复位后，接触器 KM1 的线圈能维持通电状态的一种控制方法)，主触点合上，使电动机接通电源而运转；当按下停止按钮 SB1 后，接触器 KM1 的线圈失电，其主触点断开，使电动机脱离电网而停止运转。

该控制电路具有短路、过载和欠压保护功能。

短路保护由熔断器(FU)实现。当主电路或控制电路短路时，短路电流使熔断器的熔体部分烧断，使主电路和控制电路都脱离电网而停止工作。

过载保护由热继电器(FR1)实现。FR1 的线圈部分串联在主电路中，用来检测电动机定子绕组的电流，当电动机工作在超载情况下时，过载电流使 FR1 发热，线圈动作，串联在控制电路中的触点断开控制电路，接触器 KM1 的线圈失电，主触点断开电动机的电源，使电动机停止运转而保护电动机不被烧坏。

当电动机在运转时电源突然停电时，电动机停止运转，接触器 KM1 的线圈失电。但当电源突然来电时，由于接触器 KM1 的线圈不能通电，电动机不能自动启动运行。只有当按下启动按钮 SB2 时才能使电动机启动运行，即该电路具有欠压保护功能。

2.2.3　三相鼠笼式异步电动机点动与连续运转控制电路

用继电器-接触器实现三相鼠笼式异步电动机点动与连续运转的典型控制电路如图 2-7 所示。

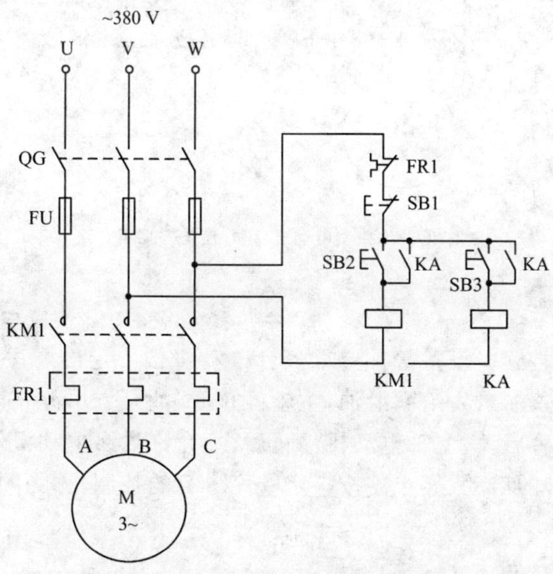

图 2-7　三相鼠笼式异步电动机点动与连续运转的典型控制电路

在该电路中，按钮 SB3 为连续运转控制按钮，按钮 SB2 为点动控制按钮。

点动控制功能的实现：当按下点动按钮 SB2 时，接触器 KM1 的线圈得电，电动机接入电网运行;当松开点动按钮 SB2 时,接触器 KM1 失电,电动机脱离电网而停止。因此,点一下,电动机才动一下,即点动。

连续运转控制功能的实现:当按下按钮 SB3 后,继电器 KA 的线圈得电并自锁,KA 的动合触点使接触器 KM1 的线圈得电,KM1 的主触点可控制电动机接入电网运行。只有当按下停止按钮 SB1 时,电动机才脱离电网而停止。

2.2.4 多地控制电路

在大型生产设备上,为使操作人员在不同的方位均能进行操作,常常要求多地控制。例如对驱动某一运动机构的电动机在多处进行启动和停止的控制。其控制电路示例如图 2-8 所示。图中 SB2、SB4 为启动按钮,SB1、SB3 为停止按钮,分别安装在两个不同的地方。在任意地点按下启动按钮,KM 线圈都能通电并自锁;而在任意地点按下停止按钮,KM 线圈都会断电。从图 2-8 中可以看出,实现多地控制时,启动按钮应并联,停止按钮应串联。

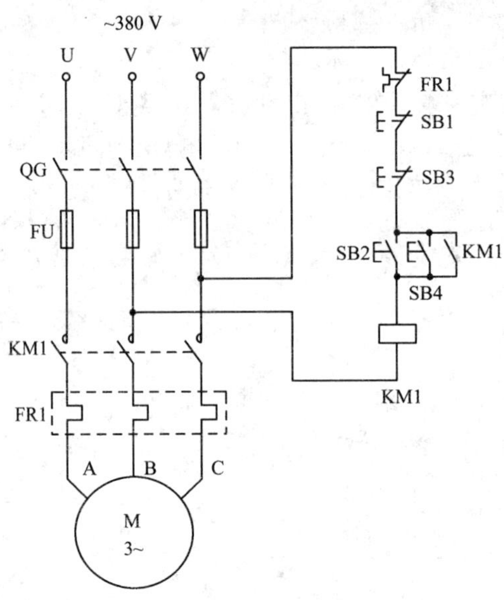

图 2-8 两地控制电动机启动、停止的控制电路

2.2.5 顺序控制电路

在实际生产过程中,有些设备常常要求多台电动机按一定的顺序实现启动和停止。例如车床主轴转动时,要求油泵先给润滑油,主轴停止后,油泵方可停止润滑,即要求油泵电动机先启动,主轴电动机后启动,主轴电动机停止后,才允许油泵电动机停止。

两个以上运动部件的启动、停止需按一定顺序进行的控制,称为顺序控制。

1. 启动顺序控制

(1)控制要求

有两台电动机 M1 和 M2,要求:

①M1 启动后,M2 才能启动,停止时,两台电动机同时停止运行。

②有短路和长期过载保护。

(2)控制电路

实现上述控制要求的控制电路如图 2-9 所示。

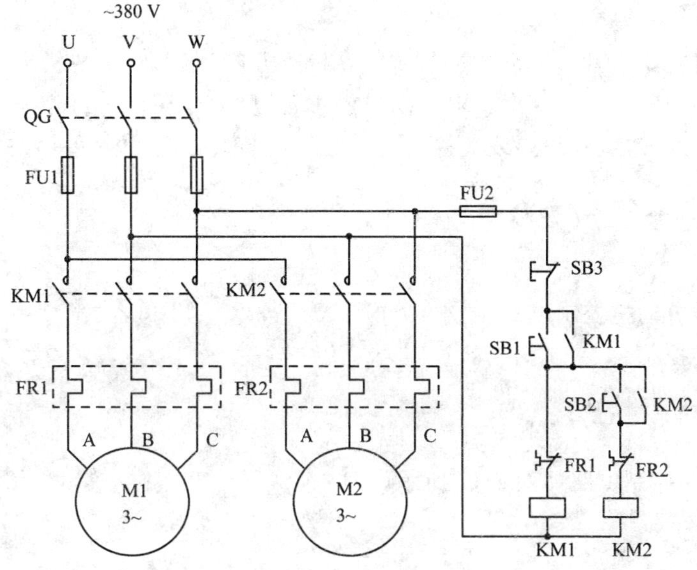

图 2-9　启动顺序控制电路

2. 停止顺序控制

(1)控制要求

有两台电动机 M1 和 M2,要求:

①停止时,M2 停止后才允许 M1 停止运行。

②有短路和长期过载保护。

(2)控制电路

实现上述控制要求的控制电路如图 2-10 所示。

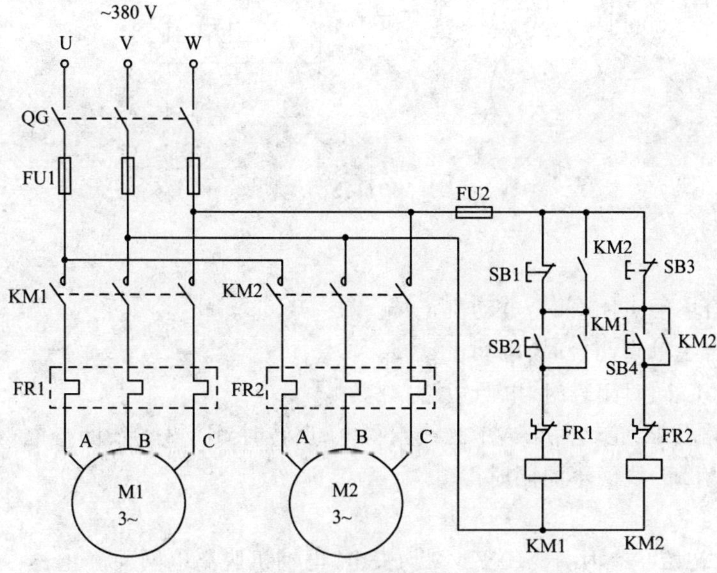

图 2-10　停止顺序控制电路

2.3 三相鼠笼式异步电动机正/反转控制电路

有许多生产机械要求具有上下、左右、前后等相反方向的运动，例如机床工作台的前进和后退、电梯的上升和下降等，这就要求电动机能够正/反向运转。对三相鼠笼式异步电动机来说，要实现正/反转控制，只要改变接入电动机三相电源的相序即可。

2.3.1 基本的正/反转控制电路

1. 控制要求

设计三相异步电动机控制电路，要求：

(1)能正/反转控制。

(2)有短路和长期过载保护。

2. 控制电路

基本的正/反转控制电路如图 2-11 所示。

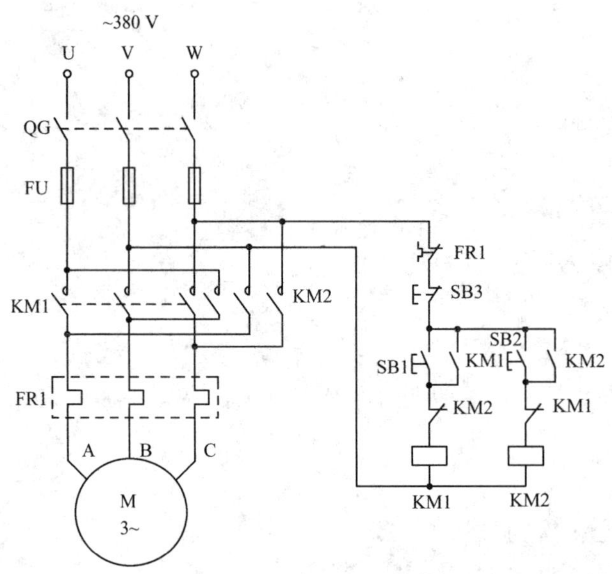

图 2-11 基本的正/反转控制电路

3. 工作原理

(1)主电路

KM1 的动合主触点闭合时，电动机正转。

KM2 的动合主触点闭合时，电动机反转。

当 KM1、KM2 同时闭合时，电源短路。

因此，主电路要求：正转时，KM1 的线圈得电；反转时，KM2 的线圈得电；任何时候都必须保证 KM1、KM2 的线圈不能同时得电。

(2)控制电路

当电路处于初始状态时，KM1、KM2 均失电，电动机脱离电网而静止。

当先按下按钮 SB1 时，接触器 KM1 的线圈得电，其动合主触点闭合，电动机正向启动运行；或当先按下按钮 SB2 时，接触器 KM2 的线圈得电，其主触点闭合，电动机反向启动运行。

如果电动机已经在正转(或反转)，要使电动机改为反转(或正转)，必须先按停止按钮 SB3，再按反转(或正转)按钮。

(3)保护

①电流保护　FR1、FU，同异步电动机直接启动电路。

②零压(欠压)保护　同异步电动机直接启动电路。

③互锁保护　将接触器 KM1、KM2 的动断辅助触点互相串联接在对方线圈电路中，形成互相制约的关系，使 KM1、KM2 的线圈在任何时候都只能有一个得电。这种由接触器(或继电器)辅助动断触点构成的互锁称为电气互锁。

(4)缺点

此电路必须先按停止按钮 SB3，然后才能进行反向操作，即只能实现正—停—反的控制。

2.3.2　实用正/反转控制电路

1. 控制要求

设计三相异步电动机控制电路，要求：

(1)电动机能直接由正转变为反转或反转变为正转。

(2)有短路和长期过载保护。

2. 控制电路

能直接实现正/反转切换的控制电路如图 2-12 所示。

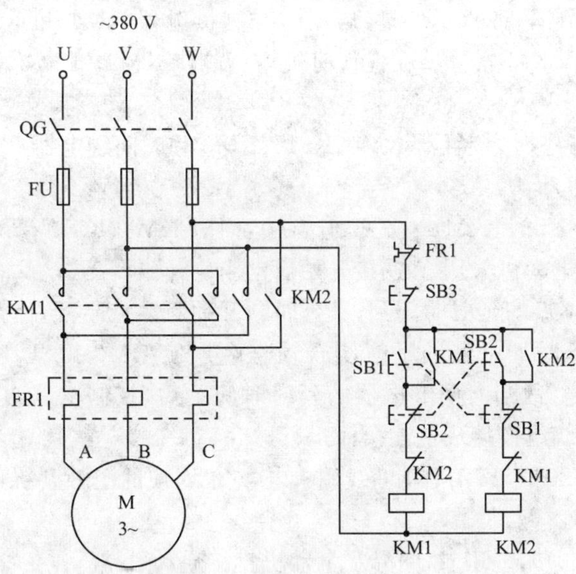

图 2-12　实用正/反转控制电路

3. 工作原理

图 2-12 是在图 2-11 所示电路的基础上，将正转启动按钮和反转启动按钮的动断触点

串联在对方电路中，构成相互制约的关系，这种方式称为机械互锁。这种电路既有机械互锁，又有电气互锁；既可实现正—停—反的控制，又可实现正—反—停的控制，是较为实用的正/反转控制电路。

2.4 三相鼠笼式异步电动机降压启动控制电路

较大容量的三相鼠笼式异步电动机因启动电流较大，故一般都采用降压启动。所谓降压启动，是指启动时降低加在电动机定子绕组上的电压，待电动机启动后，再将电压恢复到额定值，并在额定电压下运行。常用的降压启动方法有 Y—△降压启动、定子串电阻降压启动等。

2.4.1 三相鼠笼式异步电动机 Y—△降压启动控制电路

1. 控制要求

设计三相鼠笼式异步电动机控制电路，要求：

(1)启动时定子绕组采用 Y 连接，启动结束后，定子绕组换接成△连接。

(2)有短路和长期过载保护。

2. 控制电路

三相鼠笼式异步电动机 Y－△降压启动控制如图 2-13 所示。

3. 工作原理

(1)主电路

由主电路可知，当 QG 合上后，当 KM1、KM3 的动合触点同时闭合时，电动机的定子绕组采用 Y 连接；当 KM1、KM2 的动合触点同时闭合时，电动机的定子绕组接成△连接；如果 KM2 和 KM3 同时闭合，则电源短路。

因此，主电路对控制电路的要求是：启动时控制接触器 KM1 和 KM3 得电；启动结束时，控制接触器 KM1 和 KM2 得电；在任何时候均不能使 KM2 和 KM3 同时得电。

(2)控制电路

当电路处于初始状态时，接触器 KM1、KM2、KM3 和时间继电器 KT 的线圈均失电，电动机脱离电网而禁止不动。

当按下启动按钮 SB1 时，KM1 首先得电自锁，同时 KM3、KT 线圈得电，KM1 和 KM3 的动合辅助触点闭合，电动机采用 Y 连接开始启动。

启动一段时间后，KT 的延时时间到，其延时断开动断触点断开，使 KM3 失电，KM3 的动合触点断开，同时，延时继电器的延时闭合动合触点使 KM2 得电，KM2 的动合触点闭合，由于 KM1 继续得电，故当时间继电器的延时时间到后，控制电路自动控制 KM1、KM2 得电，使电动机的定子绕组换接成△连接而运行。

当按下停止按钮 SB2 时，KM1、KM2 线圈失电，它们对应的主触点断开，电动机停止运行。

(3)保护

①电流保护　FR1、FU1、FU2，同异步电动机直接启动电路。

②零压(欠压)保护　同异步电动机直接启动电路。

③互锁保护　主电路要求 KM2、KM3 中在任何时候只能有一个得电，所以在控制电路的 KM2、KM3 支路中互相与对方的动断辅助触点串联以达到保护的目的。

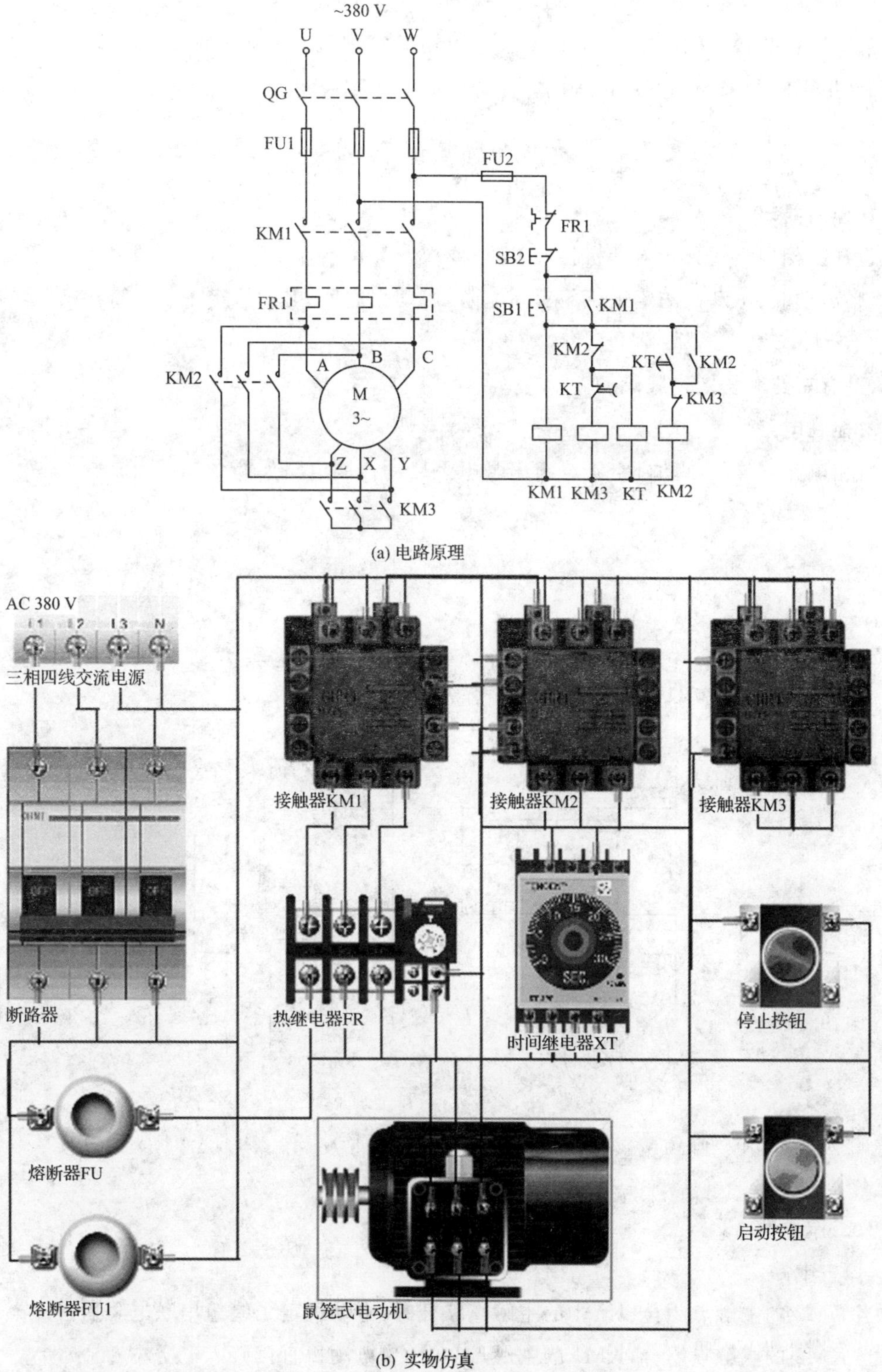

(a) 电路原理

(b) 实物仿真

图 2-13　三相异步电动机 Y－△降压启动控制

(4)特点

启动过程是按时间来控制的,时间长短可由时间继电器的延时时间来控制。在控制领域中,常把用时间来控制某一过程的方法称为时间原则控制。

2.4.2 三相鼠笼式异步电动机定子串电阻降压启动控制电路

1. 控制要求

设计三相鼠笼式异步电动机控制电路,要求:

(1)启动时,电动机的定子绕组串联电阻,启动完成后,电动机定子绕组直接接入电网而运行。

(2)有短路和长期过载保护。

2. 控制电路

三相鼠笼式异步电动机定子绕组串联电阻启动控制电路如图 2-14 所示。

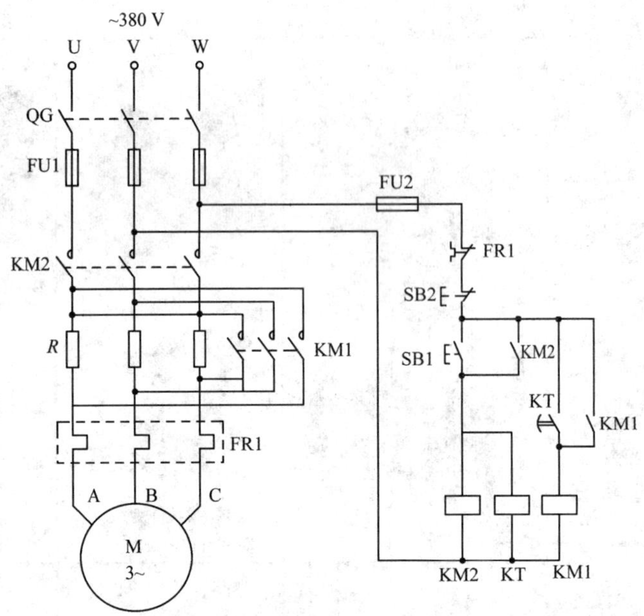

图 2-14 三相鼠笼式异步电动机定子绕组串联电阻启动控制电路

3. 工作原理

(1)主电路

当 KM2 的主触点闭合、KM1 的主触点断开时,电动机定子绕组串联电阻后接入电网。

当 KM2 的主触点闭合,KM1 的主触点闭合时,电动机直接接入电网。

因此,主电路要求控制电路:启动时,控制 KM2 得电,KM1 失电;当启动结束时,同时控制 KM1、KM2 得电。

(2)控制电路

当电路处于初始状态时,接触器 KM1、KM2 和时间继电器 KT 的线圈都失电,电动机脱离电网处于静止状态。

当按下启动按钮 SB1 时,接触器 KM2 的线圈首先得电并自锁,其主触点闭合,电动机定子绕组串联电阻启动;在开始启动时,时间继电器 KT 同时开始延时。

当启动一段时间后,延时继电器的延时时间到,其延时动合触点闭合,使接触器 KM1 的线圈得电,其动合主触点闭合,短接电阻,使电动机直接接入电网而运行。

2.5　三相鼠笼式异步电动机制动控制电路

三相鼠笼式异步电动机制动的方法有机械制动和电气制动两大类。机械制动利用电磁铁操纵机械进行制动,如电磁抱闸制动器等;电气制动可产生一个与原来转动方向相反的制动转矩。常用的电气制动方法有反接制动和能耗制动。

2.5.1　三相鼠笼式异步电动机反接制动控制电路

反接制动是通过改变定子绕组中的电源相序,使其产生一个与转子旋转方向相反的电磁转矩来实现的。反接制动时,电动机定子绕组电流很大,相当于直接启动时的 2 倍,为了限制制动电流,通常在定子电路中串联反接制动电阻。但在制动到转速接近零时,应迅速切断电动机电源,以防止电动机反向再启动。通常采用速度继电器来检测电动机的转速,并控制电动机反相电源的断开。

反接制动的优点是制动转矩大、制动迅速,缺点是能量损耗大、制动时冲击大、制动准确度差。

1. 控制要求

设计三相鼠笼式异步电动机控制电路,要求:

(1)能单相连续运行。

(2)能实现反接制动。

(3)有短路和长期过载保护。

2. 控制电路

三相鼠笼式异步电动机反接制动控制电路如图 2-15 所示。

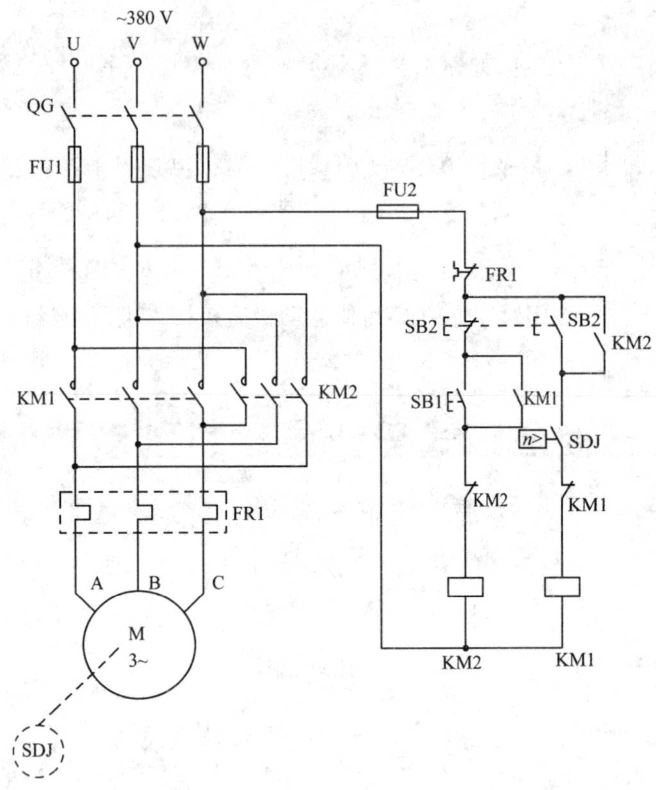

图 2-15 三相鼠笼式异步电动机反接制动控制电路

3. 工作原理

(1)主电路

主电路与正/反转控制电路基本相同。只是在电动机轴上连接了一个速度继电器,用来测量电动机的转速,当速度接近 0 时,速度继电器的动合触点断开,动断触点闭合。

(2)控制电路

当电路处于初始状态时,接触器 KM1、KM2 的线圈失电,电动机脱离电网而静止。

按下启动按钮 SB1 时,接触器 KM1 首先得电且自锁,其动合触点闭合,电动机接入电网直接启动运行。

当电动机的速度上升到某一定值时,速度继电器 SDJ 的动合触点闭合,但由于接触器 KM1 的动断辅助触点的作用,接触器 KM2 的线圈不能得电。

当按下停止按钮 SB2 后,由于电动机的转速不能突变,速度继电器 SDJ 的动合触点继续闭合,此时,接触器 KM2 的线圈得电,其动合主触点使电动机的定子绕组电源反接,电动机反接制动,当电动机的转速迅速下降到接近 0 时,速度继电器 SDJ 的动合触点断开,电动机断开电源自然停车到速度为 0 而静止,反接制动结束,电路又重新回到初始状态。

2.5.2 三相鼠笼式异步电动机能耗制动控制电路

能耗制动就是在电动机脱离三相电源后,向定子绕组内通入直流电流,产生一个静止磁场，使仍在惯性转动的转子在磁场中切割磁力线，产生与惯性转动方向相反的电磁转矩，达到制动目的。能耗制动没有反接制动强烈，制动平稳，制动电流比反接制动小得多，所消耗的能量少，通常适用于电动机容量较大，启动、制动操作频繁的场合。

1. 控制要求

设计三相鼠笼式异步电动机控制电路，要求：

(1)能单相连续运行。

(2)能实现能耗制动。

(3)有短路和长期过载保护。

2. 控制电路

三相鼠笼式异步电动机能耗制动控制电路如图 2-16 所示。

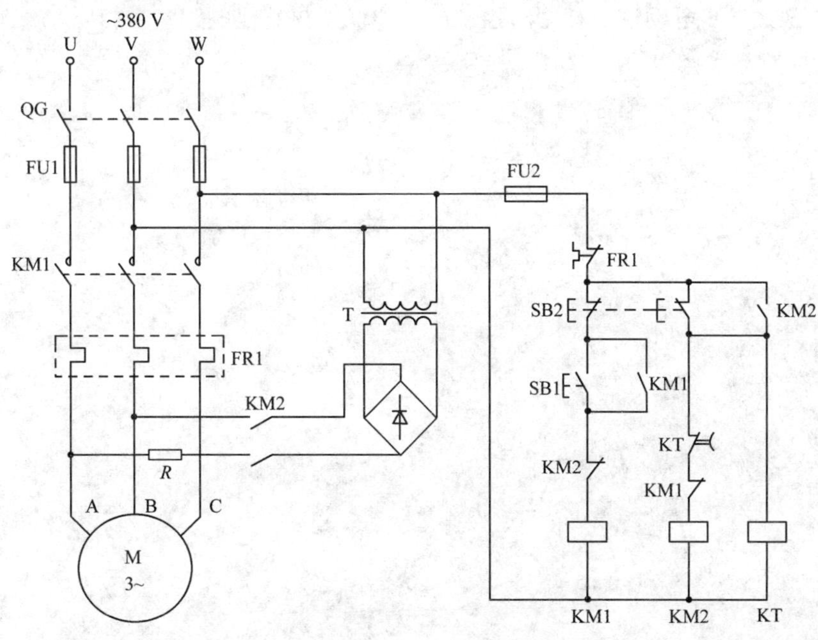

图 2-16　三相鼠笼式异步电动机能耗制动控制电路

3. 工作原理

(1)主电路

由上述电路可知，当接触器 KM1 的动合主触点闭合、接触器 KM2 的动合主触点断开时，电动机直接接入电网启动运行。

当接触器 KM2 的动合主触点闭合，接触器 KM1 的动合主触点断开时，电动机的定子绕组接上直流电源进行能耗制动。

因此，主电路要求：按下启动按钮 SB1 时，控制电路控制接触器 KM1 的线圈得电、接触器的 KM2 失电；按下停止按钮 SB2 时，控制电路控制接触器 KM2 的线圈得电、接触器 KM1 的线圈失电。同时要保证 KM1、KM2 的线圈不能同时得电。

(2)控制电路

当电路处于初始状态时，接触器 KM1、KM2 和时间继电器 KT 的线圈均失电，电动机脱离电网而停止。

按下启动按钮 SB1 时，接触器 KM1 首先得电并自锁，其动合主触点闭合使电动机接入电网而启动运行。

在运行的过程中，按下停止按钮 SB2，SB2 动断触点使 KM1 的线圈失电，SB2 的动合触点和 KM1 的动断触点使接触器 KM2 和时间继电器 KT 的线圈同时得电并由 KM2 的动合触点自锁，KM2 的主触点使电动机的定子接上直流电源进行能耗制动，时间继电器同时开始延时。

制动一段时间(电动机的速度已经为 0)后，时间继电器的延时时间到，时间继电器 KT 的动断触点使接触器 KM2 和时间继电器 KT 的线圈同时失电，电动机脱离直流电网而停止，电路又重新回到初始状态。

(3)保护

三相鼠笼式异步电动机能耗制动控制电路的保护与其他电路基本相同。

项目三

机床典型电气控制电路

3.1 数控车床的电气控制

数控车床的机械部分比同规格的普通车床更为紧凑和简洁。其主轴传动为一级传动，它去掉了普通机床的主轴变速齿轮箱，采用变频器实现主轴无级调速。其进给移动装置采用滚珠丝杠，具有传动效率高、精度高、摩擦力小等特点。

数控车床的刀架能自动转位，换刀电动机有步进、直流和异步电动机之分，这些电动刀架的旋转、定位均由数控装置发出信号并控制动作。而冷却、液压等电气控制跟通用机床差不多。

以 CA6140 数控车床为例说明数控车床电气控制电路的原理。图 3-1 为 CA6140 数控车床的电气控制图。

3.1.1 数控车床电气控制电路分析

1. 主电路分析

如图 3-1 所示，主电路中共有三台电动机，其中 M1 为主轴电动机，用以实现主轴旋转和进给运动；M2 为冷却泵电动机；M3 为溜板快速移动电动机。M1、M2、M3 均为三相异步电动机，容量均小于 10 kW，全部采用全压直接启动，皆由交流接触器控制单向旋转。

M1 电动机由启动按钮 SB1、停止按钮 SB2 和接触器 KM1 构成电动机单向连续运转控制电路。主轴的正/反转由摩擦离合器实现。

M2 电动机在主轴电动机启动之后，扳动冷却泵控制开关 SA1 来控制接触器 KM2 的通断，实现冷却泵电动机的启动与停止。由于 SA1 开关具有定位功能，故无须自锁。

M3 电动机由快速移动按钮 SB3 来控制接触器 KM3，实现 M3 的点动。操作时，先将快、慢进给手柄扳到所需移动方向，再按下 SB3 按钮，即可实现该方向的快速移动。

三相电源通过转换开关 QS 引入，FU1 和 FU2 起短路保护作用。主轴电动机 M1 由接触器 KM1 控制启动，热继电器 FR1 用于主轴电动机 M1 的过载保护。冷却泵电动机 M2 由接触器 KM2 控制启动，热继电器 FR2 用于它的过载保护。溜板快速移动电动机 M3 由接触器 KM3 控制启动。

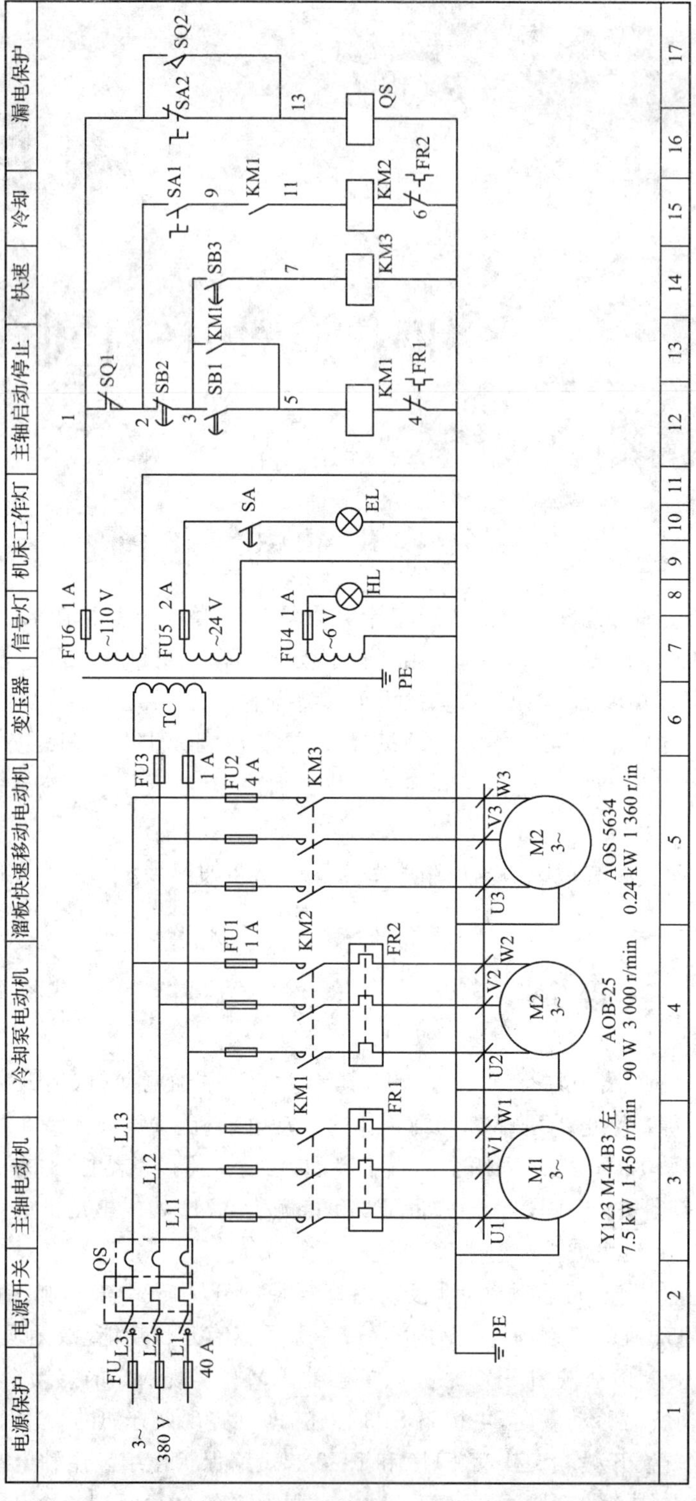

图 3-1 CA6140 数控车床的电气控制图

2. 控制电路分析

控制电路的电源由变压器 TC 二次侧输出的 110 V 电压提供，采用 FU3 进行短路保护。

(1)主轴电动机的控制 按下启动按钮 SB1，接触器 KM1 的线圈得电动作，其主触点闭合，主轴电动机 M1 启动运行。同时，KM1 的辅助触点闭合实现自锁。按下停止按钮 SB2，主轴电动机 M1 停止运行。

(2)冷却泵电动机的控制 在车削加工过程中，当工艺要求使用冷却液时，合上开关 SA1，在主轴电动机 M1 运转的情况下，接触器 KM1 线圈得电吸合，其主触点与辅助触点闭合，冷却泵电动机得电运行。由电气原理图可知，只有当主轴电动机 M1 启动后，冷却泵电动机 M2 才有可能启动；当 M1 停止运行时，M2 自动停止。

(3)溜板快速移动电动机的控制 溜板快速移动电动机 M3 的启动由安装在进给操纵手柄顶端的按钮 SB3 来控制，它与接触器 KM3 组成点动控制环节。将操纵手柄扳到所需要的方向，压下按钮 SB3，KM3 获电吸合，M3 启动，溜板就向指定方向快速移动。

3. 照明、信号灯电路分析

控制变压器 TC 的副边分别输出 24 V 和 6 V 电压，作为机床低压照明灯和信号灯的电源。EL 为机床的低压照明灯，由开关 SA 控制；HL 为电源的信号灯，采用 FU4 进行短路保护。

3.1.2 数控车床电气控制电路的保护环节

(1)电路电源开关是带有开关锁 SA2 的断路器 QS。机床接通电源时需用钥匙开关操作，再合上 QS，增加了安全性。需要送电时，先将钥匙开关插入 SA2 开关锁中并右旋，使 QS 线圈断电，再扳动断路器 QS 将其合上，此时，机床电源送入主电路 380 V 交流电压，并经控制变压器输出 110 V 控制电路、24 V 安全照明电路、6 V 信号灯电路的电压。断电时，若将开关锁 SA2 左旋，则触点 SA2(3—13)闭合，QS 线圈通电，断路器 QS 断开，机床断电。若出现误操作，QS 将在 0.1 s 内自动跳闸。

(2)打开机床控制配电盘壁龛门，自动切除机床电源保护。在配电盘壁龛门上安装有安全行程开关 SQ2，当打开配电盘壁龛门时，安全开关触点 SQ2(3—13)闭合，将使断路器 QS 线圈通电，断路器 QS 自动跳闸，断开机床电源，以确保人身安全。

(3)机床床头的皮带罩处设有安全开关 SQ1，当打开皮带罩时，安全开关触点 SQ1(3—1)断开，将接触器 KM1、KM2、KM3 线圈电路切断，电动机将全部停止旋转，以确保人身安全。

(4)为满足打开机床控制配电盘壁龛门进行带电检修的需要，可将 SQ2 安全开关传动杆拉出，使触点 SQ2(3—13)断开，此时 QS 线圈断电，QS 开关仍可合上。当检修完毕，关上壁箱门后，将 SQ2 开关传动杆复位，SQ2 安全开关恢复保护作用。

(5)电动机 M1、M2 由热继电器 FR1、FR2 实现电动机长期过载保护；断路器 QS 实现全电路的过流、欠电压保护；熔断器 FU、FU1 至 FU6 实现各部分电路的短路保护。

3.1.3 控制电路故障

1. 电气控制电路故障分析

CA6140 数控车床的常见电气故障往往出现在安全开关 SQ1、SQ2 上，由于长期使用，可能出现松动移位，致使打开床头皮带罩时 SQ1(3－1)触点断不开或打开配电盘壁箱门时 SQ2(3－13)不闭合而失去人身安全保护作用。

另一个故障是由断路器 QS 引起的，当开关锁 SA2 失灵时将会失去保护作用。使用前需进行检验，查看将开关锁 SA2 左旋时断路器 QS 能否自动跳开，跳开后若又将 QS 合上，经过 0.1 s 后 QS 能否自动跳闸。

2. 控制电路故障(表 3-1)

表 3-1 控制电路故障

故障现象	原因	故障点	检查方法
按下 SB1 后，电路不启动	停电或断路故障	电源是否有电；FU1、FU2、FU、SQ1、FR1、SB1、SB2、KM 等元器件损坏	查看电源是否熔断；用电笔或万用表检测电路
按下 SB1 后，QS 跳闸	短路故障	M1 绕组击穿或部分击穿；KM1 线圈击穿或部分击穿；TC 绕组击穿或部分击穿	万用表检测三相绕组；万用表检测 KM1 线圈，观察是否被烧焦
HL 或 EL 不亮	断路或灯泡损坏	SA 不能闭合；HL 或 EL 损坏；FU4 或 FU5 熔断	电笔或万用表测量灯座接触是否良好；是否有漏电处；熔丝是否熔断
合上 SA1、M2 后，电路不启动	断路故障	FR2、SA1、KM1 常开；KM2 线圈短路	用电笔或万用表检测断路点；检测 KM2 线圈是否短路
合上 QS 后，电路短路	短路	TC、KM、KA1、KA2、M1、M2、M3、QS 短路；绕组短路	FU 熔断，检查 M1、M2、M3，TC；FU1 熔断，检查有关线圈和绕组是否有烧焦痕迹

CA6140 数控车床由三台电动机拖动，全部单方向旋转，主轴旋转方向的改变、快速移动方向的改变都要通过机械传动系统实现。

3.2 数控铣床的电气控制

数控铣床是由普通铣床发展而来的，是集机械、液压、气动、伺服驱动、精密测量、计算机控制等于一体的高效率、高精度机床。

X62W 万能铣床是一种通用的多用途机床，它可以用圆柱铣刀、圆片铣刀、角度铣刀、成形铣刀及端面铣刀等刀具对各种零件进行平面、斜面、螺旋面及成形表面的加工，还可以加装万能铣头、分度头和圆工作台等机床附件来扩大加工范围。

图 3-2 为 X62W 万能铣床的电气原理图。

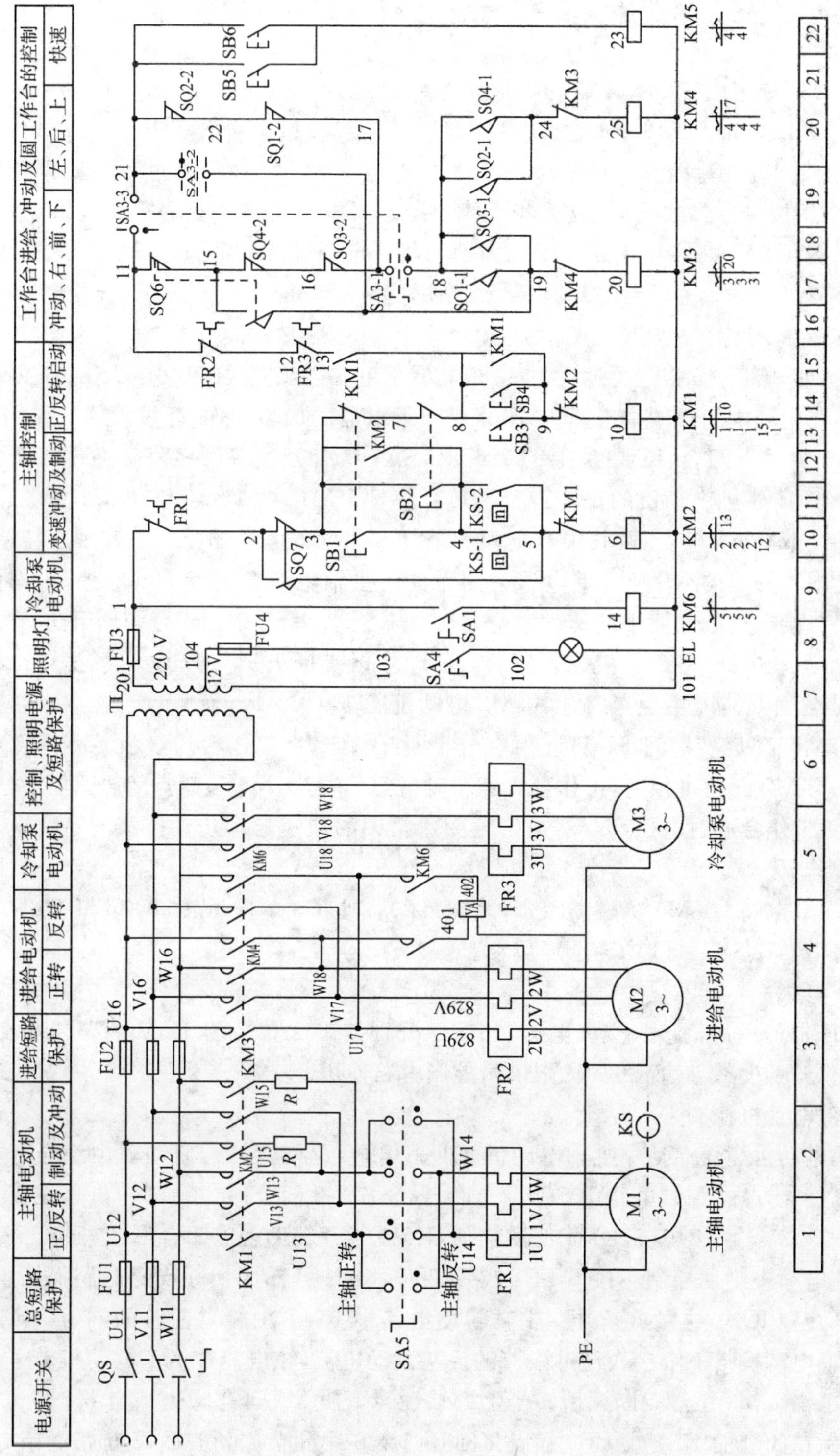

图 3-2 X62W 万能铣床的电气原理图

3.2.1 数控铣床电气控制电路分析

X62W 万能铣床由三台异步电动机拖动，分别为主轴电动机 M1、进给电动机 M2 和冷却泵电动机 M3。主轴电动机 M1 正转接线和反转接线通过组合开关 SA5 手动切换，控制器 KM1 的主触点只控制电源的接入和断开。进给电动机 M2 在工作过程中频繁变换转动方向，因而采用接触器方式构成正/反转接线。冷却泵电动机 M3 根据需要提供切削液，电路中采用转换开关 SA1 在主电路中手动接通和断开定子绕组的电源。

电气原理图中分为主电路、控制电路和照明电路三部分。

1. 主电路

(1)主运动电路　三相电源通过 FU1 熔断器由电源隔离开关 QS 引入 X62W 万能铣床的主电路。在主轴电动机的主电路中，FR1 是热继电器的加热元件，起过载保护作用。

当 KM1 主触点闭合、KM2 主触点断开时，SA5 组合开关有顺铣、停、逆铣三个转换位置，分别控制 M1 主轴电动机的正转、停、反转。一旦 KM1 主触点断开，KM2 主触点闭合，则电源电流经 KM2 主触点、两相限流电阻 *R* 在 KS 速度继电器的配合下实现反接制动，与主轴电动机同轴安装的 KS 速度继电器检测元件对主轴电动机进行速度监控，根据主轴电动机的速度对接在控制电路中的速度继电器触点 KS－1、KS－2 的闭合与断开进行控制。

(2)进给运动电路　KM3 主触点闭合、KM4 主触点断开时，M2 电动机正转；反之，当 KM3 主触点断开、KM4 主触点闭合时，M2 电动机反转。

M2 电动机正/反转期间，KM5 主触点处于断开状态时，工作台通过齿轮变速箱中的慢速传动路线与 M2 电动机相连，工作台慢速自动进给；一旦 KM5 主触点闭合，则 YA 快速进给磁铁通电，工作台通过电磁离合器与齿轮变速箱中的快速运动传动路线与 M2 电动机相连，工作台快速移动。

(3)冷却泵电路　KM6 主触点闭合，冷却泵电动机 M3 单向运转；KM6 断开，则 M3 停转。主电路中，M1、M2、M3 均为全压启动。

2. 控制电路

TC 变压器的一次侧接入交流电压，二次侧分别接出 220 V 与 12 V 两路二相交流电，其中 12 V 供给照明线路，而 220 V 则供给控制电路使用。

(1)主轴电动机控制

①主轴电动机全压启动　主轴电动机 M1 采用全压启动方式，启动前由组合开关 SA5 选择电动机旋转方向，控制电路中 SQ7－1 断开、SQ7－2 闭合时主轴电动机处在正常工作方式。按下 SB3 或 SB4 按钮，KM1 线圈接通，KM1 常开辅助触点闭合形成自锁。

②主轴电动机制动控制　按下 SB1 或 SB2 时，KM1 线圈因所在支路断路而断电，导致主轴转动电路中 KM1 主触点断开。主轴转动电路中 KM1 主触点断开的同时，KM2 主触点闭合，主轴电动机 M1 中接入经过限流的反接制动电流，该电流在 M1 电动机转子中产生制动转矩，抵消 KM3 主触点断开后转子上的惯性转矩使 M1 迅速降速。当 M1 转速接近零速时，原先保持闭合的 KS1 或 KS2 触点将断开，KM2 线圈会因所在支路断路而断电，从而及时卸除转子中的制动转矩，使主轴电动机 M1 停转。SB1 与 SB3、SB2 与 SB4 两对按钮分别位于 X62W 万能铣床两个操作面板上，实现主轴电动机 M1 的两地操作控制。

③主轴变速制动控制　主轴变速时既可以在主轴停转时进行，也可在主轴运转时进行。

当主轴处于运转状态时，拉出变速操作手柄使变速开关 SQ7 触动，使 KM2 通电。主轴转动电路中 KM1 主触头率先断开、KM2 主触头随后闭合，主轴电动机 M1 反接制动，转速迅速降低并停车，保证主轴变速过程顺利进行。主轴变速完成后，推回变速操作手柄，KM2 主触点先断开，KM1 随后闭合，主轴电动机 M1 在新转速下重新运转。

(2)进给电动机 M2 控制　工作台的进给运动在主轴启动后方可进行。工作台的进给可在三个坐标的六个方向运动，进给运动是通过两个操作手柄和机械联动机构控制相应的位置开关，使进给电动机 M2 正转或反转来实现的，并且六个方向的运动是互锁的，不能同时接通。

①工作台的纵向进给运动控制　由左、右进给操作手柄控制和行程开关 SQ1、SQ2 组合控制。操作手柄有左、中、右三个位置，其控制关系见表 3-2。当手柄扳向中间位置时，位置开关均未被压合，进给控制电路处于断开状态；当手柄扳向左或右位置时，带动机械离合器，接通纵向进给运动的机械传动链，同时压动行程开关，接触器 KM3 或 KM4 得电动作，电动机 M2 正转或反转。由于在位置开关被压合的同时，机械机构已将电动机 M2 的传动链与工作台下面的左、右进给丝杠相搭合，所以电动机 M2 的正转或反转就拖动工作台向左或向右运动。工作台两端安装有限位挡块，当工作台运行到达终点时，限位挡块撞击手柄，使其回到中间位置，实现工作台终点停车。

表 3-2　工作台左、右进给手柄的位置及其控制关系

手柄位置	位置开关动作	接触器动作	M2 旋转方向	传动链搭合丝杠	工作台运动方向
左	SQ1	KM3	正转	左右进给丝杠	向左
中	—	—	停止	—	停止
右	SQ2	KM4	反转	左右进给丝杠	向右

②水平工作台横向和升降进给运动控制　工作台的上下和前后进给运动是由十字复式手柄和行程开关 SQ3 和 SQ4 组合来实现的。该手柄与位置开关 SQ3 和 SQ4 联动，有上、下、前、后、中共五个位置，其控制关系见表 3-3。当手柄扳至中间位置时，位置开关 SQ3 和 SQ4 均未被压合，工作台无任何进给运动；当手柄扳至下或前位置时，手柄压下位置开关 SQ3 使常闭触点 SQ3－2 分断，常开触点 SQ3－1 闭合，接触器 KM3 得电动作，电动机 M2 正转，带动工作台向下或向前运动；当手柄扳向上或后时，手柄压下位置开关 SQ4，使常闭触点 SQ4－2 分断，常开触点 SQ4－1 闭合，接触器 KM4 得电动作，电动机 M2 反转，带动工作台向上或向后运动。

当两个操作手柄被置于某一进给方向后，只能压下 4 个位置开关 SQ1、SQ2、SQ3、SQ4 中的一个开关，接通电动机 M2 正转或反转电路，同时通过机械机构将电动机的传动链与三根丝杠(左右丝杠、上下丝杠、前后丝杠)中的一根(只能是一根)丝杠相搭合，拖动工作台沿选定的进给方向运动，而不会沿其他方向运动。

十字复式手柄扳到中间位置时，横向与垂直方向的机械离合器脱开，行程开关 SQ3、SQ4 均不受压，进给电动机停转，工作台停止移动。固定在床身上的限位挡块在工作台移动到极限位置时，撞击十字手柄，使其回到中间位置，切断电路，使工作台在进给终点停车。

表 3-3　　工作台上、下、中、前、后进给手柄的位置及其控制关系

手柄位置	位置开关动作	接触器动作	电动机 M2 转向	传动链搭合丝杠	工作台运动方向
上	SQ4	KM4	反转	上下进给丝杠	向上
下	SQ3	KM3	正转	上下进给丝杠	向下
中	—	—	停止	—	停止
前	SQ3	KM3	正转	前后进给丝杠	向前
后	SQ4	KM4	反转	前后进给丝杠	向后

③水平工作台进给运动的连锁控制　由于控制手柄在工作时，只存在一种运动选择，因此在铣床直线进给运动之间的联锁只要满足两个控制手柄之间的联锁即可实现。联锁控制电路由两条电路并联组成，纵向手柄控制的行程开关 SQ1 和 SQ2 常闭触点串联在一条支路上，十字复式手柄控制的行程开关 SQ3 和 SQ4 常闭触点串联在另一条支路上，扳动任何一个控制手柄，只能切断其中一条支路，另一条支路仍能正常通电，使接触器 KM3 或 KM4 的线圈不失电，若同时扳动两个控制手柄，则两条支路均被切断，接触器 KM3 或 KM4 断电，工作台立即停止移动，从而防止机床运动干涉造成设备事故。

④水平工作台快速移动　水平工作台选定进给方向后，可通过电磁离合器接通快速机械传动链，实现工作台空运行的快速移动。快速移动为手动控制，按下启动按钮 SB5 或 SB6，接触器 KM5 的线圈得电，其常闭触点断开，将齿轮传动链与进给丝杠分离；KM5 常开触点闭合，使电磁离合器 YA 得电，将电动机 M2 与进给丝杠直接搭合，带动工作台沿选定的方向快速移动。因工作台的快速移动采用的是点动控制，故松开 SB5 或 SB6，快速移动停止。

⑤圆工作台控制　圆工作台工作时，工作台选择开关 SA1 的 SA1－1 和 SA1－3 触点打开，SA1－2 触点闭合，此时水平工作台的控制手柄均处在中间不工作位，控制电路由主轴电动机控制接触器 KM1 的辅助常开触点开始，工作电流经 SQ6→SQ4－2→SQ3－2→SQ1－2→SQ2－2→SA3－2→KM4→KM3 线圈，KM3 主触点闭合，进给电动机 M2 正转，拖动圆工作台转动，圆工作台智能单向旋转。圆工作台的控制电路串联了水平工作台工作行程开关 SQ1—SQ4 的常闭触点，因此水平工作台任一控制手柄扳到工作位，都会压动行程开关，切断圆工作台的控制电路，使其立即停止转动，从而起到水平工作台进给运动和圆工作台转动之间的联锁保护控制。

⑥水平工作台变速时的瞬时点动　水平工作台变速瞬时点动的控制原理和主轴变速瞬时点动相同。变速手柄拉出后选择转速，在将手柄复位，变速手柄在复位过程中，压动瞬时点动行程开关 SQ6，SQ6 的常开触点闭合接通接触器 KM3 的线圈电路，使进给电动机 M2 转动，常闭触点切断 KM3 线圈电路的自锁。变速手柄复位后，松开行程开关 SQ6。与主轴瞬时点动操作相同，也要求手柄复位操作迅速、连续，一次不到位要立即拉出变速手柄，再重复瞬时点动的操作，确保齿轮处于良好的啮合状态，进入正常工作。

(3)冷却泵电动机 M3 控制　SA1 转换开关置于“开”位时，KM6 线圈通电，冷却泵主电路中 KM6 主触点闭合，冷却泵电动机 M3 启动供液。而 SA1 置于“关”位时，M3 停止供液。

3. 照明电路及电路保护

机床局部照明由 TC 变压器供给 12 V 安全电压，转换开关 SA4 控制照明灯。

当主轴电动机 M1 过载时，FR1 动作，断开整个控制电路的电源；进给电动机 M2 过载时，FR2 动作，断开自身的控制电源；而当冷却泵电动机 M3 过载时，FR3 动作，断开 M2、M3 的控制电源。

FU1、FU2 实现主电路的短路保护，FU3 实现控制电路的短路保护，而 FU4 则用于实现照明线路的短路保护。

3.2.2 数控铣床常见故障

数控铣床常见故障的分析见表 3-4。

表 3-4 数控铣床常见故障的分析

故障现象	可能原因	处理方法
主轴停车时无制动作用	速度继电器损坏； 速度继电器与电动机轴连接的螺钉松动或弹性连接件打滑； 速度继电器触点调节过紧	更换速度继电器； 调整紧固螺钉调整至 300 r/min 以上触点闭合
变速时无冲动过程	行程开关 SQ6 或 SQ7 损坏； 变速机构的顶销未碰上行程开关	更换行程开关； 重新装配使变速手柄被扳至极限位置时刚好压住行程开关
工作台各个方向均不能进给	未启动主轴电动机 M1； 接触器 KM1 常开触点闭合不良； 电动机 M2 接线松脱	先启动 M1； 调整或更换触点； 紧固好电动机接线
工作台一个方向不能进给	相应的行程开关损坏或接触不良； 控制手柄传动机构磨损，不能压合相应的行程开关； 行程开关 SQ6 损坏	更换行程开关； 修检及调整传动机构行程； SQ6 损坏将使工作台不能向左或向右进给，更换行程开关
工作台不能快速进给	牵引电磁铁动铁芯卡死； 离合器摩擦片间隙调整不当； 电磁铁线圈烧毁	调整电磁吸力不致过大； 重新调整电磁铁机构； 重绕线圈或更换
主轴停车后短时反转	速度继电器调整不当	适当调紧动触点弹簧，使触点适时分断

3.3 Z3040 摇臂钻床的电气控制

3.3.1 Z3040 摇臂钻床的主要结构及运动形式

1. 主要结构

Z3040 摇臂钻床是一种用途广泛的万能机床，适用于加工中小零件，可以进行钻孔、扩孔、铰孔、刮平面及改螺纹等多种形式的加工，增加适当的工艺装备还可以进行镗孔。如图 3-3 所示，它主要由底座，内、外立柱，摇臂，主轴箱，主轴及工作台等部分组成。其最大钻孔直径为 40 mm，跨距最大为 1 200 mm，最小为 300 mm。

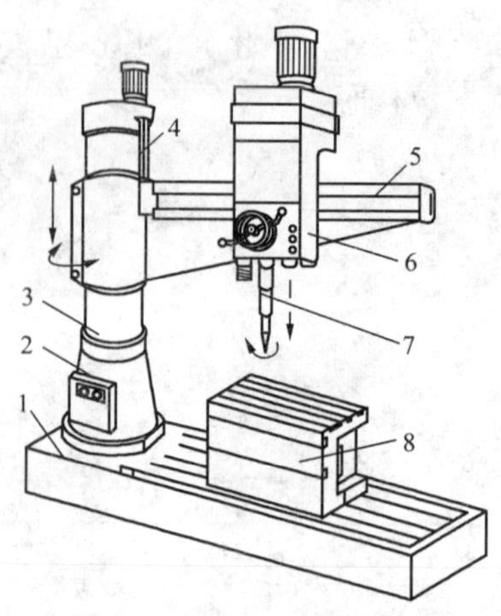

图 3-3 Z3040 摇臂钻床的结构

1—底座;2—内立柱;3、4—外立柱;5—摇臂;6 主轴箱;7—主轴;8—工作台

2. 摇臂钻床的主要运动形式

(1)主轴带刀具的旋转与进给运动　主轴的转动与进给运动由一台三相交流异步电动机(3 kW)驱动,主轴的转动方向由机械及液压装置控制。

(2)各运动部分的移位运动　主轴在三维空间的移位运动有主轴箱沿摇臂方向的水平移动(平动)、摇臂沿外立柱的升降运动(摇臂的升降运动由一台 1.1 kW 的鼠笼式三相异步电动机拖动)、外立柱带动摇臂沿内立柱的回转运动(手动)等三种,各运动部件的移位运动用于实现主轴的对刀移位。

(3)移位运动部件的夹紧与放松　摇臂钻床的三种对刀移位装置对应三套夹紧与放松装置。对刀移动时,需要将装置放松;机加工过程中,需要将装置夹紧。三套夹紧与放松装置分别为摇臂夹紧(摇臂与外立柱之间)、主轴箱夹紧(主轴箱与摇臂导轨之间)、立柱夹紧(外立柱和内立柱之间)。通常主轴箱和立柱的夹紧与放松同时进行。摇臂的夹紧与放松则要与摇臂升降运动结合进行。

Z3040 摇臂钻床夹紧与放松机构的液压原理如图 3-4 所示。图中液压泵采用双向定量泵。液压泵电动机在正/反转时,驱动液压缸中活塞的左右移动,实现夹紧装置的夹紧与放松运动。电磁换向阀 HF 的电磁铁 YA 用于选择夹紧与放松的现象,电磁铁 YA 的线圈不通电时电磁换向阀工作在左工位,接触器 KM4、KM5 控制液压泵电动机的正/反转,实现主轴箱和立柱(同时)的夹紧与放松;电磁铁 YA 线圈通电时,电磁换向阀工作在右工位,接触器 KM4、KM5 控制液压泵电动机的正/反转,实现摇臂的夹紧与放松。

3.3.2 电气控制电路分析

1. 主轴电机 M1 控制

按下启动按钮 SB2,接触器 KM1 线圈通电吸合并自锁,其主触点接通主轴电动机的电源,主轴电动机 M1 启动。当需要使主电动机停止工作时,按下停止按钮 SB1,接触器 KM1 断电释放,主轴电动机 M1 被切断电源而停止工作。主轴电动机采用热继电器 FR1 进行过载保护,采用熔断器 FU1 进行短路保护。

主轴电动机的工作指示由 KM1 的辅助动合触点控制指示灯 HL1 来实现,当主轴电动机工作时,指示灯 HL1 亮。

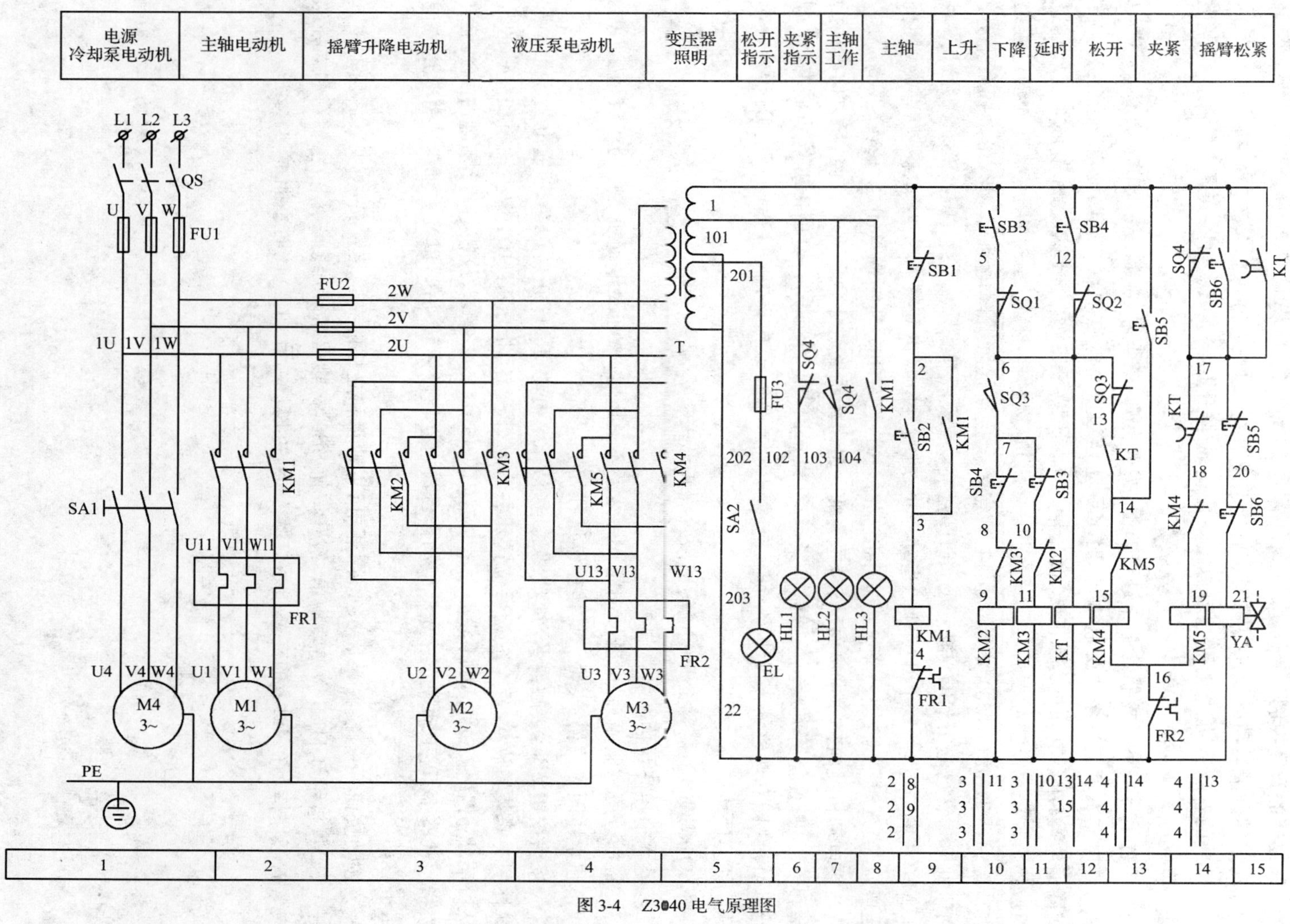

图 3-4　Z3040 电气原理图

2. 摇臂的升降控制

摇臂的升降运动必须在摇臂完全放松的条件下进行，升降过程结束后应将摇臂夹紧固定。摇臂的升降运动过程为：摇臂放松→摇臂升/降→摇臂夹紧。（注：夹紧必须在摇臂停止时进行）

摇臂上升与下降控制的工作过程如下：按下上升（或下降）控制按钮 SB3（或 SB4），断电延时继电器 KT 液压泵线圈通电，同时 KT 动合触点使电磁铁 YA 线圈通电，接触器 KM4 线圈通电，液压泵电动机 M3 正转，高压油进入摇臂松开油腔，推动活塞和菱形块实现摇臂的放松。放松至需要高度后，压下行程开关 SQ3，接触器 KM4 线圈断电（摇臂放松过程结束），接触器 KM2（KM3）线圈得电，主触点闭合接通摇臂升降电动机 M2，带动摇臂上升。由于此时摇臂已松开，SQ4 被复位，HL2 灯亮，表示松开指示。松开按钮 SB3（SB4），KM2（KM3）线圈断电，摇臂上升（下降）运动停止，时间继电器 KT 线圈断电（电磁铁 YA 线圈仍通电）。当延时结束，即升降电机完全停止时，KT 延时闭合动断触点闭合，KM5 线圈得电，液压泵电动机反向接通电源而反转，压力油井另一条油路进入摇臂夹紧油腔，反方向推动活塞和菱形块，使摇臂夹紧。摇臂做夹紧运动，以定时间后 KT 动合延时断开触点断开，接触器 KM5 线圈和电磁铁 YA 线圈断电，电磁阀复位，液压泵电动机 M3 断电停止工作，摇臂上升（下降）运动结束。

SQ1（SQ2）为摇臂上升（下降）的限位保护开关。

3. 主轴箱和立柱的夹紧与放松

根据液压控制原理，电磁换向阀 YA 线圈不通电时，液压泵电动机 M3 的正/反转，使主轴箱和立柱同时放松/夹紧。具体操作过程如下：

按动按钮 SB5，接触器 KM4 线圈通电，液压泵电动机 M3 正转（YA 不通电），主轴箱和立柱的夹紧装置放松，完全放松后位置开关 SQ4 不受压，指示灯 HL1 做主轴箱和立柱的放松指示，松开按钮 SB5，KM4 线圈断电，液压泵电动机 M3 停转，放松过程结束。在 HL1 放松指示状态下，可手动操作外立柱带动摇臂沿内立柱做回转动作，以及主轴箱摇臂长度方向水平移动。

按动按钮 SB6，接触器 KM5 线圈通电，主轴箱和立柱的夹紧装置夹紧，夹紧后压下位置开关 SQ4，指示灯 HL2 做夹紧指示，松开按钮 SB6，接触器 KM5 线圈断电，主轴箱和立柱的夹紧状态保持。在 HL2 的夹紧指示灯状态下，可以进行孔加工（此时不能手动移动）。

第一篇习题

1. 填空题

(1)热继电器的电气符号为(　　　　),在电路中起(　　　　　　)作用。

(2)熔断器对电路起(　　　　　)保护作用,热继电器对电动机起(　　　　　　)保护作用。

(3)接触器的电气符号由(　　　　　　)、(　　　　　　　)和(　　　　　　)组成。

(4)接触器按其主触点控制电路中(　　　　　　)分为直流接触器和交流接触器。

(5)行程开关的电气符号是(　　　　),速度继电器的电气符号是(　　　　　)。

(6)继电器-接触器控制系统中常用的保护装置有(　　　　)、(　　　　　)。

(7)直流电器的线圈(　　)串联使用。

(8)接触器或继电器的自锁一般利用自身的(　　)触头保证线圈继续通电。

2. 判断题

(1)在电路中熔断器主要起短路保护作用,热继电器主要起过载保护作用。　(　　)

(2)速度继电器主要应用在电动机的反接制动中。　(　　)

(3)在电动机的启动过程中,软启动器的效果是最好的。　(　　)

(4)接触器的灭弧装置损坏后,该接触器不能再使用。　(　　)

(5)启动按钮优先选用绿色按钮,急停按钮优先选用红色按钮,停止按钮优先选用红色按钮。　(　　)

(6)低压开关、接触器、继电器、主令电器、电磁铁等都属于低压控制电器。　(　　)

(7)熔断器的熔体允许在超过熔断器额定电流的情况下使用。　(　　)

(8)中间继电器和交流接触器的工作原理相同。　(　　)

(9)按钮是指用手按下即动作、手松开即释放复位的小电流开关电器。　(　　)

(10)熔断器的熔断时间与电流的平方成正比。　(　　)

(11)熔断器的熔管仅作为保护熔体用。　(　　)

(12)接触器除具备通断电路作用外还具备短路和过载保护作用。　(　　)

(13)为了消除衔铁振动,交流接触器的铁芯应装有短路环。　(　　)

(14)时间继电器线圈串联于负载电路中,交流接触器的线圈并联于被测电路的两端。　(　　)

(15)中间继电器是指将一个输入信号变成一个或多个输出信号的继电器。　(　　)

(16)热继电器在电路中的接线原则是热元件串联在主电路中,常开触头串联在控制电路中。　(　　)

(17)反接制动就是改变输入电动机的电源相序,使电动机反向旋转。　(　　)

(18)点动控制就是点一下按钮就可以启动并运转的控制方式。　(　　)

3. 单项选择题

(1)行程开关的电气符号为(　　)。

A. BS　　　　B. BG　　　　C. BT　　　　D. BF

(2)接触器QA的常开自锁触点在电路中起(　　)保护作用。

A. 短路　　B. 过载　　C. 失压和欠压　　D. 过电流

(3)复合控制按钮的工作原理是(　　)。

A. 先进后出　　B. 先合后断　　C. 断开合上　　D. 先断后合

(4)热继电器的电气符号为(　　)。

A. BS　　B. BB　　C. BT　　D. BF

(5)下列电器中不能实现短路保护的是(　　)。

A. 熔断器　　B. 热继电器　　C. 空气开关　　D. 过电流继电器

(6)开关电器在(　　)电路时产生电弧。

A. 断开　　B. 闭合　　C. 短路　　D. 断开和闭合

(7)交流接触器的短路环损坏后,该接触器(　　)使用。

A. 能继续　　B. 不能继续　　C. 不影响　　D. 在额定电流下可以

(8)刀开关的(　　)应等于或大于电路的额定电压,其额定电流应等于或稍大于电路的工作电流。

A. 额定电压　　B. 动作电压　　C. 实际电压　　D. 电压

(9)启动按钮优先选用(　　)色按钮,急停按钮优先选用(　　)色按钮,停止按钮优先选用(　　)色按钮。

A. 绿、黑、红　　B. 白、红、红　　C. 绿、红、黑　　D. 白、红、黑

(10)行程开关应根据控制电路的(　　)和电流选择开关系列。

A. 交流电压　　B. 直流电压　　C. 额定电压　　D. 交、直流电压

(11)交流接触器由(　　)组成。

A. 操作手柄、动触刀、静夹座、进线座、出线座和绝缘底板

B. 主触头、辅助触头、灭弧装置、脱扣装置、保护装置、动作机构

C. 电磁机构、触头系统、灭弧装置、辅助部件等

D. 电磁机构、触头系统、辅助部件、外壳

(12)热继电器是指利用电流的(　　)来推动动作机构,使触头系统闭合或分断的保护电器。

A. 热效应　　B. 磁效应　　C. 机械效应　　D. 化学效应

(13)在反接制动中,速度继电器(　　),其触头接在控制电路中。

A. 线圈串联在电动机主电路中　　B. 线圈串联在电动机控制电路中

C. 转子与电动机同轴连接　　D. 转子与电动机不同轴连接

(14)熔断器在低压配电系统和电力驱动系统中主要起(　　)保护作用,因此,熔断器属于保护电器。

A. 轻度过载　　B. 短路　　C. 失压　　D. 欠压

(15)中间继电器的工作原理是(　　)。

A. 电流化学效应　　B. 电流热效应

C. 电流机械效应　　D. 与接触器完全相同

(16)热继电器主要用于电动机的(　　)保护。

A. 失压　　B. 欠压　　C. 短路　　D. 过载

(17)熔断器的额定电流是指(　　)电流。

A. 熔体额定

B. 熔管额定

C. 其本身的载流部分和接触部分发热所允许通过的

D. 被保护电器设备的额定

(18)为保证交流电动机正/反转控制的可靠性,常采用(　　)控制电路。

A. 按钮联锁　　B. 接触器联锁

C. 按钮、接触器双重联锁　　D. 手动

4. 多项选择题

(1)控制电路的保护环节主要有(　　)。

A. 短路　　B. 过载

C. 失压和欠压　　D. 过电流

(2)复合控制按钮的工作原理是(　　)。

A. 先进后出　　B. 先合后断　　C. 断开合上　　D. 先断后合

5. 简答题

(1)交、直流接触器是以什么来定义的?它们在结构上有何区别?为什么?

(2)继电器和接触器的区别主要有哪些?

(3)两个相同的110 V交流接触器线圈能否串联于220 V的交流电源上运行?为什么?若是直流接触器,情况又如何?为什么?

(4)画出通电延时型和断电延时型时间继电器的电气符号并简述其工作方式。

(5)简述中间继电器的作用。

(6)用制表的方式说明图1所示万能转换开关的工作方式。

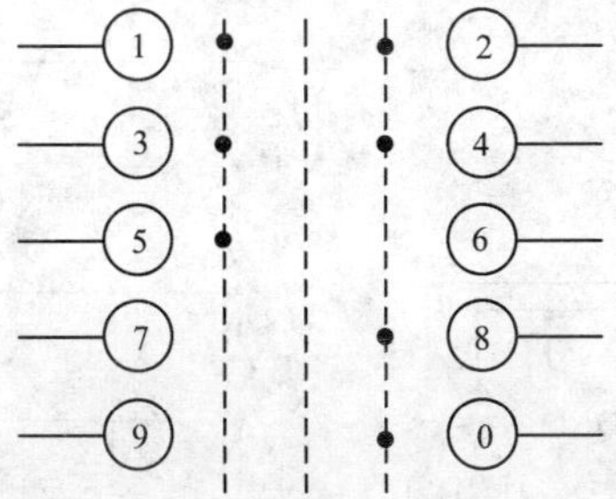

图1　简答题(6)图

(7)交流电磁线圈误接入直流电源,或直流电磁线圈误接入交流电源,将发生什么问题?为什么?

(8)何为过电压继电器、欠电压继电器?它们分别有何作用?有无直流过电压继电器?为什么?

(9)接触器的主触头、辅助触头和线圈各接在什么电路中?如何连接?

(10)在主电路中的有FU和FR分别起什么作用?

(11)简述短路保护的作用以及常用的短路保护元件。

6. 分析题

(1)试分析图2所示控制电路,并说明它们的不同及所实现的功能。

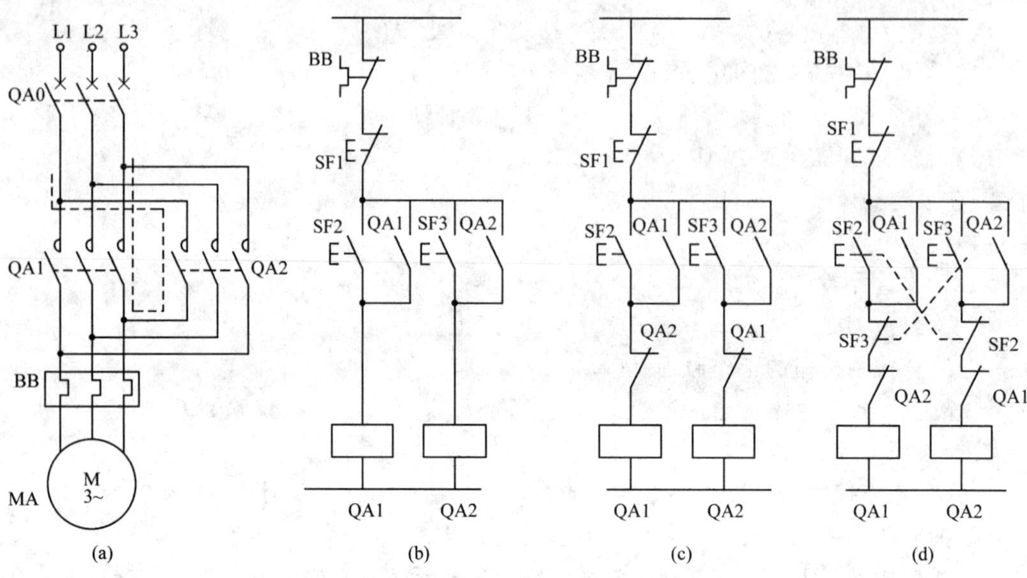

图2 分析题(1)图

(2)试分析图3所示控制电路,并说明所实现的功能。

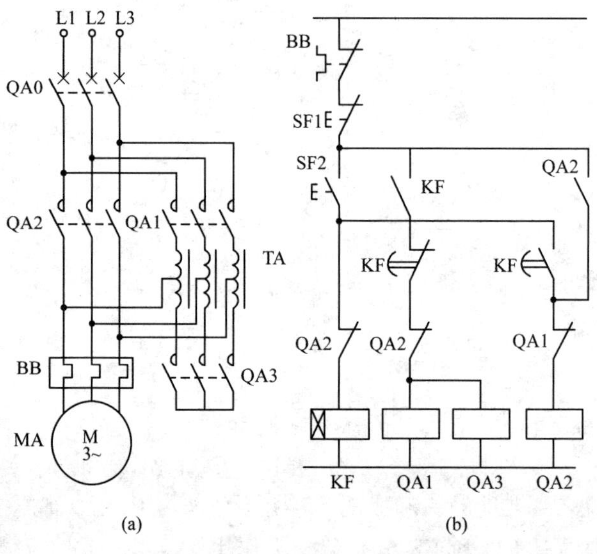

图3 分析题(2)图

(3)试分析图 4 所示控制电路,并说明所实现的功能。

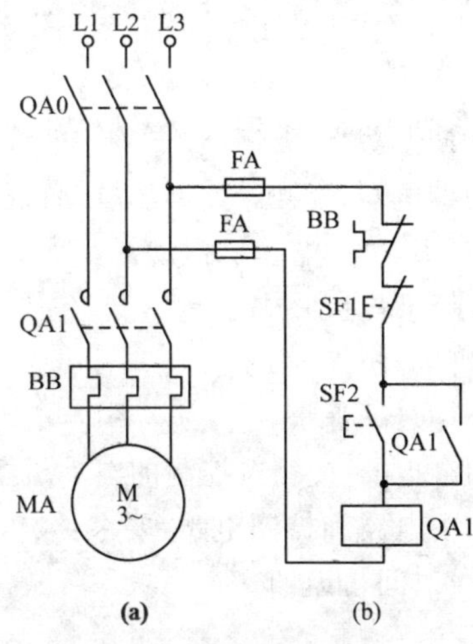

图 4　分析题(3)图

7. 设计题

(1)设计并绘出采用继电器-接触器控制的异步电动机正/反转自动控制的主电路和控制电路。

(2)设计三相鼠笼式异步电动机全压启动控制电路的主电路和控制电路,要求有必要的保护环节。

(3)设计一个控制电路,要求第一台电动机启动 10 s 后,第二台电动机自行启动;运行 5 s 后,第一台电动机停止并同时使第三台电动机自行启动;再运行 10 s,电动机全部停止。

(4)某自动运输线由 M1 和 M2 两台电动机拖动,要求如下:

①M1 启动后,才允许 M2 启动。

②M2 停止后,才允许 M1 停止。

③两台电动机均有短路、长期过载保护。

设计并绘制采用继电器-接触器控制的电动机主电路和控制电路。

(5)有两台鼠笼式三相异步电动机 M1 和 M2,要求如下:

①M1 启动后才能启动 M2。

②M2 先停车,然后 M1 才能停车。

③M2 能实现正/反转控制。

④电路具有短路、过载及失压保护。

试设计主电路和控制电路。

(6)试设计两台电机顺序启、停控制电路,要求如下:

①M1 启动之后才能启动 M2。

②两台电动机可以分别停止。

③M2 电动机可以实现正/反转控制。

④设置必要的保护环节。

(7)某自动运输线由 M1 和 M2 两台电动机拖动。要求如下：

①M1 先启动，延时 5 s 后才允许启动 M2。

②M2 停止后，才允许停止 M1。

③两台电动机均有短路、长期过载保护。

设计要求：设计并绘制采用继电器-接触器控制的电动机主电路和控制电路。

(8)某自动运输线由 M1 和 M2 两台电动机拖动。要求如下：

①M1 先启动，延时 5 s 后才允许启动 M2。

②M2 停止后，延时 10 s 才自动停止 M1。

③两台电动机均有短路、长期过载保护。

设计要求：设计并绘制采用继电器-接触器控制的电动机主电路和控制电路。

(9)试设计一个往复运动的主电路和控制电路，要求：

①向前运动到位后停留一段时间再返回。

②返回到位后后立即向前。

③具有短路、过载及失压保护。

公共基础篇

项目四

可编程控制器的基本认识

4.1 可编程控制器概述

可编程控制器(Programmable Controller,PLC)是一种面向生产过程控制的数字电子装置,可以取代传统的继电器控制系统,能构成复杂的工业过程控制网络,是一种适应现代工业发展的新型控制器。PLC 控制能力强,价格低廉,具有较高的可靠性。目前 PLC 已基本替代了传统的继电器控制系统,成为工业自动化领域中应用最多的控制装置,居工业生产自动化三大支柱(可编程控制器、机器人、计算机辅助设计与制造)的首位。

1. PLC 的产生

20 世纪 60 年代以前,工业生产中进行自动控制的装置为继电器-接触器控制系统。该系统能耗多,工艺流程需大量的人力、物力,且由硬件接线实现系统运行,机械触点较多,可靠性低。

1968 年美国通用汽车(GM)公司首次公开招标,要求制造商为其装配线提供一种新型的通用程序控制器,并提出了著名的 10 项招标指标,即著名的“GM 10 条”:

(1)编程简单,可在现场修改程序。

(2)系统维护方便,采用插件式结构。

(3)体积小于继电器控制柜。

(4)可靠性高于继电器控制柜。

(5)成本较低,在市场上可以与继电器控制柜竞争。

(6)可将数据直接输入计算机。

(7)可直接用交流 115 V 输入(美国电网电压是 110 V)。

(8)输出采用交流 115 V,可以直接驱动电磁阀、交流接触器等。

(9)通用性强,扩展方便。

(10)程序可以存储,存储器容量可以扩展到 4 KB。

1969 年美国数字设备公司(DEC)根据这 10 项技术指标的要求研制出了世界上第一台可编程逻辑控制器——PDP-14,并成功地应用在通用汽车公司的生产线上。这种新型的工业控制装置用计算机软件逻辑编程成功取代了继电器控制的硬件接线，实现了生产硬件设备的“柔性化”。1974年，我国开始了PLC技术的研究，并在1977年研制出第一台具有实用价值的PLC。

在这一时期，PLC主要是用于顺序控制。20世纪70年代中期以后，PLC广泛采用微处理器作为中央处理器，并且在外围的输入/输出(I/O)电路中逐渐使用了大规模和超大规模的集成电路，这时的PLC已经不仅仅具有逻辑判断功能，还同时具有数据处理、PID调节和通信联网功能。虽然美国电气制造商协会(NEMA)将其正式命名为可编程控制器(Programmable Controller，PC)，但由于近年来PC又可表示个人计算机(Personal Computer)，为了加以区别，人们常把可编程控制器称为PLC。

1987年2月，国际电工委员会(IEC)颁布的可编程控制器标准草案中对PLC作了如下的定义：“可编程控制器是一种数字运算操作的电子系统，专为在工业环境下应用而设计。它采用了可编程存储器，用来在其内部存储程序、执行逻辑运算、顺序控制、定时、计数与算术操作等指令，并通过数字式和模拟式的输入和输出，控制各种类型的机械或生产过程。可编程控制器及其有关外围设备，都应按易于与工业控制系统连成一个整体，易于扩充其功能的原则设计。”

2. PLC的特点

PLC是面向用户的工业控制专用计算机，它与通用计算机相比有以下特点。

(1)可靠性高，抗干扰能力强

PLC用软件代替大量的中间继电器和时间继电器，仅剩下与输入和输出有关的少量硬件，接线可减少到继电器控制系统的1/10～1/100，因触点接触不良造成的故障大为减少。

高可靠性是电气控制设备的关键性能。PLC由于采用现代大规模集成电路技术，采用严格的生产工艺制造，内部电路采取了先进的抗干扰技术，具有很高的可靠性。例如三菱公司生产的F系列PLC平均无故障时间高达30万小时。一些使用冗余CPU的PLC的平均无故障工作时间则更长。从PLC的机外电路来说，使用PLC构成控制系统，和同等规模的继电器控制系统相比，电气接线及开关接点已减少到数百甚至数千分之一，故障也因此大为减少。此外，PLC带有硬件故障自我检测功能，出现故障时可及时发出警报信息。在PLC电路中设置了“看门狗”(Watchdog)电路，能把因干扰而走飞的程序拉回来，起到自动恢复的作用。因此，整个PLC的系统具有极高的可靠性。

(2)编程方便、灵活

PLC作为通用工业控制计算机，是面向工矿企业的工业控制设备。它接口容易，编程语言易于为工程技术人员接受。梯形图语言的图形符号与表达方式和继电器电路图相当接近，只用PLC的少量开关量逻辑控制指令就可以方便地实现继电器电路的功能。为不熟悉电路、不懂计算机原理和汇编语言的人使用计算机从事工业控制打开了方便之门。

(3)易于安装、调试、维护

PLC安装方便，具有DIN标准导轨安装用卡扣，具有输入/输出端子排，用螺丝刀即可将PLC与不同的控制设备连接。

PLC调试方便，用存储逻辑代替接线逻辑，大大减少了控制设备外部的接线，使控制系统设计及建造的周期大为缩短，使同一设备经过改变程序改变生产过程成为可能，适用于多品种、小批量的生产场合。

PLC维护方便，具有完善的自诊断功能和运行故障指示装置。当发生故障时，可以观察其面板上的各种发光二极管的状态，迅速查明原因，排除故障。

(4)功能齐全，应适用性强

PLC发展到今天，已经形成了大、中、小各种规模的系列化产品，并且已经标准化、系列化、模块化，配备有品种齐全的各种硬件装置供用户选用，用户能灵活方便地进行系统配置，组成不同功能、不同规模的系统。PLC有较强的带负载能力，可直接驱动一般的电磁阀和交流接触器，可应用于各种规模的工业控制场合。除了逻辑处理功能以外，现代PLC大多具有完善的数据运算能力，可应用于各种数字控制领域。近年来PLC的功能单元大量涌现，使PLC渗透到了位置控制、温度控制、CNC等各种工业控制中，加上PLC通信能力的增强及人机界面技术的发展，使用PLC组成各种控制系统变得非常容易。

(5)体积小，能耗低

以超小型PLC为例，新近出产的品种底部尺寸小于100 mm，质量小于150 g，功耗仅数瓦。由于体积小很容易装入机械内部，所以它是实现机电一体化的理想控制设备。

3. PLC的分类

PLC产品种类繁多，目前国内外应用较为普遍的有日本三菱公司的FX系列、OMRON公司的C系列、德国西门子公司的S系列美国GE公司的GE系列，国内嘉华公司的JH系列等。虽然不同系列的PLC规格和性能各不相同。但是通常可以根据I/O点数、结构、功能等差异进行大致的分类。

(1)按I/O点数分类

PLC按其I/O点数多少一般可分为以下四类：

①微型PLC　I/O点数小于64点的PLC为超小型或微型PLC。

②小型PLC　I/O点数为64～256点，用户程序存储容量小于8 KB的为小型PLC。它可以连接开关量和模拟量I/O模块以及其他各种特殊功能模块，能执行包括逻辑运算、计时、计数、算术运算、数据处理和传送、通信联网等功能。如西门子公司的S7-200 PLC，三菱公司的F1、F2和FX0系列PLC都属于小型PLC。

③中型PLC　I/O点数为256～2 048点的为中型PLC。它除了具有小型PLC所能实现的功能外，还具有更强大的通信联网功能、更丰富的指令系统、更大的内存容量和更快的扫描速度。如西门子公司的S7-300 PLC、三菱公司的A1S系列PLC都属于中型PLC。

④大型PLC　I/O点数为2 048点以上的为大型PLC。它具有极强的软件和硬件功能、自诊断功能、通信联网功能，它可以构成三级通信网，实现工厂生产管理自动化。此外，大型PLC还可以采用3个CPU构成表决式系统，使机器具有更高的可靠性。如西门子公司的S7-400系列PLC、三菱公司的A3M、A3N系列PLC都属于大型PLC。

(2)按结构分类

PLC按其结构可分为整体式、模块式及叠装式三种。

①整体式PLC　将CPU、I/O单元、电源、通信等部件集成到一个机壳内的称为整体式PLC，如图4 1所示。整体式PLC由不同I/O点数的基本单元(又称为主机)和扩展单元组成。基本单元内有CPU、I/O接口、与扩展单元相连的扩展口以及与编程器相连的接口。扩展单元内只有I/O接口和电源等，没有CPU。基本单元和扩展单元之间一般用扁平电缆连接。它还配备特殊功能单元，如模拟量单元、位置控制单元等，使其功能得以扩展，整体式

PLC 一般都是小型 PLC。

②模块式 PLC　模块式 PLC 是将 PLC 的每个工作单元都制成独立的模块，如 CPU 模块、I/O 模块、电源模块（有的含在 CPU 模块中）以及各种功能模块。模块式 PLC 由母板（或框架）以及各种模块组成，如图 4-2 所示。把这些模块按控制系统需要选取后，安插到母板上，就构成了一个完整的 PLC 系统。这种模块式 PLC 的特点是配置灵活，可根据需要选配不同规模的系统，而且装配方便，便于扩展和维修。大、中型 PLC 一般采用模块式结构。例如，三菱 Q 系列 PLC，西门子公司的 S7-300 系列、S7-400 系列 PLC 都采用模块式结构形式。

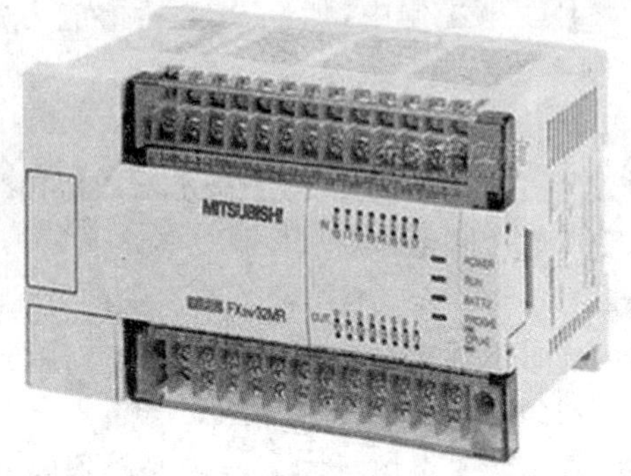

图 4-1　三菱 FX2N 系列 PLC

图 4-2　三菱 Q 系列 PLC

③叠装式 PLC　将整体式和模块式的特点结合起来，即可构成叠装式 PLC。叠装式 PLC 将 CPU 模块、电源模块、通信模块和一定数量的 I/O 单元集成到一个机壳内，如果集成的模块不够使用，可以进行模块扩展。其 CPU、电源、I/O 接口等也是各自独立的模块，但它们之间要靠电缆进行连接，并且各模块可以一层层地叠装。叠装式 PLC 集整体式 PLC 与模块式 PLC 的优点于一身，它不但系统配置灵活，而且体积较小，安装方便。西门子公司的 S7-200 系列 PLC 就是叠装式的结构形式。

（3）按功能分类

根据 PLC 所具有的功能不同，可将 PLC 分为低档、中档、高档三类。

①低档 PLC　具有逻辑运算、定时、计数、移位以及自诊断、监控等基本功能，还可有少量的模拟量 I/O、算术运算、数据传送和比较、通信等功能，它主要用于逻辑控制、顺序控制或少量模拟量控制的单机控制系统。

②中档 PLC　除具有低档 PLC 的功能外，还具有较强的模拟量 I/O、算术运算、数据传送和比较、数制转换、远程 I/O、子程序、通信联网等功能。有些还可增设中断控制、PID（比例、积分、微分）控制等功能，以适用于复杂控制系统。

③高档 PLC　除具有中档 PLC 的功能外，还增加了带符号算术运算、矩阵运算、函数、表格、CRT 显示、打印和更强的通信联网功能，可用于大规模过程控制或构成分布式网络控制系统，实现工厂自动化。

一般低档机多为小型 PLC，采用整体式结构；中档机可为大、中、小型 PLC，其中小型 PLC 多采用整体式结构，中型和大型 PLC 多采用模块式结构。

4. PLC 的发展

1968 年美国通用汽车公司提出取代继电器控制装置的要求。1969 年，美国数字设备公司研制出了第一台可编程控制器 PDP-14，在美国通用汽车公司的生产线上试用成功，首次将程序化的手段应用于电气控制，这是第一代可编程控制器，称为 Programmable Logic Controller(PLC)，是世界上公认的第一台 PLC。

1971 年，日本研制出第一台 PLC(DCS-8)。1973 年，德国研制出第一台 PLC。1974 年，中国研制出第一台 PLC。

20 世纪 70 年代初出现了微处理器，人们很快将其引入可编程控制器，使 PLC 增加了运算、数据传送及处理等功能，成为真正具有计算机特征的工业控制装置。此时的 PLC 为微机技术和继电器常规控制概念相结合的产物。个人计算机发展起来后，为了方便和反映可编程控制器的功能特点，可编程控制器定名为 Programmable Controller(PLC)。

20 世纪 70 年代中末期，可编程控制器进入实用化发展阶段，计算机技术已全面引入可编程控制器中，使其功能发生了飞跃。更高的运算速度、超小型体积、更可靠的工业抗干扰设计、模拟量运算、PID 功能及极高的性价比奠定了它在现代工业中的地位。

20 世纪 80 年代初，可编程控制器在先进工业国家中已获得广泛应用。世界上生产可编程控制器的国家日益增多，产量日益上升。这标志着可编程控制器已步入成熟阶段。

20 世纪 80 年代至 90 年代中期，是 PLC 发展最快的时期，年增长率一直保持为 30%～40%。在这一时期，PLC 在处理模拟量能力、数字运算能力、人机接口能力和网络能力等方面得到大幅度提高，PLC 逐渐进入过程控制领域，在某些应用上取代了在过程控制领域处于统治地位的 DCS 系统。

20 世纪末期，可编程控制器的发展特点是更加适应现代工业的需要。这个时期发展了大型 PLC 和超小型 PLC，诞生了各种各样的特殊功能单元，生产了各种人机界面单元、通信单元，使应用可编程控制器的工业控制设备的配套更加容易。

近年来，PLC 的发展更为迅速，在规模和功能上将向更强大与更小巧的方向发展。更强大是指存储容量更大，I/O 点数更多，执行速度更快，智能化程度更强，数据更安全。这些大型 PLC 与计算机组成多级分布式控制系统，实现对生产全过程的集中管理。大型 PLC 代表了当今世界 PLC 的发展水平。

更小巧是指体积更小，价格更低，但性能却更强的微型 PLC，主要应用于注塑机、包装机、电梯控制等机械配套控制电器上，以实现完全取代最小的继电器系统，也应用于复杂单机、数控机床和工业机器人等领域的控制要求。小型和微型 PLC 的使用数量，代表了当今世界 PLC 的普及程度。

4.2　三菱 FX 系列 PLC 简介

1. 三菱 FX 系列 PLC 系统结构

三菱小型可编程控制器分为 F、F1、F2、FX0、FX0N、FX2C 等几个系列，是三菱公司近几年推出的高性能小型系列可编程控制器，其中 FX2N 系列的 PLC 在小型化、高速度、高性能等方面都优于 FX 系列中其他的 PLC，FX2N 系列 PLC 有一个 16 位微处理器和一个专用逻辑处理器。FX2N 的执行速度为 0.48 μs/步，是目前运行速度较快的小型 PLC 之一。

FX2N 系列的适应面广，是国内使用最广泛的 PLC 系列产品之一。与其他类型 PLC 相比，FX2N 系列 PLC 有以下技术特点：

(1)FX2N 系列 PLC 采用一体化箱体结构，其基本单元将 CPU、存储器、I/O 接口及电源等都集成在一个模块内，结构紧凑，体积小巧，成本低廉，安装方便。

(2)FX2N 是 FX 系列中功能较强、运行速度较快的 PLC。FX2N 基本指令执行时间只需 0.08 μs，应用指令在 1.52 μs 至几百微秒之间，比 FX2 快 4 倍，超过了许多大、中型的 PLC。

(3)FX2N 的用户存储器容量可扩展到 16 KB，其 I/O 点数最大可扩展到 256 点。

(4)FX2N 有多种特殊功能模块，如模拟量 I/O 模块、高速计数器模块、脉冲输出模块、位置控制模块、RS-232C/RS-422/RS-485 串行通信模块或功能扩展板、模拟定时器功能扩展板等。使用这些特殊功能模块和功能扩展板，可以实现模拟量控制、位置控制和联网通信等功能。

(5)FX2N 有 3 000 多点辅助继电器（分为一般用，M0～M499；停电保持用，M500～M3071；特殊用途，M8 000～M8 255)、1 000 点状态继电器、200 多点定时器、200 点 16 位加计数器、35 点 32 位加/减计数器、8 000 多点 16 位数据寄存器（分为一般用，D0～D199，200 点；停电保持用，D200～D511，312 点；停电保持专用，D512～D7 999，7 488 点；特殊用，D8 000～D8 255，256 点；变址寄存器，V0～V7，Z0～Z7，16 点）、128 点跳步指针以及 15 点中断指针。

(6)FX2N 有 128 种功能指令，具有中断输入处理、修改输入滤波器常数、数学运算、浮点数运算、数据检索、数据排序、PID 运算、开平方、三角函数运算、脉冲输出、脉宽调制、ACL 码输出、串行数据传送、校验码以及比较触点等功能指令。

(7)FX2N 还有矩阵输入、10 键输入、16 键输入、数字开关、方向开关以及七段显示器扫描显示等指令。

2. FX2 系列 PLC 的型号说明

三菱 FX 系列 PLC 基本单元和扩展单元的型号由字母和数字组成，命名的基本格式如图 4-3 所示。其中：

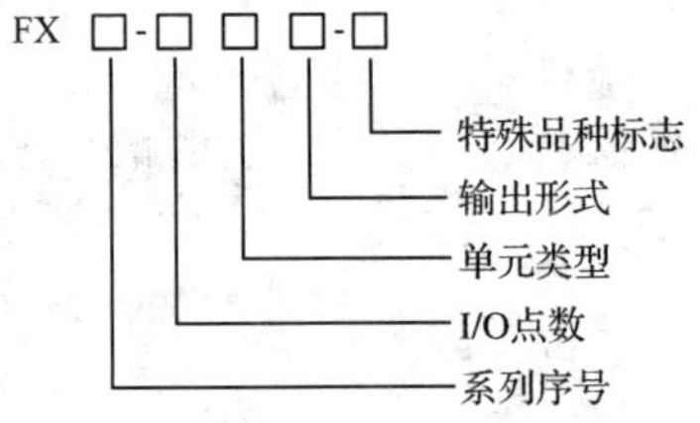

图 4-3 FX2 系列 PLC 型号命名的基本格式

(1)系列序号 如 0、2、0N、2C、1S、1N、2N、1NC、2NC。

(2)I/O 点数 10～256 点。

(3)单元类型 M——基本单元；
E——扩展单元(I/O 混合)；
EX——扩展输入单元(模块)；
EY——扩展输出单元(模块)。

(4)输出形式 R——继电器输出；
T——晶体管输出；
S——晶闸管输出。

(5)特殊品种标志 D——DC 电源，DC 输入；
A——AC 电源，AC 输入；
H——大电流输出扩展单元；
V——立式端子排的扩展单元；
C——接插口 I/O 方式；
F——输入滤波器 1 ms 的扩展单元；
L——TFL 输入型扩展单元；
S——独立端子(无公共端)扩展单元。

若特殊品种无符号标志，则通指 AC 电源，DC 输入，横式端子排；继电器输出，2 A/点，个别产品可到 8 A/点；晶体管输出 0.5 A/点；晶闸管输出 0.3 A/点。

例如 FX2N-32MT-D 表示 FX2N 系列，32 个 I/O 点基本单元，晶体管输出，使用直流电源，24 V 直流输出型。再如 FX2N-8EYR 表示该模块为 FX2N 系列，有 8 个继电器输出的扩展模块。

项目五

可编程控制器的组成及工作原理

5.1 PLC 的基本组成

PLC 的硬件系统由主机、I/O 扩展单元及外部设备等组成，如图 5-1 所示。PLC 主机由中央处理器(CPU)、存储器(Memory)、输入/输出单元(Input/Output Unit)、外部设备接口、扩展接口和电源等部分组成。

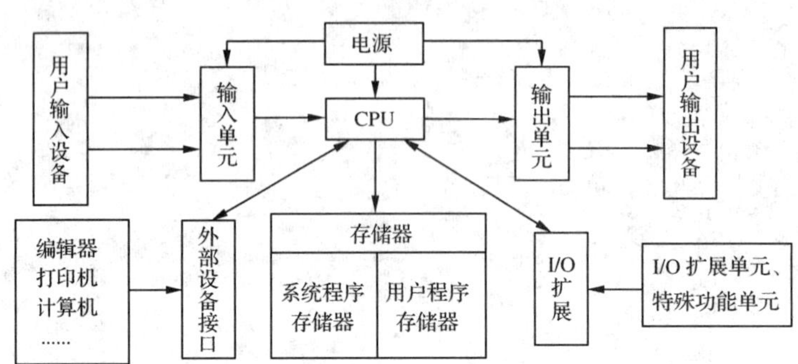

图 5-1　PLC 硬件系统的基本构成

PLC 主要组成部件及其主要作用如下。

1. 中央处理器(CPU)

中央处理器又称为中央控制单元，一般为微型计算机系统，包括微处理器、系统程序存储器、用户程序存储器、计时器、计数器等。

微处理器是 PLC 的核心，其主要作用是：

(1)接收从编程器输入的用户程序，并存入程序存储器中。

(2)用扫描方式采集现场输入状态和数据，并存入输入状态寄存器中。

(3)执行用户程序，产生相应的控制信号去控制输出电路，实现程序规定的各种操作。

小型 PLC 大多采用 8 位和 16 位微处理器或单片机，大、中型 PLC 大多采用 16 位和 32 位微处理器或高速位片式处理器。PLC 的档次越高，所选用的 CPU 的位数越多，运算速度越快，功能越强。对于重要的 PLC 控制系统，要考虑其安全性和可靠性，可以采用多 CPU

系统，如三菱的 Q4AR 型 PLC 是双热机备份 PLC，可用于高可靠热备份系统，对 PLC、网络和电源可以实现冗余。

2. 存储器

PLC 系统中具有两种存储器：只读存储器（Read Only Memory，ROM）和随机存取存储器（Rand Access Memory，RAM）。ROM 用来存放系统程序，是软件固化的载体；而 RAM 则用来存放用户的应用程序。

常用的只读存储器有 EPROM 和 EEPROM。EPROM 是指可擦除可编程只读存储器，其特点为断电后又上电，存储的信息不变，常用于存放各种系统程序和固定的数据，但是不能进行在线修改，需在紫外线连续照射 20～40 min 后才能将信息擦除，并需专用编程器才能将程序写入。EEPROM 为电可擦除可编程只读存储器，除断电后信息不易丢失外，正常运行时与普通的 RAM 一样，可随机读出与写入，仅擦写时间略长，所以现在的 PLC 常采用 EEPROM 作为程序存储器。

PLC 中随机存取存储器多采用 CMOS RAM，其特点为工艺简单、集成度高、功耗小、价格低廉，易于存放用户程序和数据，方便用户进行程序修改。但是其断电后信息易丢失，需采用锂电池为后备电池，以保证断电后 RAM 中信息不丢失。

用户程序存储器可分为两大部分，一部分用来存储用户程序，另一部分则供监控和用户程序的缓冲单元。微处理器对一部分缓冲单元的某些部分可以进行字操作，而对另一部分可进行位操作。在 PLC 中，可进行字操作的缓冲单元常称为字元件（也称为数据寄存器），可进行位操作的缓冲单元常称为位元件（也称为中间继电器）。

3. 输入/输出单元

现场的输入设备是各种各样的，产生的输入信号电平也均不相同，因此，必须通过输入单元将各种信号转变为 CPU 电路能够接收的标准电平。同样，现场的输出设备种类也很多，通过输出单元，将 CPU 输出的标准电平转换成能驱动输出设备的信号电平。输入/输出单元是 PLC 与被控对象间传递输入/输出信号的接口部件。

（1）FX 系列 PLC 基本单元输入电路

输入电路是 PLC 与外部连接的输入通道。输入信号（如按钮、行程开关以及传感器输出的开关信号或模拟量）经过输入电路转换成中央控制单元能接收和处理的数字信号。

以图 5-2 所示的直流输入接口电路为例，R_1 是限流与分压电阻，R_2 与 C 构成滤波电路，滤波后的输入信号经光电耦合器 T 与内部电路耦合。当输入端的按钮 SB 接通时，光电耦合器 T 导通，直流输入信号被转换成 PLC 能处理的 5 V 标准信号电平（简称 TTL），同时 LED 输入指示灯亮，表示信号接通。微电脑输入接口电路一般由寄存器、选通电路和中断请求逻辑电路组成，这些电路集成在一个芯片上。交流输入与交直流输入接口电路与直流输入接口电路类似。

滤波电路用以消除输入触头的抖动，光电耦合电路可防止现场的强电干扰进入 PLC。由于输入电信号与 PLC 内部电路之间采用光信号耦合，所以两者在电气上完全隔离，使输入接口具有抗干扰能力。现场的输入信号通过光电耦合后转换为 5 V 的 TTL 送入输入数据寄存器，再经数据总线传送给 CPU。

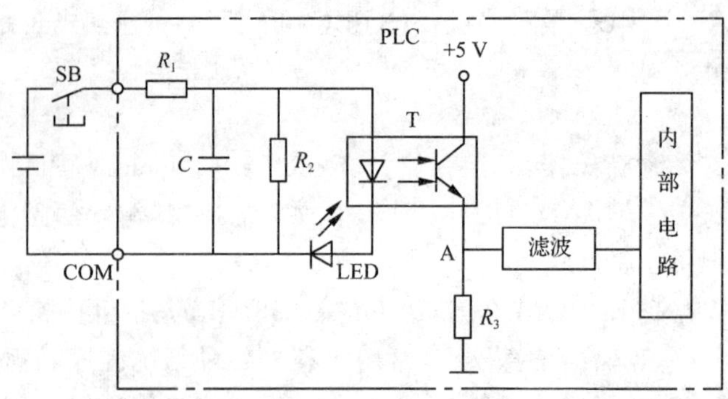

图 5-2 直流输入接口电路

(2)FX系列PLC基本单元输出电路

输出电路是PLC向外部执行部件输出相应控制信号的通道。通过输出电路,PLC可对外部执行部件(如接触器、电磁阀、继电器、指示灯、步进电动机、伺服电动机等)进行控制。输出电路一般由微电脑输出接口电路和功率放大电路组成,与输入电路类似,内部电路与输出电路之间采用光电耦合器进行抗干扰电隔离。输入/输出电路根据其功能的不同可分为数字输入、数字输出、模拟量输入、模拟量输出、位置控制、通信等各种类型。

PLC的输出形式主要有继电器输出、双向晶体管输出和晶闸管输出,见表5-1。

表5-1　　PLC的输出形式

输出形式	优点	缺点
继电器输出	电压范围广,导通压降小,价格低廉,既可以控制交流负载,也可以控制直流负载	触点寿命短,触点断开时有电弧产生,容易产生干扰,转换频率低,响应时间约为10 ms
双向晶体管输出	无触点控制,寿命长,无噪声,可靠性高,响应快,响应时间为0.2 ms	价格高,过载能力差,驱动直流负载
晶闸管输出	无触点控制,寿命长,无噪声,可驱动交流负载	价格高,负载能力差

4. 电源

电源能将交流电转换成中央控制单元、输入/输出单元所需要的直流电源;能适应电网波动、温度变化的影响,对电压具有一定的保护,可防止电压突变时损坏中央控制器。

整体式PLC的电源一般封装在机箱内部;组合式PLC,既有单独的电源模块,也有将电源与CPU封装到一个模块的结构。

5. 外部设备

外部设备是PLC系统不可分割的一部分,PLC的外部设备包括以下四大类:

(1)编程设备　有专用编程器和个人计算机,用于编程、对系统进行相应设定、监控PLC及PLC所控制的系统的工作状况。编程设备是PLC开发应用、监测运行、检查维护不可缺少的器件。

(2)监控设备　有数据监视器和图形监视器,分别可直接监视数据或通过画面监视数据。

(3)存储设备　有存储卡、存储磁带、软磁盘及只读存储器,用于永久性地存储用户数据,使用户程序不丢失,如EPROM、EEPROM写入器等。

(4)输入/输出设备:用于接收输入/输出信号,一般有条码读入器、输入模拟量的电位器、打印机等。

5.2 PLC 的工作原理

1. PLC 循环扫描

PLC 循环扫描的工作过程如图 5-3 所示,一般包括五个阶段:内部处理与自诊断、与外部设备进行通信处理、输入采样、程序执行、输出刷新。

PLC 有两种工作状态,即运行(RUN)状态与停止(STOP)状态。运行状态是执行应用程序的状态。停止状态一般用于程序的编制与修改。

当开关处于 STOP 位置时,只执行前面两个阶段,即内部处理与自诊断、与外部设备进行通信处理;当 PLC 开始运行时,执行所有的阶段:首先清除 I/O 映像区的内容,然后进行自诊断,确认正常后开始扫描。对每个程序,CPU 从第一条指令开始执行,按指令步序号做周期性的程序循环扫描,如果无跳转指令,则从第一条指令开始逐条执行程序,直至遇到结束符后又返回第一条指令,如此周而复始地进行输入采样、程序执行、输出刷新的串行循环工作方式。

图 5-3 PLC 循环扫描的工作过程

图 5-4 所示为 PLC 在 RUN 状态下扫描的全过程。

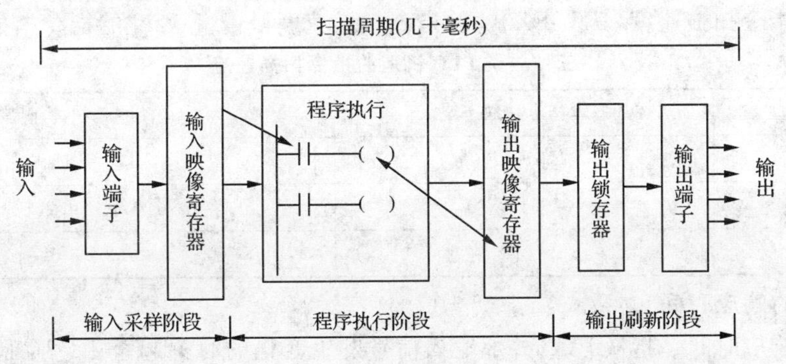

图 5-4 PLC 在 RUN 状态下扫描的全过程

(1)输入采样阶段

在输入采样阶段,PLC 中 CPU 按顺序扫描,将全部现场输入信号,如按钮、限位开关、速度继电器的通断状态经 PLC 的输入接口读入输入映像寄存器,输入采样结束进入程序执行阶段后,期间即使输入信号发生变化,输入映像寄存器内数据也不再随之变化,直至一个扫描循环结束,下一次输入采样时才会更新,这种输入工作方式称为集中输入方式。为了保证输入脉冲信号能被正确读入,要求脉宽必须大于一个扫描周期。

(2)程序执行阶段

PLC 在程序执行阶段,若不出现中断或跳转指令,就根据梯形图程序从首地址开始按

“自上而下、从左往右”的顺序逐条扫描执行，扫描过程中分别从输入映像寄存器、输出映像寄存器以及辅助继电器中将有关编程元件的状态数据“0”或“1”读出，并根据梯形图规定的逻辑关系执行相应的运算，将运算结果写入对应的元件映像寄存器中保存。而需向外输出的信号则存入输出映像寄存器，并由输出锁存器保存。等所有指令都扫描处理完后，转入输出刷新阶段。

(3)输出刷新阶段

CPU 将输出映像寄存器的状态经输出锁存器和 PLC 的输出接口传送到外部去驱动接触器和指示灯等负载。这时输出锁存器保存的内容要等到下一个扫描周期的输出刷新阶段才会被再次刷新。这种输出工作方式称为集中输出方式。

PLC 的扫描工作方式同继电器-接触器控制有着明显的区别，见表 5-2。

表 5-2　PLC 的扫描工作方式同继电器-接触器控制的区别

控制系统	控制方式	通电线圈
继电器-接触器控制	硬逻辑并行运行方式	所有常开/常闭触点立即动作
PLC 控制	循环扫描工作方式	CPU 扫描到的接点动作

2. PLC 扫描周期

PLC 在运行状态时，执行一次扫描操作所需的时间称为扫描周期，其典型值为 0.5～100 ms。指令扫描周期的长短主要取决于以下因素：CPU 执行指令的速度、执行每条指令占用的时间、程序中指令的条数等。一般说来，在一个扫描过程中，输入采样和输出刷新所占时间较少，执行指令的时间占了绝大部分。

指令执行时间与 CPU 执行速度、指令扫描速度有关，当机型确定后，指令扫描速度确定，扫描程序时间的长短将随着程序的长短而改变。表 5-3 列出了 FX 系列中三种典型 PLC 机型的指令扫描速度，其中 FX0N 的指令扫描速度最慢，FX2N 的指令扫描速度最快。

表 5-3　三种典型 PLC 机型的指令扫描速度　μs/指令

FX 系列机型	基本指令扫描速度	应用指令扫描速度
FX0N	1.5～3.6	几十到几百
FX1S	0.55～0.7	3.7 到几百
FX2N	0.08	1.52 到几百

3. PLC 的响应时间

PLC 的响应时间是指从 PLC 外部输入信号发生变化的时刻起至由它控制的有关外部输出信号发生变化的时刻之间的间隔，又称为滞后时间（通常为几十毫秒）。它由输入电路的时间常数、输出电路的时间常数、用户语句的安排和指令的使用、PLC 的循环扫描方式以及 PLC 对 I/O 的刷新方式等部分组成。

PLC 的这种周期循环扫描工作方式决定了响应时间的长短与收到输入信号的时刻有关。响应时间可以分为最短响应时间和最长响应时间。

(1)最短响应时间

如果在一个扫描周期刚结束之前收到一个输入信号，在下一个扫描周期之前进入输入采样阶段，这个输入信号就被采样，使输入更新，这时响应时间最短。

(2)最长响应时间

如果收到一个输入信号经输入延迟后，刚好错过 I/O 刷新的时间，在该扫描周期内这个输入信号无效，要到下一个扫描周期输入采样阶段才被读入，使输入更新，这时响应时间最长。

由于 PLC 采用循环扫描的工作方式，即对信息采用串行处理方式，必定导致输入、输出延迟响应，产生滞后现象。对于一般工业控制要求，这种滞后现象是允许的。但是对那些要求响应时间小于扫描周期的控制系统则不被允许，这时可以使用智能 I/O 单元(如快速响应 I/O 模块)或专门的指令(如立即 I/O 指令)，通过与扫描周期脱离的方式来解决。

5.3　FX2N 系列 PLC 内部软组件

PLC 内部的编程元件即支持该机型编程语言的软组(元)件，按通俗叫法分别称为继电器、定时器、计数器等，但它们与真实元件有很大的差别，一般称它们为“软继电器”。这些编程用的软继电器的工作线圈没有工作电压等级、功耗大小和电磁惯性等问题；触点没有数量限制、没有机械磨损和电蚀等问题；在不同的指令操作下，其工作状态可以无记忆，也可以有记忆，还可以作为脉冲数字元件使用。

FX2N 系列中，X 代表输入继电器，Y 代表输出继电器，M 代表辅助继电器，T 代表定时器，C 代表计数器，D 代表数据寄存器，S 代表状态继电器，P/I 代表指针，K/H 代表常数。

1. 输入继电器(X)

PLC 的输入端子是从外部开关接收信号的窗口，PLC 内部与输入端子连接的输入继电器 X 是用光电隔离的电子继电器，它们的编号与接线端子编号一致(按八进制输入)，线圈的吸合或释放只取决于 PLC 外部触点的状态。内部有常开/常闭两种触点供编程时随时使用，且使用次数不限。输入电路的时间常数一般小于 10 ms。

各基本单元都是八进制输入的地址，例如：X000～X007、X010～X017、X020～X027，输入继电器一般位于机器的上端。

FX2N 系列的型号 PLC 输入接点数是不同的，实际上输入/输出接点数是一个系列中最主要的区分型号的特征。接点数决定了 PLC 的价格，在使用中一定要根据具体控制对象来选择 PLC。

输入继电器必须由外部信号来驱动，不能由程序驱动，即输入继电器的状态无法用程序改变。表 5-4 列出了 FX2N 系列 PLC 常用信号的输入继电器接点配置。

表 5-4　　FX2N 系列 PLC 常用信号的输入继电器接点配置

型号	FX2N-16M	FX2N-24M	FX2N-32M	FX2N-48M	FX2N-64M	FX2N-80M	扩展
输入继电器	X000～X007 8 点	X000～X013 12 点	X000～X017 16 点	X000～X027 24 点	X000～X037 32 点	X000～X047 40 点	X000～X177 128 点

型号中的数字就是 PLC 的输入/输出接点数。型号后跟上 R 表示继电器输出，T 为晶体管输出，S 为晶闸管输出。

2. 输出继电器(Y)

PLC 的输出端子是向外部负载输出信号的窗口，输出继电器的线圈由程序控制，输出继电器的外部输出主触点接到PLC的输出端子上供外部负载使用,其余常开/常闭触点供内部程序使用,代表符号为“Y”。输出继电器的常开/常闭触点使用次数不限。输出电路的时间常数是固定的。各基本单元都是八进制输出,例如Y000～Y007,Y010～Y017,Y020～Y027,它们一般位于机器的下端。

同输入接点一样,FX2N系列的各型号PLC的输出接点数是不同的,要求在使用中根据具体的控制对象选择合适的PLC。表5-5列出了FX2N系列PLC常用信号的输出继电器接点配置。

表5-5　FX2N系列PLC常用信号的输出继电器接点配置

型号	FX2N-16M	FX2N-24M	FX2N-32M	FX2N-48M	FX2N-64M	FX2N-80M	扩展
输出继电器	Y000～Y007 8点	Y000～Y013 12点	Y000～Y017 16点	Y000～Y027 24点	Y000～Y037 32点	Y000～Y047 40点	Y000～Y177 128点

FX2N系列PLC中内部软组件只有输入继电器和输出继电器采用八进制地址,其他软组件都采用十进制地址。输出继电器的初始状态为断开状态。

3. 辅助继电器(M)

PLC内有很多的辅助继电器,其线圈与输出继电器一样,由PLC内各软元件的触点驱动,代表符号为M。辅助继电器的功能相当于中间继电器,没有输入/输出接点,不能驱动外部负载,只供内部编程使用,外部负载的驱动必须通过输出继电器来实现。辅助继电器的常开/常闭触点使用次数不受限制。

FX2N系列PLC有三种特性不同的辅助继电器,分别为通用辅助继电器(M0～M499)、断电保持辅助继电器(M500～M1023)和特殊功能辅助继电器(M8000～M8255)。

(1)通用辅助继电器(M0～M499)　共有500点通用辅助继电器。继电器在通电后全部处于OFF状态,无论程序如何编制,一旦断电,再次通电后,M0～M499全部恢复为OFF状态。

(2)断电保持辅助继电器(M500～M1023)　共524个断电保持辅助继电器。它与普通辅助继电器不同的是具有断电保护功能,即能记忆电源中断瞬时的状态,并在重新通电后再现其状态。它之所以能在电源断电时保持其原有的状态,是因为电源中断时,用PLC中的锂电池可保持它们映像寄存器中的内容。

(3)特殊功能辅助继电器(M8000～M8255)　PLC内有大量的特殊功能辅助继电器,它们都有各自的特殊功能。FX2N系列中有256个特殊功能辅助继电器,可分成触点型和线圈型两大类。

①触点型　其线圈由PLC自动驱动,用户只可使用其触点。例如:M8000,运行监视器(在PLC运行中接通);M8002,初始脉冲(仅在运行开始时瞬间接通);M8011、M8012、M8013和M8014,分别产生10 ms、100 ms、1 s和1 min的时钟脉冲。

②线圈型　驱动这些继电器之后,PLC将做一些特定的动作。例如:M8034,ON时禁止所有输出;M8030,ON时熄灭电池欠电压指示灯;M8050,ON时禁止I0××中断。

4. 定时器(T)

在PLC内的定时器采用根据时钟脉冲的累积形式,当所计时间达到设定值时,其输出触点动作,时钟脉冲有1 ms、10 ms、100 ms。定时器可以用程序存储器内的常数K作为设定值,也可以用数据寄存器(D)的内容作为设定值。

FX2N 系列 PLC 的定时组件全部都是容量为 32 KB(其设定值范围为 1～32 767)的定时器,二进制字长为 15 位,共 256 个定时器,从 T0～T255。

定时器主要分为通用定时器和累计定时器两类,每类有两种。

(1)通用定时器(T0～T245) 分为 100 ms 和 10 ms 两种。100 ms 通用定时器有 200 个,地址为 T0～T199。每个定时器的定时区间为 0.1～3 276.7 s。每个定时器都有常开和常闭接点,可以无限次使用。

图 5-5 以 T05 为例说明通用定时器的用法。当定时器线圈 T05 的驱动输入 X000 接通时,T05 的当前值计数器对 100 ms 的时钟脉冲进行计数,当前值与设定值 K123 相等时,定时器的输出接点动作,即输出触点在驱动线圈后的 12.3 s($100\times123\times10^{-3}$ ms=12.3 s)时才动作,当 T05 触点吸合后,Y000 就有输出。当驱动输入 X000 断开或发生停电时,定时器就复位,输出触点也复位。

10 ms 通用定时器有 46 个,地址为 T200～T245。每个定时器的定时区间为 0.01～327.67 s。

(2)累计定时器(T246～T255) 又称为积算定时器,也分为 1 ms 累计定时器和 100 ms 累计定时器。

1 ms 积算定时器有 4 个,地址为 T245～T249,每个定时器的定时区间为 0.001～32.767 s;100 ms 累计定时器共有 6 个,地址为 T250～T255,每个定时器的定时区间为 0.1～3 276.7 s。

图 5-6 以 T250 为例说明通用定时器的用法。定时器线圈 T250 的驱动输入 X001 接通时,T250 的当前值计数器对 100 ms 的时钟脉冲进行累积计数,当该值与设定值 K345 相等时,定时器的输出触点动作。在计数过程中,输入 X001 断开,定时器计数将保持,在 X001 再次接通或复电时,定时器进行累积计数,其累积时间为 34.5 s($100\times345\times10^{-3}$=34.5 s)时触点动作。当复位输入 X002 接通,定时器复位,输出触点也复位。

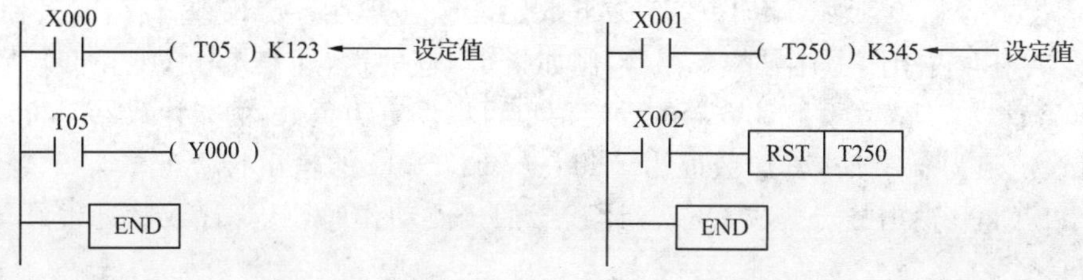

图 5-5 通用定时器 T05 的用法

图 5-6 累计定时器 T250 的用法

5. 计数器(C)

FX2N 系列 PLC 中共提供 256 个计数器。根据技术方式及工作特点,可以分为内部信号计数用计数器与高速计数器。

对内部器件 X、Y、M、S、T 和 C 的信号通断进行计数。通常为保证信号计数的准确性,要求接通和断开的时间比 PLC 的扫描时间长。它包括 16 位增计数器和 32 位双向加/减计数器。表 5-6 介绍了计数器的编号。

表 5-6　　计数器的编号

计数器	16位上数计数器		32位上数/下数计数器	
计数范围	1～32 767 次		－2 147 483 648～＋2 147 483 647	
编号	一般用	停电保持用	一般用	停电保持用
	C0～C99 共100个	C100～C199 共100个	C200～C219 共20个	C220～C234 共15个

一般用计数器在电源中断时，其计数值会自动复归，而停电保持用计数器当电源中断时，计数值仍被保留，复电后会继续累计，欲将计数值归零重新计数，可配合RST指令使用。计数器的设定值可直接使用常数(K)或数据寄存器来间接设定。例如K8、D120……注意K0和K1的意义相同，即计数一次之后其接点即动作。

16位和32位计数器见表5-7。

表 5-7　　16位和32位计数器

类别	16位计数器	32位计数器
计数方向	上数	上数/下数
设定值	1～32 767	－2 147 483 648～＋2 147 483 647
设定值指定	常数K或资料暂存器	常数K或资料暂存器
当前值的变化	计数到后就不再计数	计数到仍然继续计数
输出接点	计数到接点动作并保持	上数计数到接点动作并保持， 下数计数到接点复归
复位动作	RST指令被执行时，当前值归零，接点复位	
寄存器位数	16位	32位

32位计数器由M8200～M8234的ON/OFF来决定上数或下数，例如M8205为OFF时C205为上数，M8205为ON时C205为下数。设定值可为常数K或寄存器，若使用寄存器，一个设定值会占用两个连号的寄存器，例如指定D0的话，即表示由D1和D0所组成的32位数据寄存器。上数/下数计数器的设定值也可以设定为负数，例如计数器C200设定为上数并且设定值为－10时，若计数值由－11→－10，C200的输出接点变成ON；若计数值－10→－11，C200输出接点变成OFF。计数器的接点动作时，只要计数脉冲继续输入，它也会继续计数。

6. 数据寄存器(D)

数据寄存器是计算机必不可少的元件，用于存储中间数据、需要变更数据等。FX2N中每一个数据寄存器都是16位(最高位为正、负符号位)，能够表示的数据范围为：－32 768～32 767。可用两个相邻的数据寄存器合并起来存储32位数据(最高位为正、负符号位)，写出的数据存储器地址为低位字节，比该地址大一个数的单元为高字节，能够表示的数据范围为：－2 147 483 648～2 147 483 647。按照数据寄存器特性的不同，可分为以下四种：

(1)通用数据寄存器(D0～D199)　共200点。

PLC的通用数据存储器和普通微机的数据存储器相同,向一个数据存储器写入内容时,只要不写入其他数据,已写入的数据就不会变化。但是,当PLC由RUN→STOP时,全部数据均清零。(若特殊辅助继电器M8033已被驱动,则数据不被清零)。

(2)停电保持用寄存器(D200～D511)　共312点。

该寄存器的功能基本上与通用数据寄存器相同,即除非写入新的数据,否则原有数据不会丢失。但是停电保持用寄存器不论电源接通与否,PLC运行与否,其内容均不发生变化。在两台PLC进行点对点的通信时,D490～D509被用作通信操作。

(3)文件寄存器(D1000～D2999)　共2 000点。

文件寄存器是在用户程序存储器(RAM、EEPROM、EPROM)内的一个存储区,它以500点为一个单位,最多可在参数设置时达到2 000点。它用外部设备口进行写入操作。在PLC运行时,可用BMOV指令读到通用数据寄存器中,但是不能用指令将数据写入文件寄存器,需用BMOV指令将数据写入RAM后,再从RAM中读出。将数据写入EEPROM时,需要花费一定的时间,请务必注意。

(4)特殊寄存器(D8000～D8255)　共256点。

这些寄存器的内容反映了PLC中各个组件的工作状态,尤其是在调试过程中,可通过读取这些寄存器的内容来监控PLC的当前状态。特殊寄存器的内容在电源接通时,写入初始化值(一般先清零,然后由系统ROM来写入)。

7. 状态继电器(S)

状态继电器常使用于状态流程图SFC和步进梯形图中,如果使用于一般梯形图中,其功能用法和辅助继电器(M)相同。表5-8列出了状态继电器的编号。

表5-8　　状态继电器的编号

状态继电器	一般用	停电保持用	警报用
编　号	S0～S499共500个	S500～S899 共400个	S900～S999 共100个
	初始点S0～S9, 原点复归S10～S19		

状态继电器的常开和常闭触点在PLC内部可以自由使用,且使用次数不限。

8. 指针(P/I)

指针包括分支指令用P和中断指令用I两类指针。

分支指令用指针即跳跃和子程序用指针P,当逻辑条件成立时(逻辑状态=ON),程序便立刻跳至指针所指定的位址去执行子程序,一直到SRET(子程序结束返回)指令处再回到主程序原来的位置继续往下执行。P的符号有64个,从P0到P63,不能随意指定,P63相当于END。相同的P标号在整个程序中只允许出现一次,但可以多次引用。

中断用指针I的中断动作需配合中断许可EI(FNC04)、中断禁止DI(FNC05)和中断返回IRET(FNC03)三个应用指令使用。在中断许可的情况下,当逻辑条件成立时(逻辑状态=ON),程序便立刻跳至指针所指定的位址去执行子程序,一直到IRET指令(子程序结束返回)再回到主程序原来的位置继续往下执行。I标号有9个,其中I0□□～I5□□共6个,用于外中断,表示由输入继电器X000～X005引起的中断。表5-9列出了12种外中断方式。

表 5-9　　12 种外中断方式

序号	I标号形式	说　明
1	I000	输入继电器 X000 下降沿引起中断
2	I001	输入继电器 X000 上升沿引起中断
3	I100	输入继电器 X001 下降沿引起中断
4	I101	输入继电器 X001 上升沿引起中断
5	I200	输入继电器 X002 下降沿引起中断
6	I201	输入继电器 X002 上升沿引起中断
7	I300	输入继电器 X003 下降沿引起中断
8	I301	输入继电器 X003 上升沿引起中断
9	I400	输入继电器 X004 下降沿引起中断
10	I401	输入继电器 X004 上升沿引起中断
11	I500	输入继电器 X005 下降沿引起中断
12	I501	输入继电器 X005 上升沿引起中断

余下的 3 个，I6□□～I8□□用于内中断，表示由内部定时器引起的中断，因此，最多只能有 3 个定时器中断服务程序。

中断序号的第二位只能使用一次，例如：使用 I300 就不能使用 I301。

9. 常数(K/H)

程序中写入常数的方法，可以十进制数(K)或十六进制数(H)表示，例如 K10、K250，或 H22、H1A。十进制 K 值一般是用作计时器和计数器的设定值，或是用在应用指令的操作数中，十六进位 H 值一般用在应用指令的操作数中。

PLC 中的数据全部是以二进制表示的，最高位是符号位，0 表示正数，1 表示负数。但一般的编程器往往只能检测到十进制数或十六进制数。

5.4　三菱 FX 系列 PLC 的程序设计语言

不同公司生产的 PLC 的编程语言不尽相同，目前还没有一种适用于各种 PLC 的通用编程语言，但是不同的 PLC 的编程语言与编程工具都差不多。一般常见的有梯形图语言、助记符语言、流程图语言、功能块图语言、结构文体语言。

1. 梯形图语言(Ladder)

梯形图(LAD)语言是一种以图形符号及其在图中的相互关系表示控制关系的编程语言，是从继电器控制系统原理图的基础上演变而来的。其许多图形符号与继电器控制系统电路图有对应关系，见表 5-10。

表 5-10　　符号对照表

项目	物理继电器	PLC 继电器
线圈		—(　)—
常开触点		—| |—
常闭触点		—|/|—

采用梯形图语言的程序采用梯形图的形式描述。这种程序设计语言采用因果关系来描述事件发生的条件和结果。每个梯级是一个因果关系。在梯级中，描述事件发生的条件表示在左面，事件发生的结果表示在右面。

以电动机启一保一停控制为例，图 5-7(a)所示为继电器-接触器控制电路，图 5-7(b)所示为 PLC 的梯形图。梯形图中左、右两侧垂直的线称为母线(注：右母线可以省略)，母线之间是触点的逻辑连接和线圈的输出，这些触点和线圈都是 PLC 中的软元件。

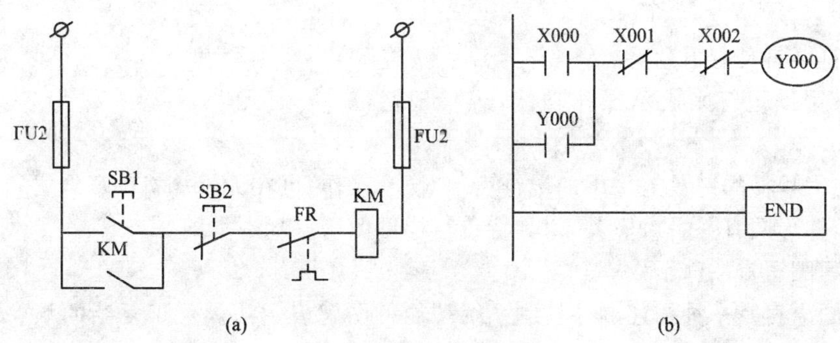

图 5-7　启一保一停控制

比较继电器-接触器控制电路与梯形图，可以得出以下结论：

(1)输入/输出信号相同，输入/输出点之间的关系见表 5-11。

表 5-11　　输入/输出分配

输入		输出	
名称	输入点	名称	输出点
启动按钮 SB1	X000	输出继电器 KM	Y000
停止按钮 SB2	X001		
热继电器常闭 FR	X002		

(2)控制逻辑相同，都使用常开、常闭、线圈等器件。

(3)两者的区别：继电器-接触器电路使用硬件，靠接线形成控制电路；PLC 使用内部存储器组成的软件，靠软件实现控制程序。PLC 的控制具有很高的柔性，无须改变外部接线即可改变控制过程。

梯形图中采用图形符号来表示，用接点的连接组合表示条件，用线圈的输出表示结果，从而绘制出若干逻辑行组成顺序控制电路图。梯形图程序设计必须按照规定的格式进行：

(1)梯形图按 PLC 在一个扫描周期内扫描程序的顺序，从左到右、从上到下进行绘制，与右边线圈相连的全部支路组成一个逻辑行。逻辑行起于左母线，终于右母线(或终于线圈或一特殊指令)。不能在线圈与右母线之间接其他元件。

(2)触点应画在水平支路上，不能画在垂直支路上。

(3)几条支路并联时，串联触点多的，安排在上面(先画)；几个支路串联时，并联触点多的支路块安排在左面。这样可减少“块”的编写程序。

(4)一个触点不允许有双向电流通过。

(5)若在顺序控制中进行线圈的双重输出(双线圈)，则后面的动作优先执行。

(6)绘图时应注意 PLC 外部所接“输入信号”的触点状态，与梯形图中所采用内部输入触点(X 编号的触点)的关系。

2. 助记符语言(Mnemonic)

助记符语言又称为语句表，是用助记符来描述程序的一种程序设计语言。助记符语言与计算机中的汇编语言非常相似，采用助记符来表示操作功能。图 5-8 中的指令表编程与左侧梯形图对应。

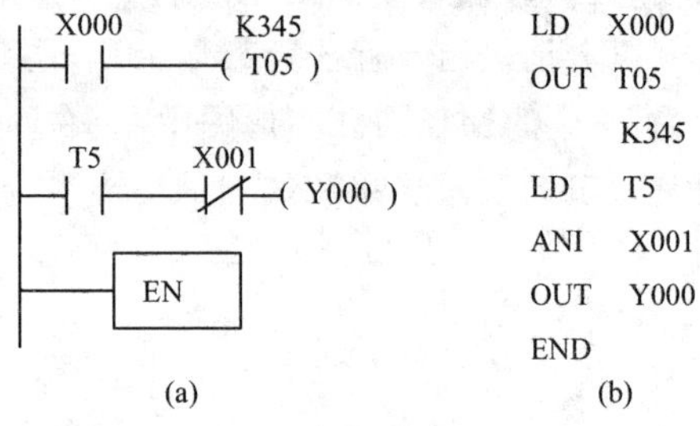

图 5-8 梯形图与指令表

助记符语言具有下列特点：

(1)采用助记符来表示操作功能，容易记忆，便于掌握。

(2)在编程器的键盘上采用助记符表示，便于操作，可在无计算机的场合进行编程设计。

(3)与梯形图有一一对应关系，其特点与梯形图语言基本类同。

3. 流程图语言(SFC)

流程图语言是一种描述顺序控制系统功能的图解表示法。对于复杂的顺序控制系统，内部的互锁关系非常复杂，若用梯形图编程，程序的步数就会很长，程序的可读性会大大降低。而流程图语言以流程图的形式表示顺序动作，适合编制复杂的顺序控制系统。

如图 5-9 所示小车运行控制中，行程开关 SQ1 为小车运动的原点，SQ2 为右侧终点限位开关，SQ3 为左侧终点限位开关。按下启动按钮，小车先向右运动，然后在 SQ2、SQ3 之间不停运动，直到按下停止按钮。

用流程图语言来描述上述过程，所绘制的流程图如图 5-10 所示，它就是状态转移图的原型。

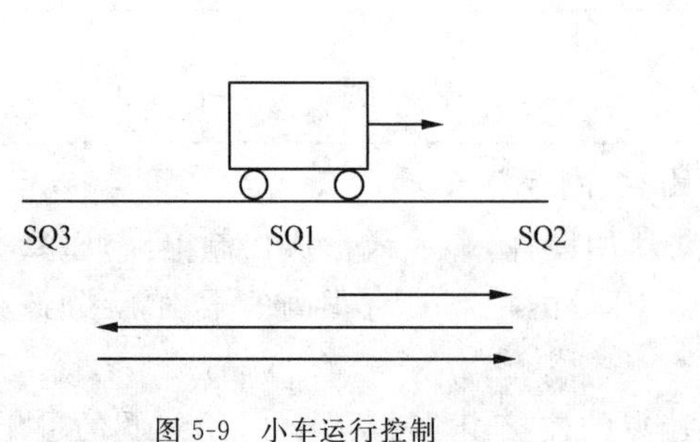

图 5-9 小车运行控制

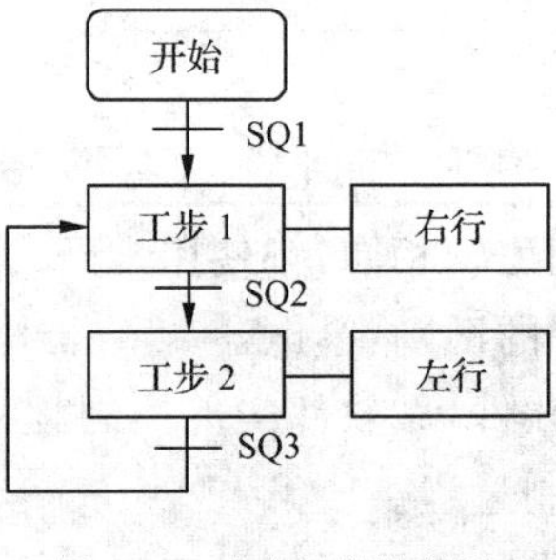

开始
SQ1
工步 1
右行
SQ2
工步 2
左行
SQ3

图 5-10 小车运行流程图

可见，采用 SFC 语言编制复杂的顺序控制程序的编程思路是：

(1)按照结构化程序设计的要求，将一个复杂的控制过程分解为若干工步(又称为步)，这些工步称为状态。状态与状态之间由转移分隔。相邻的状态具有不同的动作。当相邻两状态之间的转移条件满足时，就实现转移，即上一状态的动作结束是下一状态的动作开始。状态转移图具有直观、简单的特点，是设计 PLC 顺序控制的一种有效工具。

(2)SFC 包含步、动作和转换三个要素，将复杂的控制过程分解为若干小的工作状态，对小的工作状态进行处理，然后再按照一定的顺序控制要求连接组合成整体的控制程序。

(3)SFC 按结构可以分为三种形式：单流程结构、选择结构和并行结构。在后面的项目中将详细讲解。

4. 功能块图语言

功能块图语言是近年来发展起来的一种程序设计语言。采用功能表图的描述，控制系统被分为若干子系统，从功能入手，使系统的操作具有明确的含义，便于设计人员和操作人员设计思想的沟通，便于程序的分工设计和检查调试。

功能块图语言的特点是：

(1)以功能为主线，条理清楚，便于对程序操作的理解和沟通。

(2)对大型的程序，可分工设计，采用较为灵活的程序结构，可节省程序设计时间和调试时间。

(3)常用于系统的规模较大、程序关系较复杂的场合。

(4)只有在活动步的命令和操作被执行后，才对活动步后的转换进行扫描，因此，整个程序的扫描时间较其他程序编制的程序扫描时间要大大缩短。

5. 结构文体语言

结构文体语言又称为结构化语句描述语言，是用结构化的描述语句来编写程序的一种程序设计语言。它是一种类似于高级语言的程序设计语言。在大、中型可编程控制器系统中，常采用结构文体语言来描述控制系统中各个变量的关系。它也被用于集散控制系统的编程和组态。它采用计算机的描述语句来描述系统中各种变量之间的运算关系，完成所需的功能或操作。大多数制造厂商采用的结构文体语言与 BASIC 语言、PASCAL 语言或 C 语言等高级语言相类似，但为了应用方便，在语句的表达方法及语句的种类等方面都进行了简化。

项目六

编程软件及其应用

6.1 软件概述

一般情况下，为了实现 PLC 与计算机之间的通信，可以使用 PLC 厂家开发并提供的上位编程与通信软件，但为了实现可视化的仿真过程，我们选择宇龙机电控制仿真软件。

宇龙机电控制仿真软件是应用于机电控制及相关专业实验室实训的教学仿真软件，它由一个开放式的元器件库、控制对象和可视化的机电控制仿真平台构成。其中元器件库中含有电路、液压、气压控制中常用到的部件，其控制对象包括传送带、机械手、售货机等。该仿真软件可以在全软环境中，通过系统自带的各种功能部件，自由搭建用户所需要的电、液、气等自动控制系统。

宇龙机电控制仿真软件涵盖了欧姆龙、三菱、西门子等系列的 PLC 部件，用户可以对 PLC 进行任意的程序编辑以及调试。

6.2 软件的安装与卸载

1. 安装

(1)单击光盘安装目录下的 setup.exe，弹出如图 6-1 所示的程序安装欢迎界面。

(2)单击“下一步”按钮，按照提示即可完成本软件的安装。

2. 卸载

(1)进入“控制面板”，打开“添加或删除程序”功能，选中“宇龙机电控制仿真软件 V3.4”，单击“更改/删除”按钮。

(2)单击按钮，弹出卸载界面，单击“完成”按钮，即可成功卸载软件。

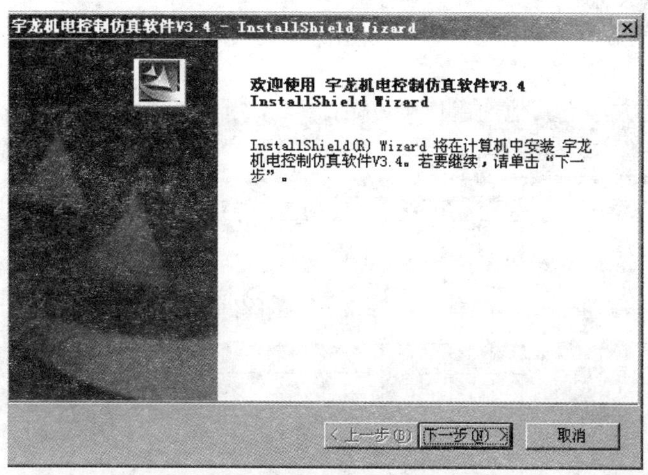

图 6-1　程序安装欢迎界面

6.3　软件的使用

6.3.1　画梯形图

打开软件，在元器件选择区选择添加以 MIT 开头的三菱 PLC，在 PLC 中单击鼠标右键，在弹出的快捷菜单中选择“新建程序”，弹出程序主界面，如图 6-2 所示。

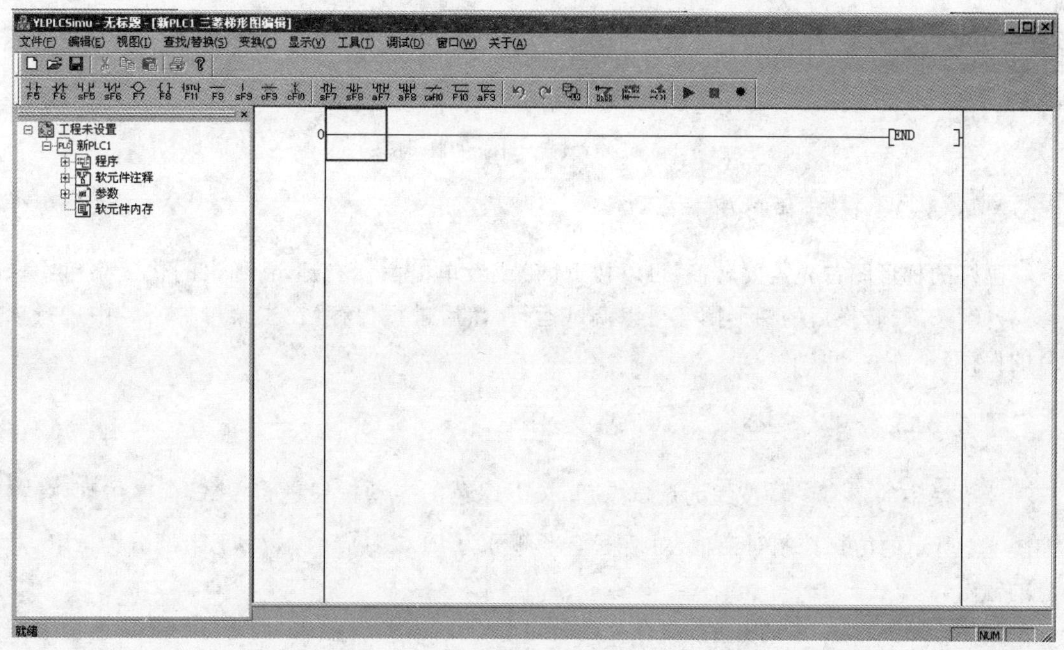

图 6-2　程序主界面

以图 5-7 所示的电动机启—保—停梯形图为例，在软件中进行调试。

将光标定位在第一行的左母线处，按 F5 键或者单击菜单栏中的 F5 图标，将出现一个常开符号，在其对话框中输入组件名称“X000”并按回车键，光标将自动右移一个符号位，这样常开 X000 就画好了。

依次用相同的方法将其他的组件画好，如图 6-3 所示。

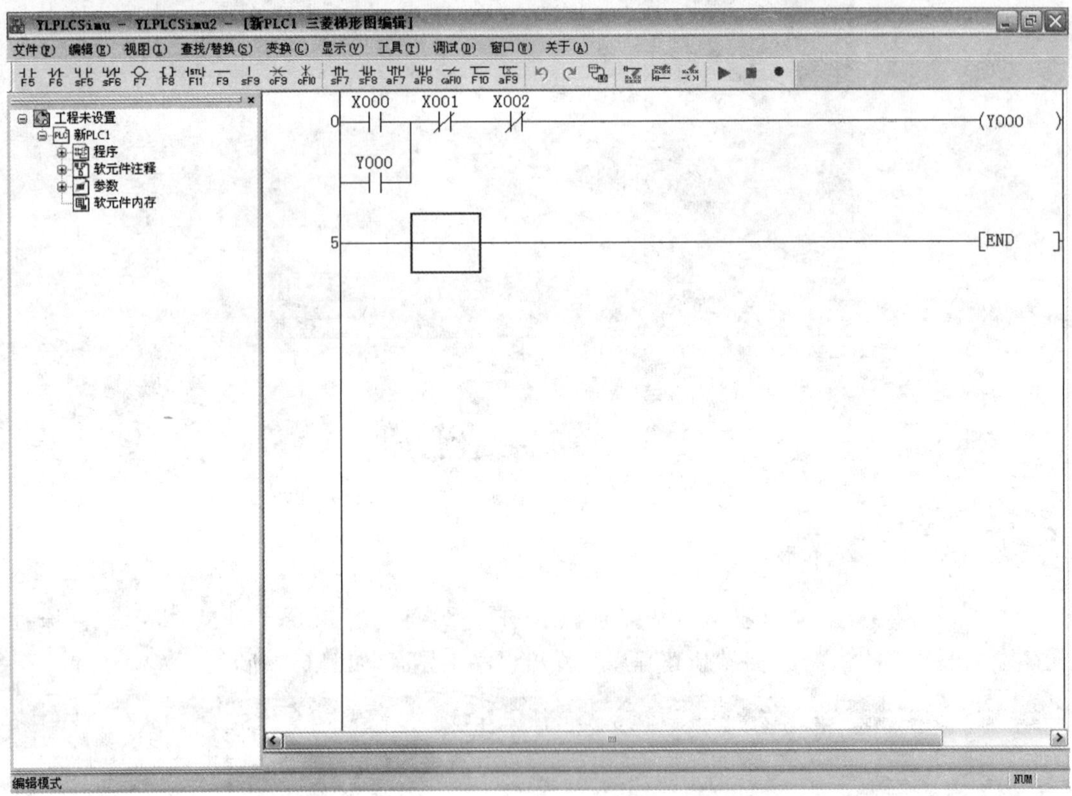

图 6-3 电动机启一保一停梯形图

6.3.2 保存梯形图

画好的梯形图首先需要转换，可以按 F4 键或者单击鼠标右键，在弹出的快捷菜单中选择“转换”选项，转换后的梯形图才可以调试运行，然后进行保存（在主菜单“文件”中进行项目的保存）。

6.3.3 调试运行

菜单栏中的 ▶ ■ ● 按钮为调试按钮，按下绿色的启动按钮进行 PLC 程序仿真，弹出如图 6-4 所示的仿真控制对话框，对话框上半部分为 PLC 对应的输入，下半部分为 PLC 对应的输出。

例如，单击 X000 下的开关，使开关闭合，即表示 X000 有输入，而 Y000 由黑色变为红色，表示 Y001 有输出，如图 6-5 所示。

工具条上的■按钮可以停止仿真调试。

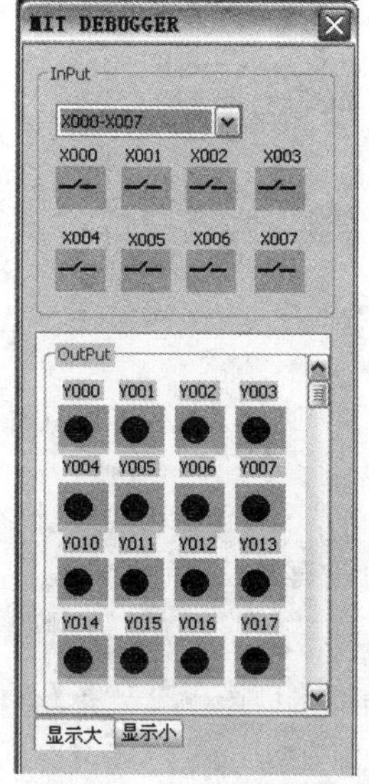

图 6-4　仿真控制对话框

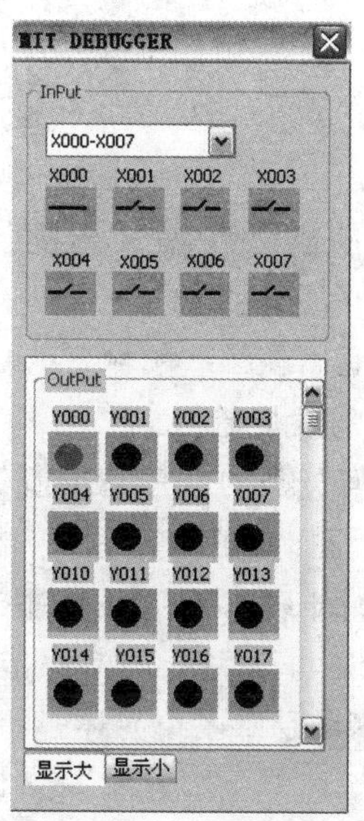

图 6-5　仿真结果

6.3.4　电路仿真

单击菜单栏中的“窗口”选项，选择“电路仿真”，返回电路仿真界面，选择合适的元器件，连接电动机启－保－停的外部接线，如图 6-6 所示。

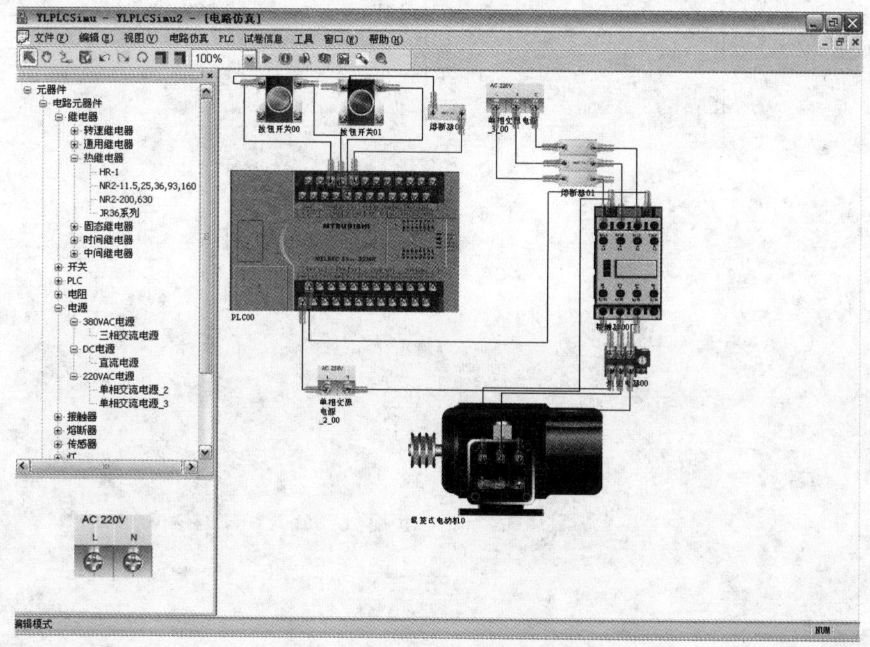

图 6-6　电动机启－保－停的外部接线

单击仿真按钮▶，按下启动按钮，即可看到电动机开始旋转，按下停止按钮，电动机停转。

6.3.5　保存项目

略。

第二篇习题

1. 简述PLC的概念，它有什么特点？

2. 画出PLC的基本结构框图。

3. PLC可以应用在哪些领域？

4. 简述PLC的发展趋势。

5. PLC是如何分类的？三菱小型PLC可以分成哪几类？

6. 简述PLC的扫描工作过程。

7. 三菱FX系列PLC有哪几种输出方式？它们各有什么特点？

8. 整体式PLC与模块式PLC各有什么特点？

9. FX2N-48MR是基本单元还是扩展单元？有多少个输入点？多少个输出点？其输出是什么类型？

10. 常见的PLC编程语言有哪些？

11. 开关量输出模块有哪几种类型？它们各有什么特点？

12. PLC常用哪几种存储器？它们各有什么特点？分别存储什么信息？

13. 指出图1中梯形图的错误，并画出正确的梯形图。

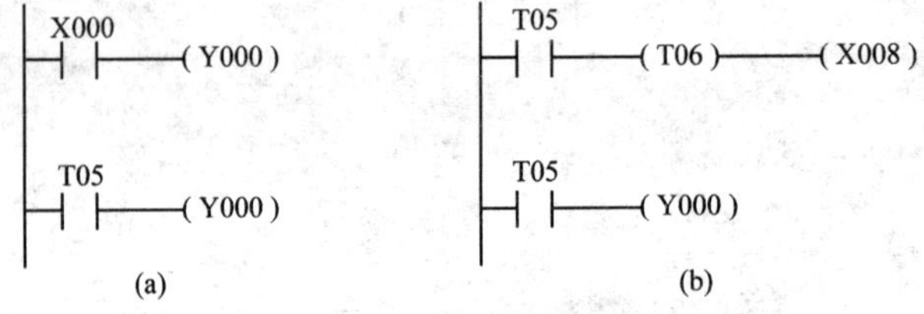

图1 习题13图

基本技能篇

项目七

三相异步电动机的启—保—停控制

项目目标

- 掌握基本逻辑指令 LD/LDI/OUT 的使用方法
- 掌握触点串、并联指令 AND/ANI/OR/ORI 的使用方法
- 掌握支路串、并联指令 ORB/ANB 的使用方法
- 通过对三相异步电动机的启一保一停电路的实际接线,掌握 PLC 硬件的接线方法

一、项目

设计三相异步电动机的启一保一停电路。

二、控制要求

如图 7-1 所示为主电路,右侧部分为控制电路。

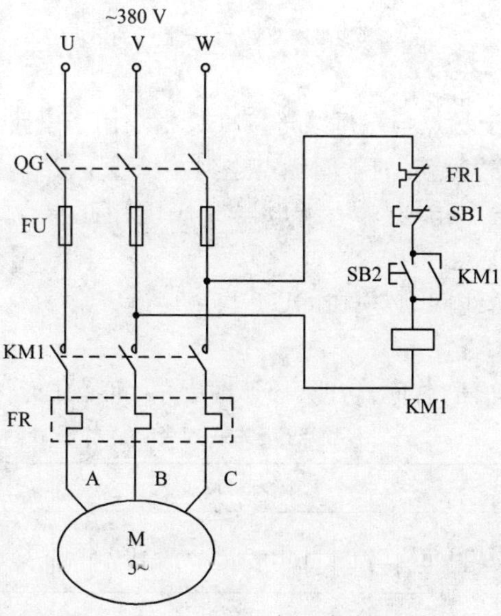

图 7-1 三相异步电动机的启—保—停电路

1. 主电路

当 QG 合上后，只有控制接触器 KM1 的触头合上或断开时，才能控制电动机启/停。

2. 控制电路

当 QG 合上后，A、B 两端有电压。初始状态时，接触器 KM1 的线圈失电，其动合主触头和动合辅助触头均为断开状态；当按下启动按钮 SB2 时，接触器 KM1 的线圈通电，其辅助动合触头自锁，动合主触头合上接通电源而使电动机运转；当按下停止按钮 SB1 后，接触器 KM1 的线圈失电，其动合主触头断开，使电动机脱离电网而停止运转。

三、知识准备

1. 逻辑取及驱动线圈指令

逻辑取及驱动线圈指令的符号、名称、功能、梯形图表示、可操作元件及程序步见表 7-1。

表 7-1　逻辑取及驱动线圈指令

符号	名称	功能	梯形图表示	可操作元件	程序步
LD	取	常开触点与左母线连接	Y001	X、Y、M、T、C、S	1
LDI	取反	常闭触点与左母线连接	Y001	X、Y、M、T、C、S	1
OUT	输出	线圈驱动	Y001	Y、M、T、C、S	Y、M：1；S、特 M：2；T：3；C：3～5

(1)用法示例(图 7-2)

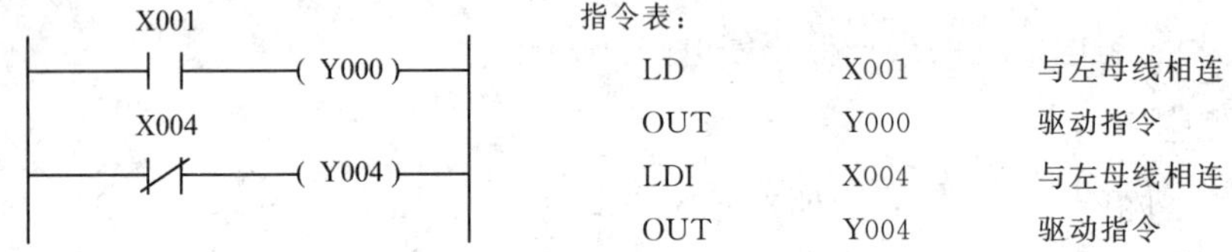

图 7-2　逻辑取及驱动线圈指令的用法

(2)使用注意事项

①LD、LDI 指令可用于触点与左母线连接；LD 指令用于电路开始时的常开触点连到左母线上；LDI 指令用于电路开始时的常闭触点连到左母线上。

②OUT 是驱动线圈输出指令，输入继电器 X 不能用此指令；若输出线圈重复使用，则后面的线圈动作状态有效。

③对于定时器、计数器线圈，必须在 OUT 指令后设定常数。

2. 触点串、并联指令

触点串、并联指令的符号、名称、功能、梯形图表示、可操作元件及程序步见表 7-2。

表 7-2　触点串、关联指令

符号	名称	功能	梯形图表示	可操作元件	程序步
AND	与	常开触点串联连接指令	Y001	X、Y、M、T、C、S	1
ANI	与非	常闭触点串联连接指令	Y004	X、Y、M、T、C、S	1

续表

符号	名称	功能	梯形图表示	可操作元件	程序步
OR	或	常开触点并联连接指令	Y003	X、Y、M、T、C、S	1
ORI	或非	常闭触点并联连接指令	Y003	X、Y、M、T、C、S	1

(1)用法示例(图 7-3、图 7-4)

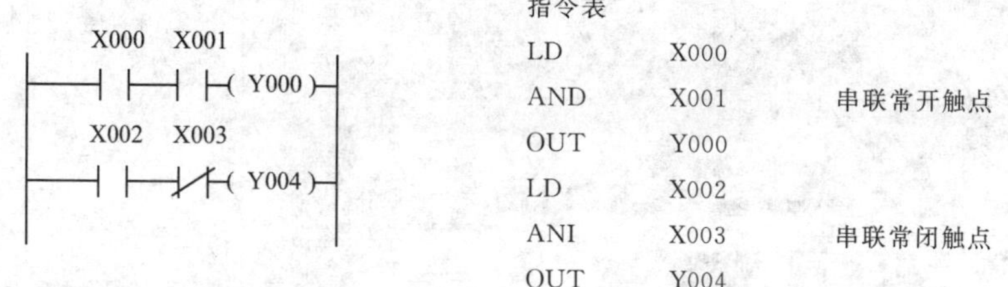

图 7-3　触点串联指令的用法

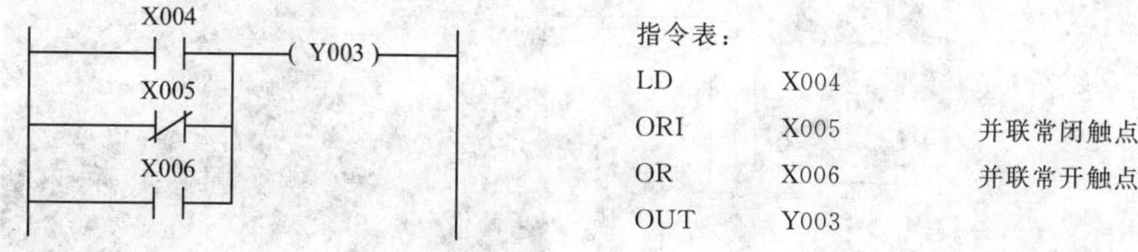

图 7-4　触点并联指令的用法

(2)使用注意事项

①上述四个指令仅用于单个触点与前面电路的连接,不适用于电路块与前面电路的连接。

②AND、ANI 是单个触点串联指令,串联的次数没有限制,可多次重复使用。

③OR、ORI 是单个触点并联指令,并联的触点个数没有限制,可多次重复使用。

四、PLC 的硬件实现

1. I/O 分配

实现电动机启—保—停控制的 I/O 分配见表 7-3。

表 7-3　I/O 分配

输入(I)		功能说明	输出(O)		功能说明
SB1	X000	启动按钮	KM	Y000	电动机运行
SB2	X001	停止按钮			

2. 外部接线

用机电仿真软件实现的电动机启—保—停控制系统如图 7-5 所示。

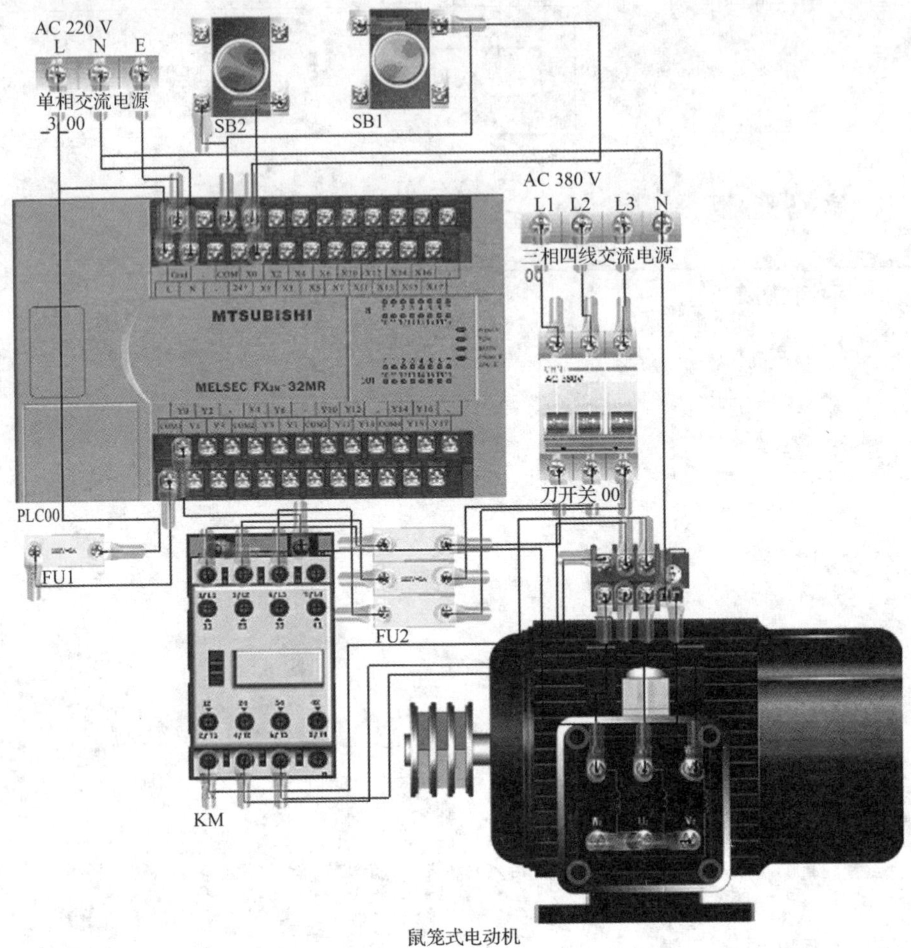

图 7-5 外部接线图

五、PLC 的软件实现

1. 梯形图(图 7-6)

```
    X000         X001
|---| |----+-----|/|-------( Y000 )---|
|          |                          |
|   Y000   |                          |
|---| |----+                          |
|                                     |
```

图 7-6 梯形图

2. 指令表

PLC 的软件实现指令表如下：

LD X000

OR Y000

ANI X001

OUT Y000

六、调试结果

如图 7-5 所示接线，闭合刀开关，按下 SB1 按钮，电动机连续运行；按下 SB2 按钮，电动机停止运行。

七、知识扩展

支路串、并联指令

支路串、并联指令的符号、名称、功能、梯形图表示、可操作元件及程序步见表 7-4。

表 7-4　　支路串、并联指令

符号	名称	功能	梯形图表示	可操作元件	程序步
ORB	电路块或	串联电路块的并联	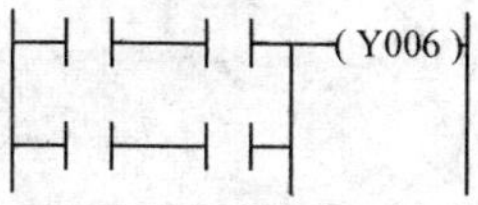 (Y006)	无	1
ANB	电路块与	并联电路块的串联	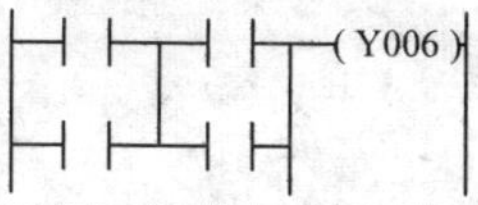 (Y006)	无	1

1. 用法示例(图 7-7、图 7-8)

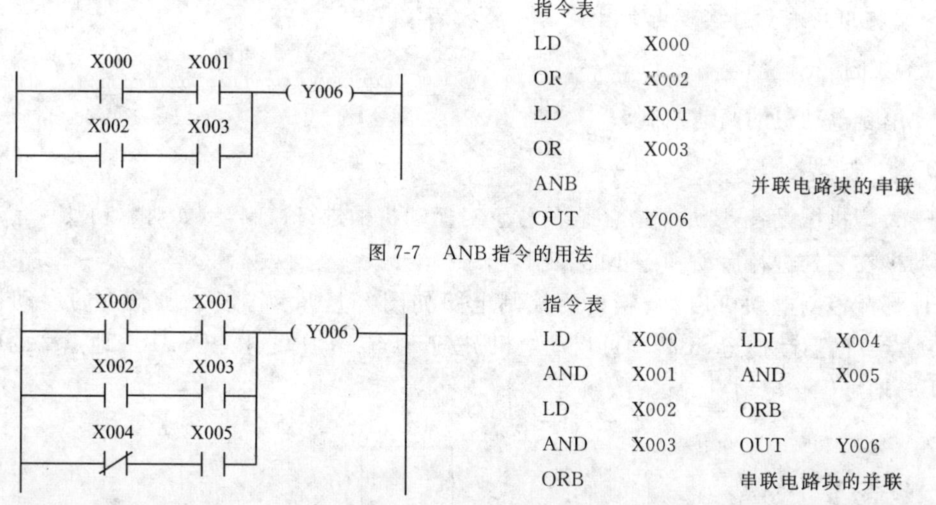

图 7-7　ANB 指令的用法

图 7-8　ORB 指令的用法

2. 使用注意事项

(1)ORB(OR Block)使用说明

①几个串联支路并联时，其支路起点用 LD、LDI 指令，支路终点用 ORB 指令。

②如需将多个支路并联，则在每个支路后加 ORB 指令。ORB 指令可多次重复使用。但连续使用时应限制在 8 次以下。

(2)ANB(AND Block)使用说明

①并联电路块与前面电路串联时，用 ANB 指令，分支起点用 LD、LDI 指令；并联电路块结束后，使用 ANB 指令与前面电路串联。

②如需将多个并联电路块串联，依次以 ANB 指令与前面支路连接，ANB 指令可多次重复使用。但连续使用时应限制在 8 次以下。

项目八

单台电动机的两地控制

项目目标

- 掌握置位、复位、脉冲、多重输出等指令的基本用法
- 掌握用基本指令实现电气控制的一般方法

一、项目

实现单台电动机的两地控制。

二、控制要求

对于大型机械设备，要求能在不同的位置对运动机构进行控制，例如对驱动某一运动机构的电动机在多处进行启动和停止的控制。

两地都能控制电动机启动、停止的控制电路如图 8-1 所示。按下地点 1 的启动按钮 SB2 或地点 2 的启动按钮 SB4，均可启动电机；按下地点 1 的停止按钮 SB1 或地点 2 的停止按钮 SB3，均可停止电动机的运行。

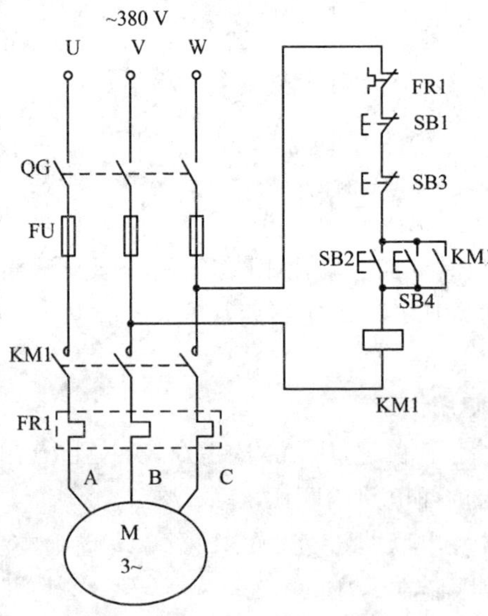

图 8-1　单台电动机的两地控制

三、知识准备

1. 置位与复位指令

置位与复位指令的符号、名称、功能、梯形图表示、可操作对象及程序步见表 8-1。

表 8-1　　置位与复位指令

符号	名称	功能	梯形图表示	可操作元件	程序步
SET	置位	令元件自保持 ON	[SET　Y000]	Y、M、S	Y、M:1; S、特 M:2
RST	复位	令元件自保持 OFF	[RST　Y000]	Y、M、S、C、D、V、Z	Y、M:1;S、C、特 M:2; D、V、Z:3

(1)用法示例(图 8-2)

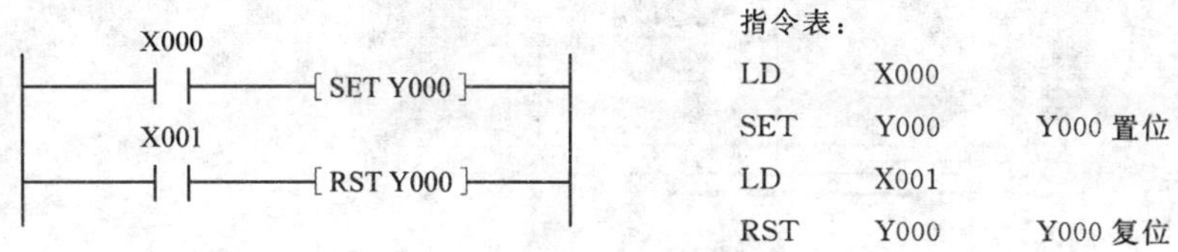

图 8-2 置位复位指令的用法

(2)使用注意事项

①SET 指令不仅能使元件置 ON,且当 SET 信号消失后,元件仍能继续保持 ON 状态,RST 指令的的功能与其类似。

②对同一元件多次使用 SET、RST 指令,顺序可任意调整,但对外部输出只有最后一系列指令有效。

③RST 指令的优先级高于 SET 指令。

2. 空操作与结束指令

空操作与结束指令的符号、功能、梯形图表示、可操作元件及程序步见表 8-2。

表 8-2　　空操作与结束指令

符号	功能	梯形图表示	可操作元件	程序步
NOP	空操作	无	无	1
END	程序结束	[END]	无	1

其使用注意事项如下:

(1)程序加入 NOP 指令可改变或追加程序,若将程序中其他指令换成 NOP 指令,电路将有较大变化,有可能导致电路出错。

(2)END 指令用于程序终了。若程序中插入 END 指令,则 END 指令以后的指令步将不再执行。

四、PLC 的硬件实现

1. I/O 分配

实现电动机两地控制的 I/O 分配见表 8-3。

表 8-3 I/O 分配

输入(I)		功能说明	输出(O)		功能说明
SB1	X000	启动按钮	KM	Y000	电动机运行
SB2	X001	启动按钮			
SB3	X002	停止按钮			
SB4	X003	停止按钮			

2. 外部接线

机电仿真软件实现的电动机两地控制实物仿真系统如图 8-3 所示。

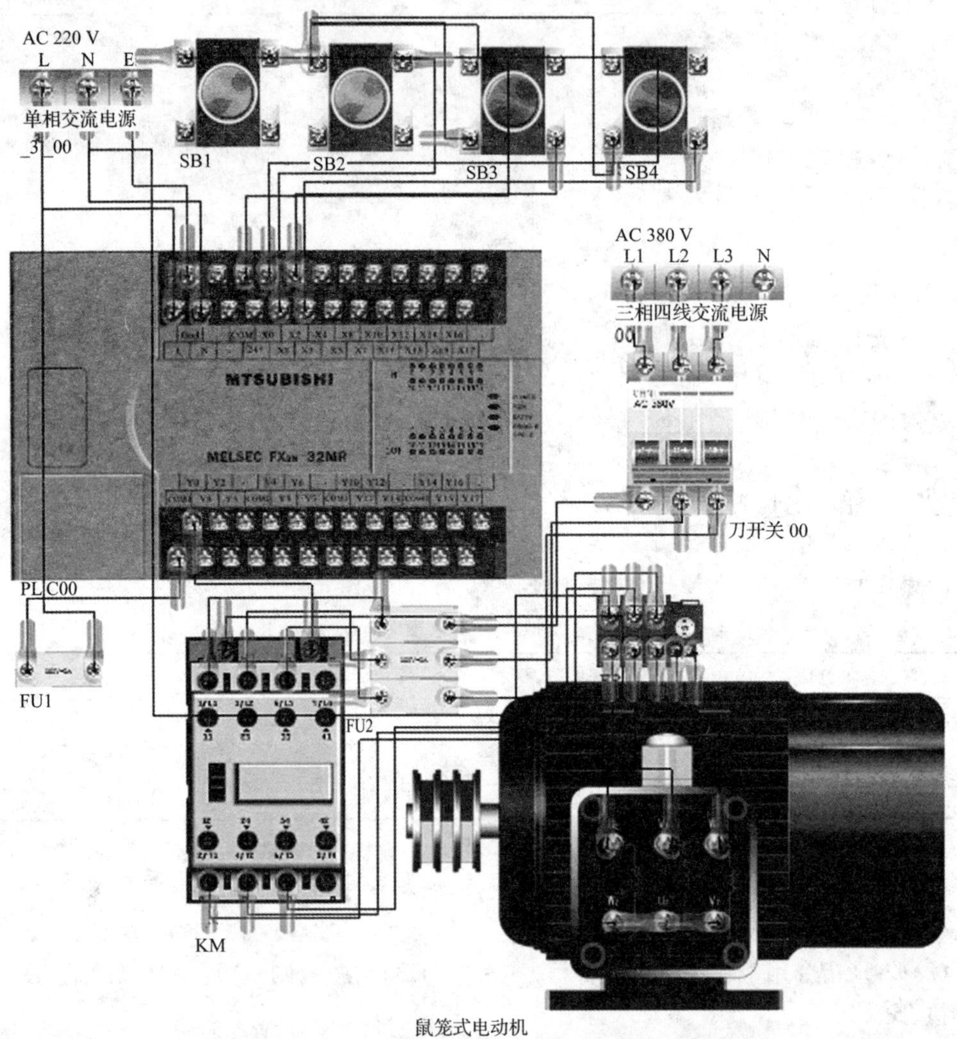

图 8-3 外部接线

五、PLC 的软件实现

1. 梯形图(图 8-4)

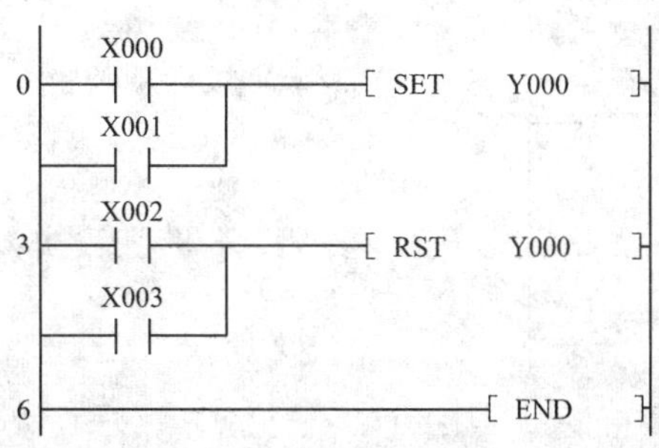

图 8-4　梯形图

2. 指令表

PLC 的软件实现指令表如下：

```
LD    X000
OR    X001
SET   Y000
LD    X002
OR    X003
RST   Y000
END
```

六、调试结果

如图 8-3 所示接线，闭合刀开关，按下地点 1 的启动按钮 SB1 或地点 2 的启动按钮 SB2，均可启动电机；按下地点 1 的停止按钮 SB3 或地点 2 的停止按钮 SB4，均可停止电动机的运行。

七、知识扩展

1. 多重输出电路指令

多重输出电路指令又称为堆栈指令，其对应的符号、名称、功能、梯形图表示、可操作对象及程序步见表 8-4。

表 8-4　　**多重输出电路指令**

符号	名称	功能	梯形图表示	可操作元件	程序步
MPS	进栈	数据入栈	(Y002)	无	1
MRD	读栈	从栈中读取数据	(Y003) (Y004)	无	1
MPP	出栈	数据出栈	(Y005)	无	1

(1)用法示例(图 8-5)

多重输出指令的应用如图 8-4 所示。

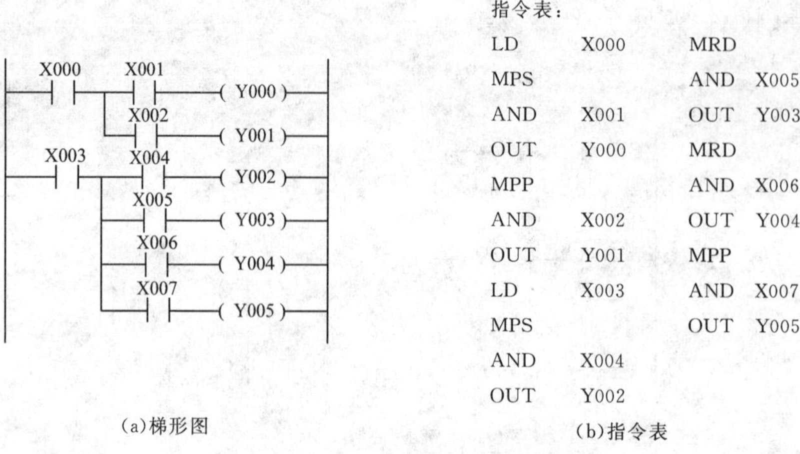

(a)梯形图 (b)指令表

图 8-5 多重输出指令的用法

(2)使用注意事项

①MPS 为进栈指令，将状态读入栈存储器；MRD 为读栈指令，读出用 MPS 记忆的状态；MPP 为出栈指令，读出用 MPS 记忆的状态并清除这些状态。

②栈指令用于多输出电路，所完成的操作功能是将输出电路中连接的状态先存储起来，以便连接后面电路的程序。

③第一条支路前使用 MPS 进栈指令，多重支路中间支路前使用 MRD 读栈指令，多重电路最后一条支路使用 MPP 出栈指令。

④处理最后一条支路必须使用 MPP 指令，MPS 与 MPP 的使用应少于 11 次，并且要成对出现。

⑤多重输出指令的入栈、出栈工作方式是：后进先出、先进后出。

2. 脉冲输出指令

FX2N PLC 的脉冲输出指令共有 2 条，其对应的符号、功能、梯形图表示、可操作元件及程序步见表 8-5。

表 8-5 脉冲输出指令

符号	功能	梯形图表示	可操作元件	程序步
PLS	上升沿输出脉冲	PLS Y,M	Y、M	2
PLF	下降沿输出脉冲	PLF Y,M	Y、M	2

(1)用法示例(图 8-6)

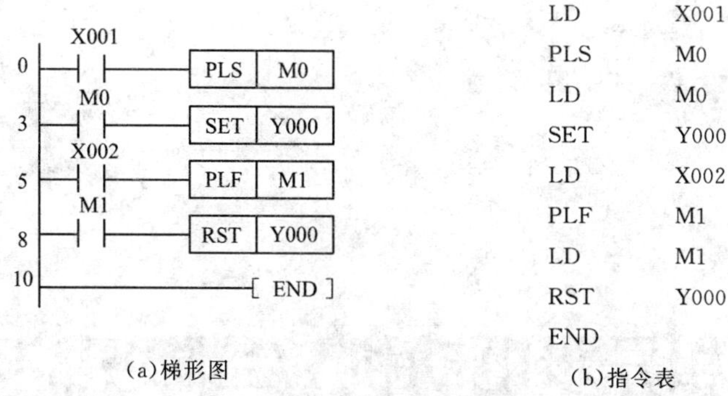

(a)梯形图

(b)指令表

图 8-6　脉冲输出指令的用法

(2)使用注意事项

①PLS 与 PLF 指令只能用于 Y 或 M(不包括特殊辅助继电器)。

②在 PLS 指令中,输出 Y、M 仅在输入上升沿时的一个扫描周期内为 ON;在 PLF 指令中,输出 Y、M 仅在输入下降沿时的一个扫描周期内动作。

项目九

三相异步电动机Y/△降压启动控制

项目目标

- 掌握定时器的工作原理与使用方法
- 掌握计数器的工作原理与使用方法
- 掌握自复位电路以及扩展电路的使用方法

在以往常规的继电器控制电路中，对于大功率电动机的启动我们经常应用 Y/△降压启动，应用时间继电器来控制从 Y 连接转换为△连接的时间，现在可以采用 PLC 的定时器来替代时间继电器，以提高电路的可靠性和灵活性，特别是定时时间的调整。

一、项目

实现三相异步电动机 Y/△降压启动控制。

二、控制要求

电动机 Y/△降压启动控制电路如图 9-1 所示。当接上电源时，电动机 M 不动作。按下 SB1 后，主触点 KM1 和 KM3 闭合，而主触点 KM2 是断开的，电动机为 Y 启动。5 s 后主触点 KM3 断开，主触点 KM1 和 KM2 闭合，电动机切换为△连接全压连续运行。SB2 为停止按钮，按下 SB2，电动机停机；热继电器触点 FR1 动作后，电动机 M 因过载保护而停机。

三、知识准备

1. 定时器的基本用法

(1)得电延时闭合

得电延时闭合功能的实现如图 9-2 所示。

说明：当 X000 为 ON 时，其常开触点闭合，M0 接通并自保，T0 定时器开始定时；当定时时间到时 Y000 接通，实现得电延时闭合。

(2)失电延时断开

失电延时断开功能的实现如图 9-3 所示。

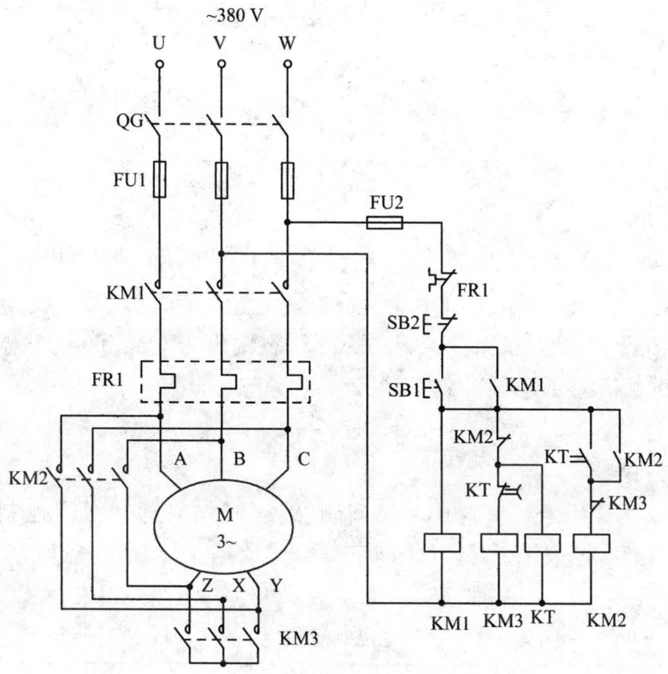

图 9-1　电动机 Y/△降压启动控制电路

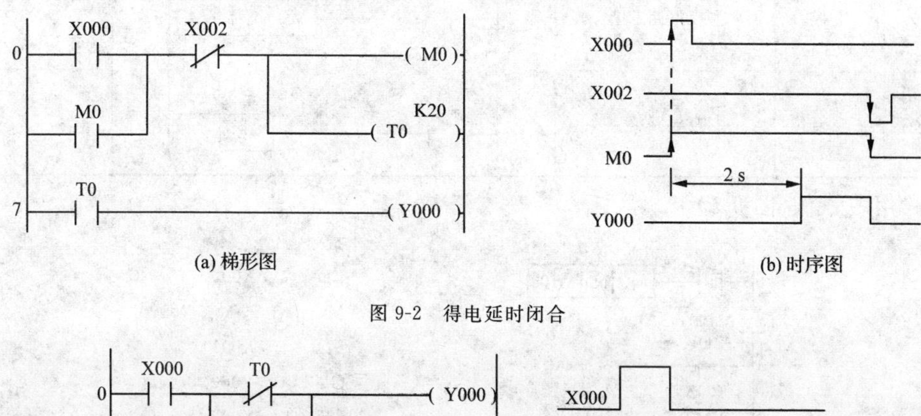

(a) 梯形图　(b) 时序图

图 9-2　得电延时闭合

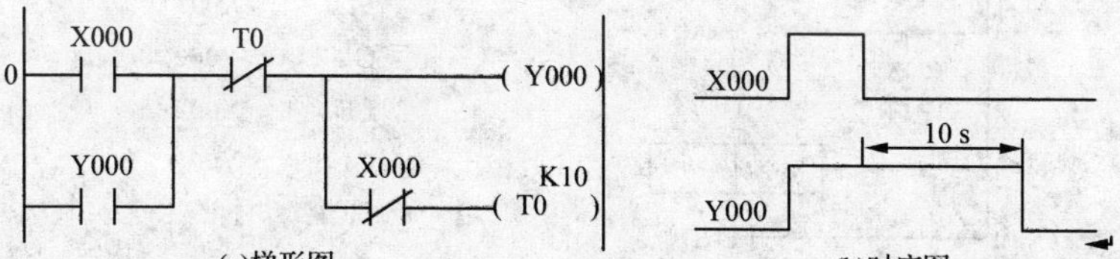

(a)梯形图　(b)时序图

图 9-3　失电延时断开

说明：当 X000 为 ON 时，其常开触点闭合，Y000 接通并自保，其常闭触点断开，T0 定时器不工作；当 X000 断开时，其常开及常闭触点恢复初始状态，Y000 因自保继续保持接通状态，同时定时器 T0 开始得电延时；当 X000 断开的时间到达定时器设置的时间时，Y000 由 ON 变为 OFF，实现失电延时。

(3)定时器自复位电路

定时器自复位电路又称为振荡电路，其功能的实现如图 9-4 所示。

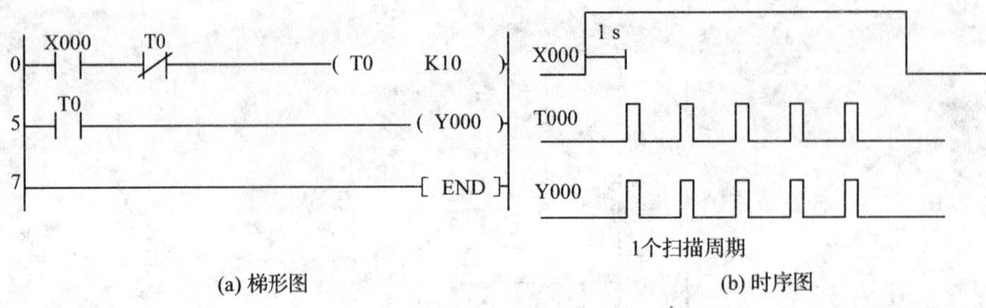

图 9-4　定时器自复位电路

说明：X000 接通 1 s，T0 状态为 ON，Y000 状态输出为 ON，T0 的状态为 ON 使其常闭触点动作，T0、Y000 状态变为 OFF；当 X000 一直处于 ON 状态时，经过一个扫描周期，重复前面状态。

2. 主控触点指令

主控触点指令通常用于解决这样一类问题：编程时如果每个线圈控制都串联至同样触点，将适用很多存储单元，使程序运行速度下降。可使用主控触点指令优化这类电路结构。

主控触点指令的符号、名称、功能、梯形图表示及程序步见表 9-1。

表 9-1　　主控触点指令

符号	名称	功能	梯形图表示	程序步
MC	主控	主控电路起点	Y,M　[MC N Y,M]	3
MCR	主控复位	主控电路终点	[MCR N]	2

(1)用法示例(图 9-5)

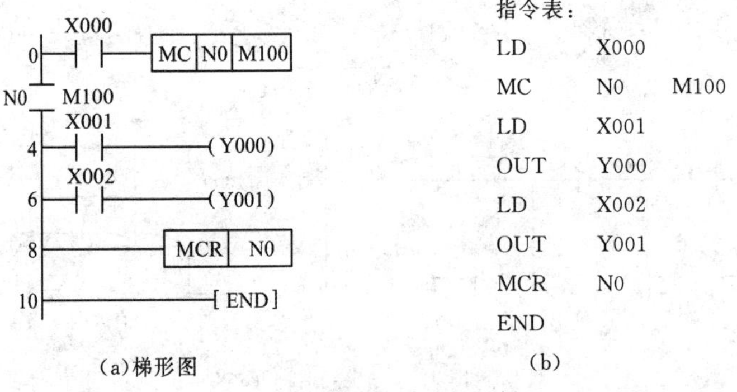

图 9-5　主控触点指令应用示例

(2)使用注意事项

①MC 为起点，M 为嵌套层数(0～7 层)，MC 与 MCR 必须成对使用。

②MCR/MC 只使用于 Y 或 M(不包括特 M)。

四、PLC 硬件实现

1. I/O 分配

用 PLC 实现电动机 Y/△启动的 I/O 分配见表 9-2。

表 9-2　　I/O 分配

输入(I)		功能说明	输出(O)		功能说明
SB1	X000	停止按钮	KM1	Y000	电动机运行
SB2	X001	启动按钮	KM3	Y001	Y启动
		启动按钮	KM2	Y002	△运行

2. I/O 的外部接线

用机电仿真软件实现的电动机 Y/△降压启动实物仿真连接如图 9-6 所示。

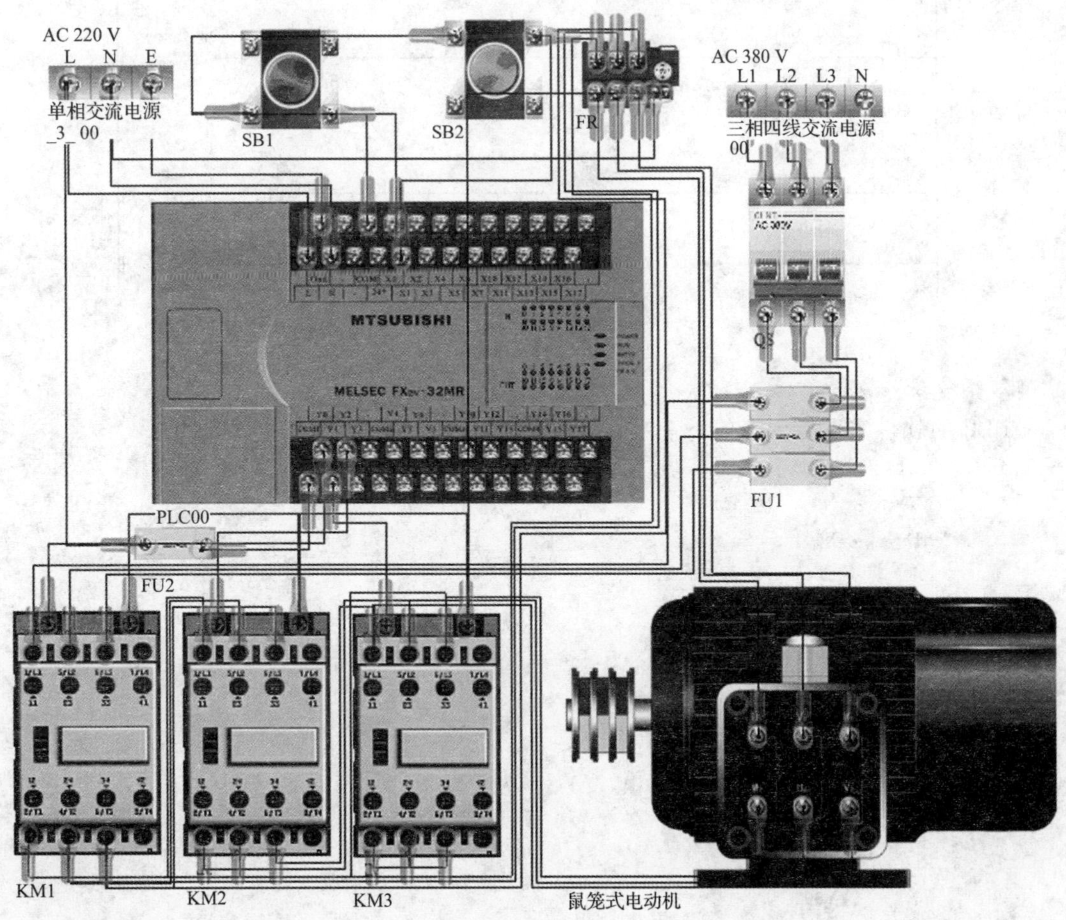

图 9-6　外部接线

五、PLC 的软件实现

1. 梯形图(图 9-7)

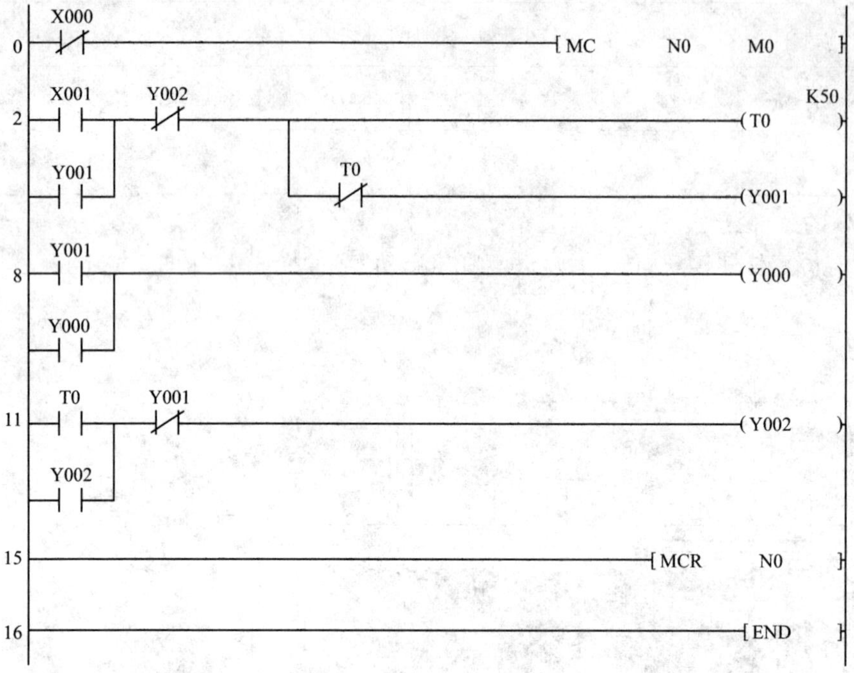

图 9-7 梯形图

2. 指令表

PLC 的软件实现指令表如下：

```
0    LDI    X000
1    MC     N0     M0
3    LD     X001
4    OR     Y001
5    ANI    Y002
6    OUT    T0     K50
8    ANI    T0
9    OUT    Y001
10   LD     Y001
11   OR     Y000
12   OUT    Y000
13   LD     T0
14   OR     Y002
15   ANI    Y001
16   OUT    Y002
17   MCR    N0
18   END
```

六、调试结果

如图 9-6 所示接线，闭合刀开关，按下启动按钮 SB2 后，主触点 KM1 和 KM3 闭合，而主触点 KM2 是断开的，电动机为 Y 启动。5 s 后主触点 KM3 断开，主触点 KM1 和 KM2 闭合，电动机切换为△连接全压连续运行。按下停止按钮 SB1，电动机停机。

七、知识扩展

1. 定时器的应用——三台电动机顺序启动

(1)控制要求

电动机 M1 启动 5 s 后电动机 M2 启动，电动机 M2 启动 5 s 后电动机 M3 启动；按下停止按钮时，三台电动机无条件全部停止运行。

(2)I/O 分配

X001：启动按钮；X000：停止按钮。

Y001：电动机 M1；Y002：电动机 M2；Y003：电动机 M3。

(3)梯形图设计

满足电动机顺序启动控制的梯形图如图 9-8 所示。

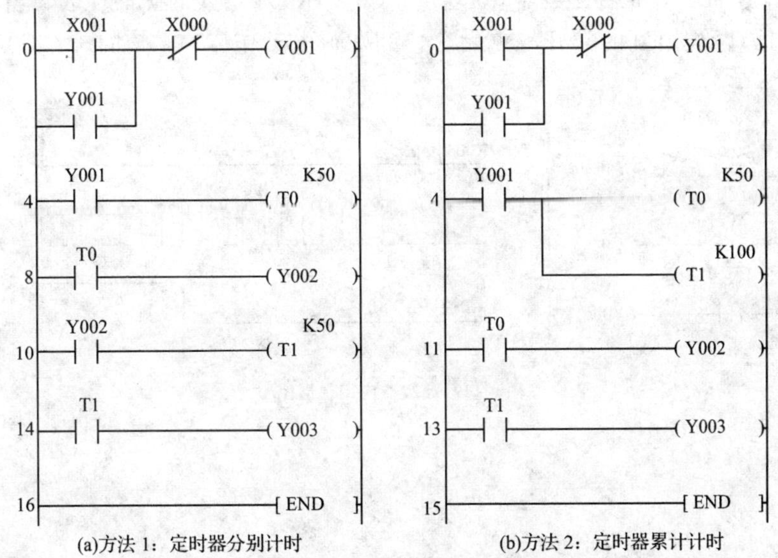

图 9-8　三台电动机顺序启动梯形图

2. 振荡电路

(1)振荡电路可以产生特定的通断时序脉冲，它应用在脉冲信号源或闪光报警电路中。

(2)定时器组成的振荡电路示例如图 9-9 所示。

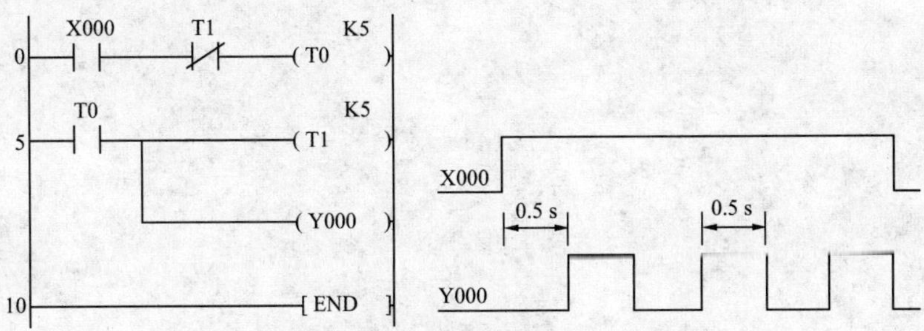

图 9-9　振荡电路 1

注意：

①改变 T0、T1 的参数值，可以调整 Y000 的输出脉冲宽度。

②振荡电路的分析要注意 X000 的状态。

(3)由定时器组成的另一振荡电路如图 9-10 所示。

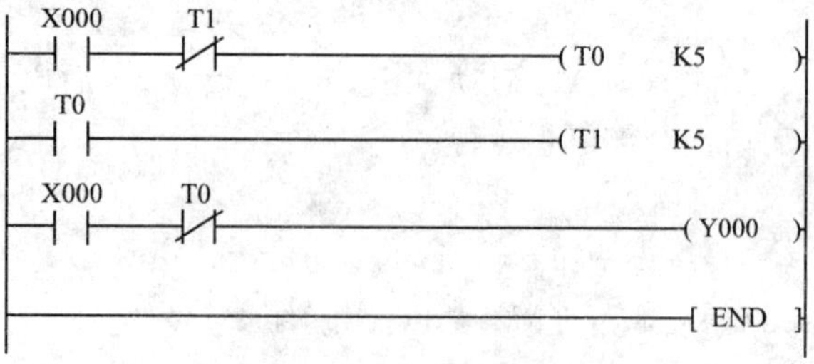

X000 T1 (T0 K5)
T0 (T1 K5)
X000 T0 (Y000)
[END]

图 9-10 振荡电路 2

3. 计数器的应用

如图 9-11 所示，X003 使计数器 C0 复位。C0 对 X004 输入的脉冲计数。当输入的脉冲数达到 6 个时，计数器 C0 的常开触点闭合，Y000 得电动作。X003 动作时，C0 复位，Y000 失电。

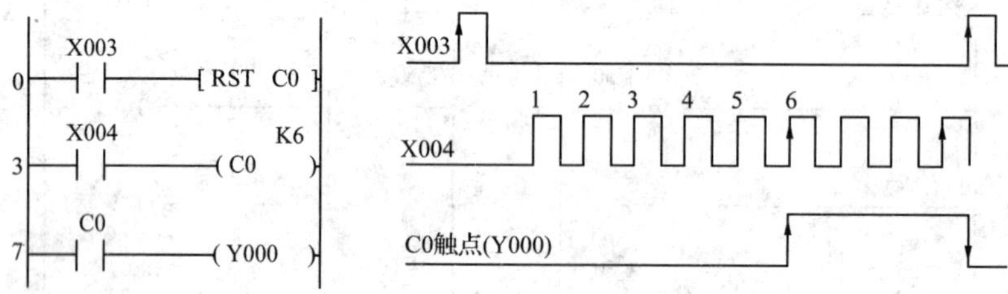

图 9-11 计数器应用梯形图

项目十

喷水池喷水控制

项目目标

➤ 掌握功能指令的格式及使用方法

➤ 初步掌握 PLC 编程的方法

一、项目

实现喷水池喷水控制。

二、控制要求

喷水池有两个喷水龙头 A、B，其中喷水龙头 A 喷出高水柱，喷水龙头 B 喷出低水柱，如图 10-1 所示，当按下启动按钮后，实现如下喷水过程：高水柱 3 s→停 1 s→低水柱 2 s→停 1 s→双水柱 1 s→停 1 s→重复上述过程。当按下停止按钮时，系统停止工作。

图 10-1　喷水池喷水控制

三、知识准备

1. 数据传送指令

数据传送指令的助记符、操作数范围及程序步见表 10-1。

表 10-1 数据传送指令

名称	助记符/功能号	操作数范围		程序步
		[S1.][S2.]	[D.]	
数据传送	FNC12 (D)MOV(P)	K、H KnX、KnY、KnM、KnS、T、C、D、V、Z	KnY、KnM、KnS、T、C、D、V、Z	16 位:5 步;32 位:9 步

2. 用法示例

MOV 指令是将源操作数[S]内的数据传送到指定的目标操作数[D]内,即[S]→[D]。如图 10-2 所示。

图 10-2 传送指令的基本形式

当 X000=ON 时,执行该指令。源操作数[S]中的常数 K100 传送到目标操作元件 D10 中。当指令执行时,常数 K100 自动转换成二进制数。当 X000 断开时,指令不执行,数据保持不变。

四、PLC 硬件的实现

1. I/O 分配

喷水池控制的 PLC I/O 分配见表 10-2。

表 10-2 I/O 分配

输入(I)		功能说明	输出(O)		功能说明
SB0	X000	启动	喷水龙头 A	Y000	喷出高水柱
SB1	X002	停止	喷水龙头 B	Y001	喷出低水柱

2. I/O 的外部接线

用机电控制软件实现的喷水池控制实物仿真连接如图 10-3 所示。

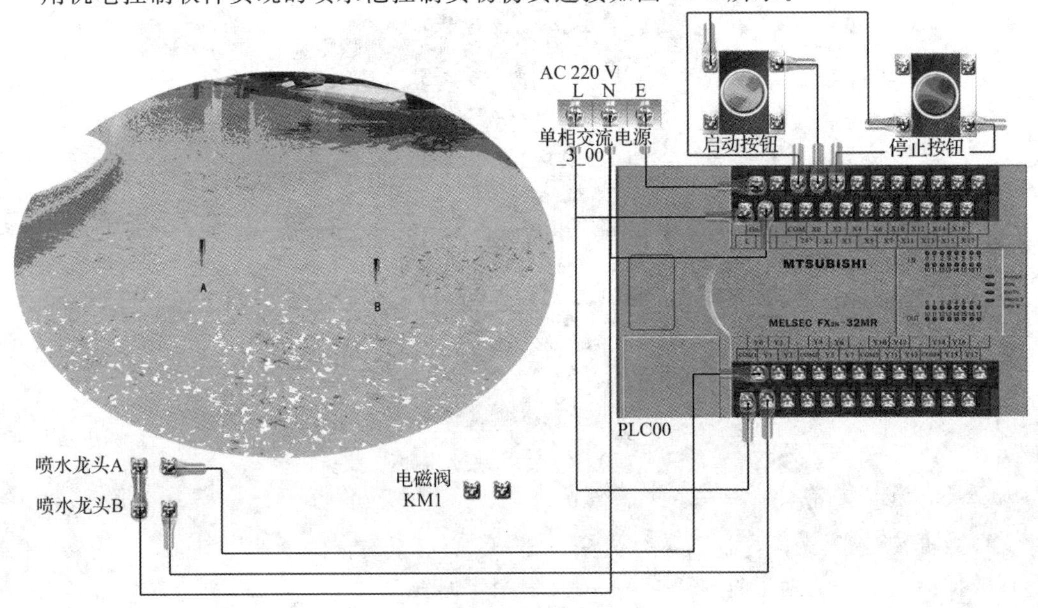

图 10-3 硬件接线

五、软件的实现

1. 梯形图

根据控制要求，可设计出 PLC 的梯形图，如图 10-4 所示。

```
0   Y000  Y001                                  K10
    -|/|--|/|-------------------------------( T4 )

3   T4    T3
    -| |--| |-----+-----------------[ MOV  K1  K1Y000 ]
    X000          |
    -| |----------+

7   Y000    Y001                                K30
    -| |-+--|/|-----------------------------( T1 )
    T1   |
    -| |-+

11  T1    Y000
    -| |--| |-----+-----------------[ MOV  K0  K1Y000 ]
    T2    Y001    |
    -| |--| |-----+
    T3    C5      |
    -| |--| |-----+
    X002          |
    -| |----------+

21  T1    T4
    -| |--| |-----------------------[ MOV  K2  K1Y000 ]

24  Y001    Y000                                K20
    -| |-+--|/|-----------------------------( T2 )
    T2   |
    -| |-+

28  M2      T4                                  K10
    -| |-+--|/|-----------------------------( T3 )
    T3   |
    -| |-+

32  Y000                                        K2
    -| |-+----------------------------------( C5 )
    Y001 |
    -| |-+

35  T3
    -| |-+-------------------------------[ RST  C5 ]
    X002 |
    -| |-+

38  T4    C5    T2
    -| |--| |---| |----------------------[ SET  M2 ]

42  T3
    -| |-+-------------------------------[ RST  M2 ]
    X002 |
    -| |-+

45  M2
    -| |----------------------------[ MOV  K3  K1Y000 ]

    ------------------------------------------[ END ]
```

图 10-4　梯形图指令

2. 指令表

和 PLC 梯形图对应的指令表如下：

```
0    LDI   Y000
1    ANI   Y001
2    OUT   T4     K10
4    LD    T4
5    AND   T3
6    OR    X000
7    MOV   K1     K1Y0
9    LD    Y000
10   OR    T1
11   ANI   Y001
12   OUT   T1     K30
14   LD    T1
15   AND   Y000
16   LD    T2
17   AND   Y001
18   ORB
18   LD    T3
19   AND   C5
20   ORB
20   OR    X002
21   MOV   K0     K1Y000
23   LD    T1
24   AND   T4
25   MOV   K2     K1Y000
27   LD    Y001
28   OR    T2
29   ANI   Y000
30   OUT   T2     K20
32   LD    M2
33   OR    T3
34   ANI   T4
35   OUT   T3     K10
37   LD    Y000
38   OR    Y001
39   OUT   C5     K2
41   LD    T3
42   OR    X002
43   RST   C5
44   LD    T4
45   AND   C5
46   AND   T2
47   SET   M2
48   LD    T3
49   OR    X002
50   RST   M2
51   LD    M2
52   MOV   K3     K1Y000
54   END
```

六、知识扩展

1. 功能指令的基本形式

功能指令的基本形式如图 10-5 所示。

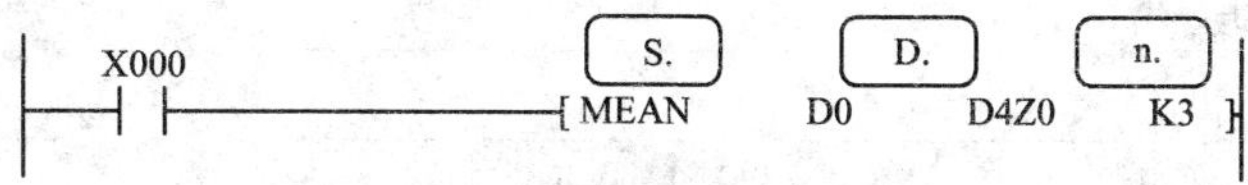

图 10-5 功能指令的基本形式

(1)[S.]称为源操作数,其内容不随指令执行而变化,源的数量多时,用[S1.]、[S2.]等表示。

(2)[D.]称为目标操作数,其内容随指令执行而改变,目标的数量多时,用[D1.][D2.]等表示。

(3)[n.]称为其他操作数,既不作为源操作数,又不作为目标操作数,常用来表示常数或者作为源操作数或目标操作数的补充说明。可用十进制的 K、十六进制的 H 和数据寄存器 D 来表示。在需要表示多个这类操作数时,可用[n1]、[n2]等表示。此外其他操作数还可用[m]来表示。

(4)数据长度

功能指令可处理 16 位数据和 32 位数据。

2. 操作数

(1)数据寄存器(D)

数据寄存器是用于存储数值数据的,其值可通过应用指令、数据存取单元及编程装置进行读出或写入。这些寄存器都是 16 位(最高位为符号位)的,两个相邻的寄存器可组成 32 位数据寄存器,例如用 D0 表示(D1,D0)32 位数据位。数据寄存器可分为一般型、停电保持型和特殊型。

(2)位组合数据

在 FX 系列 PLC 中,是使用 4 位 BCD 码表示 1 位十进制数据,如 K1 X000 表示 X003～X004 输入继电器的组合;K2 X000 表示 X007～X008 输入继电器的组合。

(3)标志位

功能指令在操作过程中,其运算结果要影响某些特殊继电器或寄存器,通常称其为标志。

①一般标志(位)

- M8020:零标志,如运算结果为 0 时动作。
- M8021:借位标志,如做减法时被减数不够减时动作。

②运算出错标志(位)

- M8067、M8068:运算出错标志。

③功能扩展用标志(位)

- M8029:执行结束。

3. 功能指令一览表

FX2N 系列 PLC 常用功能指令见表 10-3。

表 10-3　　常用功能指令

名称	助记符	指令代码位数	操作数范围			程序步
			[S1.]	[S2.][S.]	[D.]	
区间比较	ZXP ZCP(P)	FNC11 (16/32)	K、H、KnX、KnY、KnM、KnS、T、C、D、V、Z		Y、M、S	ZCP、ZCPP：9； DZCP、DZCPP：17
块传送	BMOV BMOV(P)	FNC15 16	KnX、KnY、KnM、KnS、T、C、D	KnY、KnM、KnS、T、C、D	K、H ≤512	BMOV、BMOVP：7
多点传送	FMOV FMOV(P)	FNC16 16	K、H、KnX、KnY、KnM、KnS、T、C、D、V、Z	KnY、KnM、KnS、T、C、D	K、H ≤512	FMOV、FMOVP：7； DFMOV、DFMOVP：13
数据交换	XCH XCH(P)	FNC17 (16/32)	KnY、KnM、KnS、T、C、D、V、Z	KnY、KnM、KnS、T、C、D、V、Z		XCH、XCHP：5； DXCH、DXCHP：9
BCD变换	BCD BCD(P)	FNC18 (16/32)	KnX、KnY、KnM、KnS、T、C、D、V、Z	KnY、KnM、KnS、T、C、D、V、Z		BCD、BCDP：5； DBCD、DBCDP：9
BIN交换	BIN BIN(P)	FNC19 (16/32)	KnX、KnY、KnM、KnS、T、C、D、V、Z	KnY、KnM、KnS、T、C、D、V、Z		BCD、BCDP：5； DBCD、DBCDP：9

项目十一

四则运算式的实现

项目目标

➢ 掌握四则及逻辑运算指令的格式及使用方法

一、项目

某控制程序中要进行以下算式的运算：38X/255+2。

二、控制要求

式中“X”代表输入端口 K2 X000 送入的二进制数，运算结果需传送至输出端口 K2 Y000；X010 为启动开关。

三、知识准备

1. 常用算术运算指令

常用算术运算指令的助记符、操作数范围及程序步见表 11-1。

表 11-1　　常用算术运算指令

指令名称	助记符	指令代码位数	操作数范围			程序步
			[S1.]	[S2.]	[D.]	
加法	ADD	FNC20 (16/32)	K、H、KnX、KnY、KnM、KnS、T、C、D、V、Z		KnY、KnM、KnS、T、C、D、V、Z	ADD、ADDP：7；DADD、DADDP：13
	ADD(P)					
减法	SUB	FNC21 (16/32)	K、H、KnX、KnY、KnM、KnS、T、C、D、V、Z		KnY、KnM、KnS、T、C、D、V、Z	SUB、SUBP：7；DSUB、DSUBP：13
	SUB(P)					
乘法	MUL	FNC22 (16/32)	K、H、KnX、KnY、KnM、KnS、T、C、D、V、Z		KnY、KnM、KnS、T、C、D、V、Z	MUL、MULP：7；DMUL、DMULP：13
	MUL(P)					
除法	DIV	FNC23 (16/32)	K、H、KnX、KnY、KnM、KnS、T、C、D、Z		KnY、KnM、KnS、T、C、D、Z	DIV、DIVP：7；DDIV、DDIVP：13
	DIV(P)					

2. 用法示例

(1)加法指令 ADD

ADD 指令是将指定的源元件中的二进制数相加,将结果传送到指定的目标元件中。如图 11-1 所示。

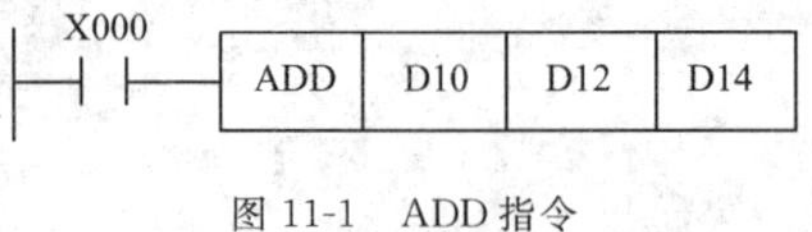

图 11-1 ADD 指令

说明:

当执行条件 X000 由 OFF→ON 时,[D10]+[D12]→[D14]。

ADD 加法指令有三个常用标志:M8020 为零标志,M8021 为借位标志,M8022 为进位标志。

如果运算结果为 0,则零标志 M8020 置 1。如果运算结果超过 32 767(16 位)或 2 147 483 647(32 位),则进位标志 M8022 置 1。如果运算结果小于 −32 767(16 位)或 −2 147 483 647(32 位),则借位标志 M8021 置 1。

在 32 位运算中,被指定的字元件是低 16 位元件,而下一个元件为高 16 位元件。源和目标可以用相同的元件号。当源和目标的元件号相同而采用连续执行的 ADD、ADD(P)指令时,加法的结果在每个扫描周期都会改变。

(2)减法指令 SUB

SUB 指令是将指定的源元件中的二进制数相减,将结果传送到指定的目标元件中去。如 图 11-2 所示。

说明:

当执行条件 X000 由 OFF→ON 时,[D10]−[D12]→[D14]。

各种标志的动作、32 位运算中软元件的指定方法均与上述加法指令相同。

(3)乘法指令 MUL

MUL 指令是将指定的源元件中的二进制数相乘,将结果传送到指定的目标元件中去。如图 11-3 所示。

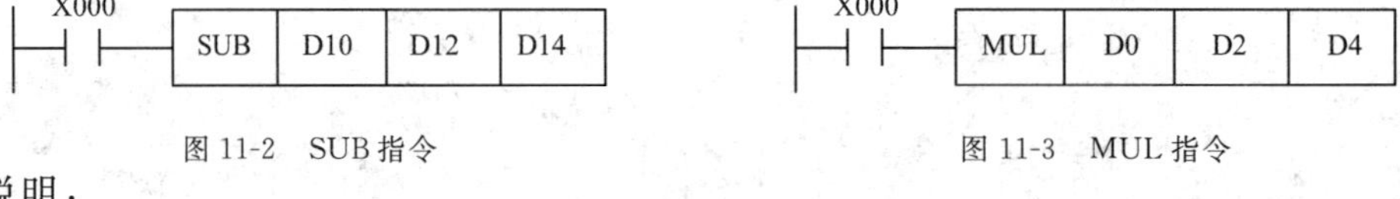

图 11-2 SUB 指令　　图 11-3 MUL 指令

说明:

当为 16 位运算,执行条件 X000 由 OFF→ON 时,[D0]×[D2]→[D5,D4]。源操作数是 16 位,目标操作数是 32 位。

当为 32 位运算且执行条件 X000 由 OFF→ON 时,[D1、D0]×[D3、D2]→[D7、D6、D5、D4]。源操作数是 32 位,目标操作数是 64 位。

(4)除法指令 DIV

DIV 指令是将指定的源元件中的二进制数相除,[S1]为被除数,[S2]为除数,将商传送到指定的目标元件[D]中去,余数传送到[D]的下一个目标元件。如图 11-4 所示。

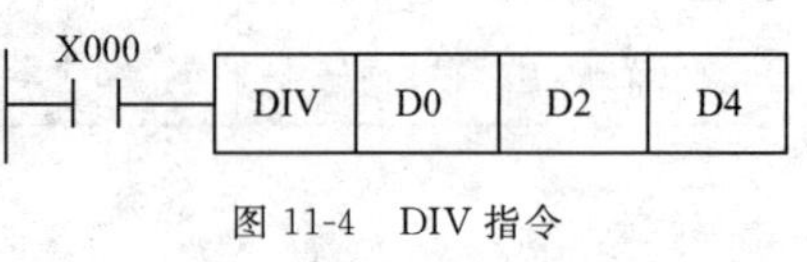

图 11-4 DIV 指令

说明：

当为 16 位运算且执行条件 X000 由 OFF→ON 时，[D0]/[D2]→[D4]。V 和 Z 不能用于[D]中。

当为 32 位运算且执行条件 X000 由 OFF→ON 时，[D1、D0]/[D3、D2]。商在[D5、D4]中，余数在[D7、D6]中。V 和 Z 不能用于[D]中。

四、PLC 硬件的实现

1. I/O 分配

实现 38X/255＋2 算术运算对应 PLC 的 I/O 分配见表 11-2。

表 11-2　　I/O 分配

输入(I)		功能说明	输出(O)		功能说明
K2 X000	X000	二进制数输入	K2 Y000	Y000	二进制数输出
	X001			Y001	
	X002			Y002	
	X003			Y003	
	X004			Y004	
	X005			Y005	
	X006			Y006	
	X007			Y007	

注：X010 为启动开关。

2. 外部接线

用机电控制软件实现算术运算功能的实物仿真连接如图 11-5 所示。

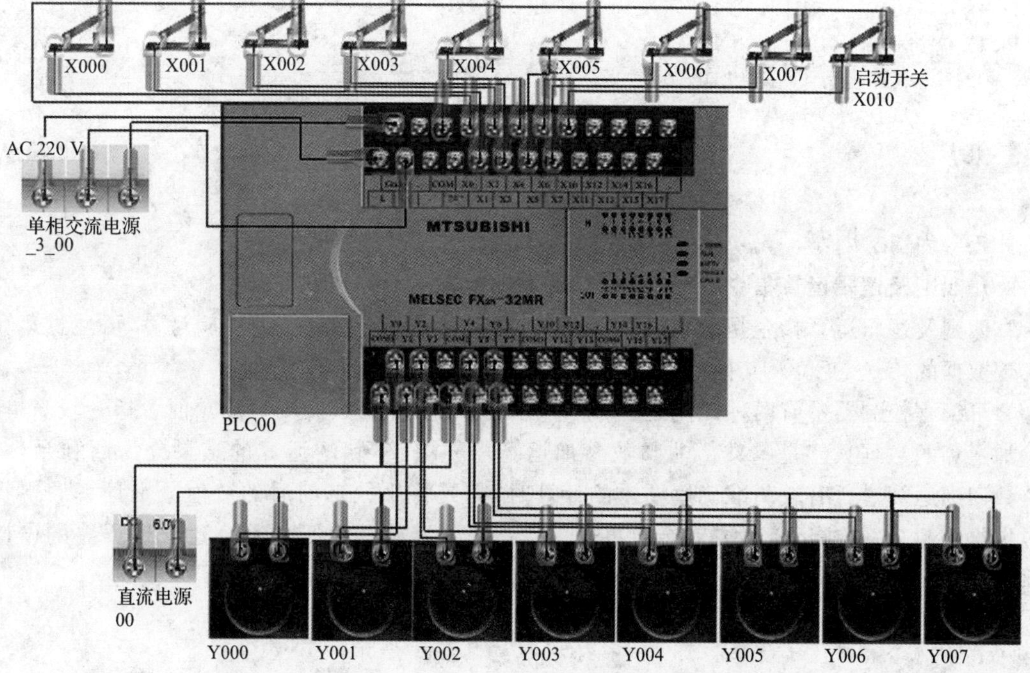

图 11-5　实物仿真连接

五、PLC软件的实现

1. 梯形图

根据控制要求,结合 I/O 分配状况,可设计出 PLC 梯形图,如图 11-6 所示。

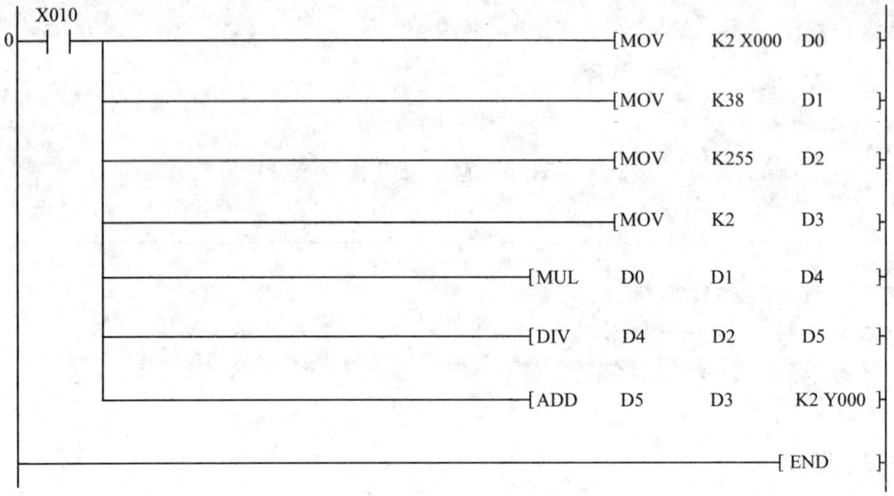

步	触点	指令	操作数1	操作数2	操作数3
0	X010	MOV	K2 X000	D0	
		MOV	K38	D1	
		MOV	K255	D2	
		MOV	K2	D3	
		MUL	D0	D1	D4
		DIV	D4	D2	D5
		ADD	D5	D3	K2 Y000
		END			

图 11-6 梯形图

2. 指令表

根据上述功能图,可写出对应的指令表如下:

```
0    LD    X010
1    MOV   K2 X000   D0
3    MOV   K38       D1
5    MOV   K255      D2
7    MOV   K2        D3
9    MUL   D0        D1    D4
12   DIV   D4        D2    D5
15   ADD   D5        D3    K2 Y000
18   END
```

六、知识扩展

1. 四则及逻辑运算指令

四则及逻辑运算指令是基本运算指令,利用它可完成四则运算或逻辑运算,可通过运算实现数据的传送、变位及其他控制功能。

可编程控制器中有两种四则运算,即整数四则运算和实数四则运算。前者指令较简单,参加运算的数据只能是整数。非整数参加运算需先取整,除法运算的结果分为商和余数。整数四则运算进行有较高准确度要求的计算时,需先将小数点前后的数值分别计算后再将数据组合起来,除法运算时要对余数再做多次运算才能形成最后的商。这就使程序的设计非常烦琐。而实数运算是浮点运算,是一种高准确度的运算。

2. 指令一览表

在一些控制系统中，常要用到加 1 指令、减 1 指令及逻辑运算指令，其对应的助记符、操作数范围等见表 11-3。

表 11-3　　常用逻辑运算及加、减运算指令表

指令名称	助记符	指令代码位数	操作数范围			程序步
			[S1.]	[S2.]	[D.]	
加 1	INC INC(P)	FNC24 (16/32)	、		KnY、KnM、KnS、T、C、D、V、Z	INC、INCP：3； DINC、DINCP：5
减 1	DEC DEC(P)	FNC25 (16/32)			KnY、KnM、KnS、T、C、D、V、Z	DEC、DECP：3； DDEC、DDECP：5
逻辑字与	AND AND(P)	FNC26 (16/32)	K、H、KnX、KnY、KnM、KnS、T、C、D、V、Z		KnY、KnM、KnS、T、C、D、V、Z	WAND、WANDP：7； DANDC、DANDP：13
逻辑字或	OR OR(P)	FNC27 (16/32)	K、H、KnX、KnY、KnM、KnS、T、C、D、V、Z		KnY、KnM、KnS、T、C、D、V、Z	WOR、WORP：7； DORC、DORP：13
逻辑字异或	XOR XOR(P)	FNC28 (16/32)	K、H、KnX、KnY、KnM、KnS、T、C、D、V、Z		KnY、KnM、KnS、T、C、D、V、Z	WXOR、WXORP：7； DXORC、DXORP：13

项目十二

自动运料小车往复运动控制

项目目标

- 掌握步进顺序控制指令的使用方法
- 初步掌握单流程顺序控制结构的编程方法

一、项目

实现自动运料小车往复运动控制。

二、控制要求

某自动运料小车在初始位置时，限位开关 SQ1 被压下，按下启动按钮 SB，自动运料小车按图 12-1 所示顺序运动，完成一个工作周期。

(1)电动机正转，自动运料小车右行碰到限位开关 SQ2 后电动机停转，自动运料小车停止并延时，自动运料小车卸料。

(2)延时 5 s 后停止卸料，电动机反转，自动运料小车左行。

(3)碰到限位开关 SQ3 后，电动机停转，自动运料小车停止延时。

(4)延时 5 s 后电动机左行至原位压下限位开关 SQ1，自动运料小车停在初始位置。

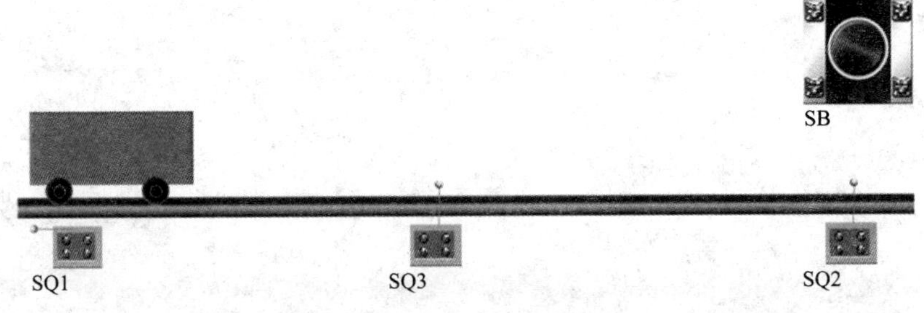

图 12-1　自动运料小车运行控制

三、知识准备

1. FX 系列 PLC 的步进顺序控制指令

在实际控制系统中，存在着许多可以将一个完态的系统划分成许多工序来实现的控制。

对于这类控制，FX2N 系列 PLC 利用顺序控制指令实现起来较为方便，其对应的步进顺序控制指令见表 12-2。

表 12-1　　步进顺序控制指令

符号/名称	功能	梯形图表示	程序步
STL/步进触点驱动	步进阶梯开始	S	1
RET/步进返回	步进阶梯结束	RET	1

2. 使用注意事项

(1)STL 指令有主控含义，即 STL 指令后面的触点要用 LD 指令或 LDI 指令。

(2)执行一系列 STL 指令后，在状态转移程序的结尾必须使用 RET 指令，表示步进顺序控制功能(主控功能)结束。

四、PLC 的硬件实现

1. I/O 分配

实现自动运料小车自动控制的 I/O 分配见表 12-2。

表 12-2　　I/O 分配

输入(I)		功能说明	输出(O)		功能说明
SB	X000	启动	KM1	Y001	前进
SQ1	X001	限位开关	KM2	Y002	后退
SQ2	X002	限位开关	KM3	Y003	卸料
SQ3	X003	限位开关			

2. I/O 的外部接线

机电控制软件实现的自动运料小车控制实物仿真接线如图 12-2 所示。

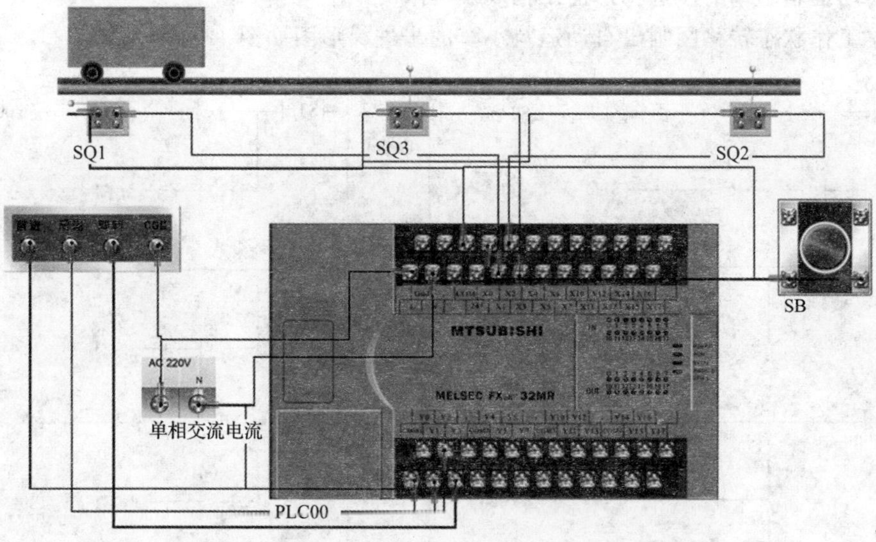

图 12-2　自动运料小车控制系统接线

五、PLC的软件实现

1. 自动运料小车工作状态转移图(SFC图)

将自动运料小车的工作过程分为五个阶段，也称为五步，分别为启动右行、暂停等待、换向左行、暂停等待以及回原位(初始步)，对应用五个状态器S20、S21、S22、S23、S24表示。S0为初始步，表示初始准备，其他的如S20、S21、S22、S23、S24表示工作步。如图12-3所示。

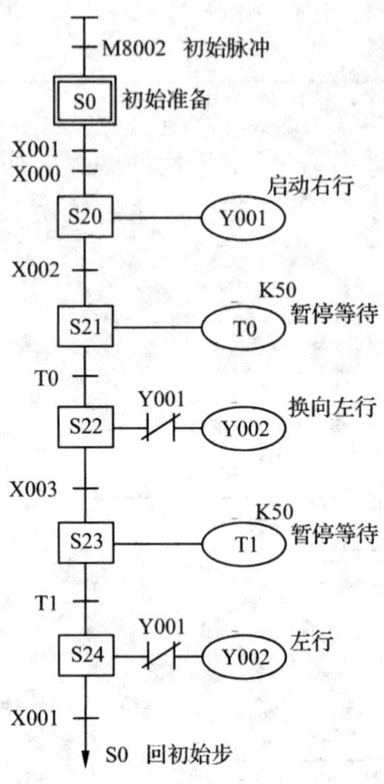

图12-3 自动小车工作状态转移图

2. 自动运料小车的步进梯形图及指令表程序

根据工作状态转移图画出自动运料小车的步进梯形图如图12-4所示。

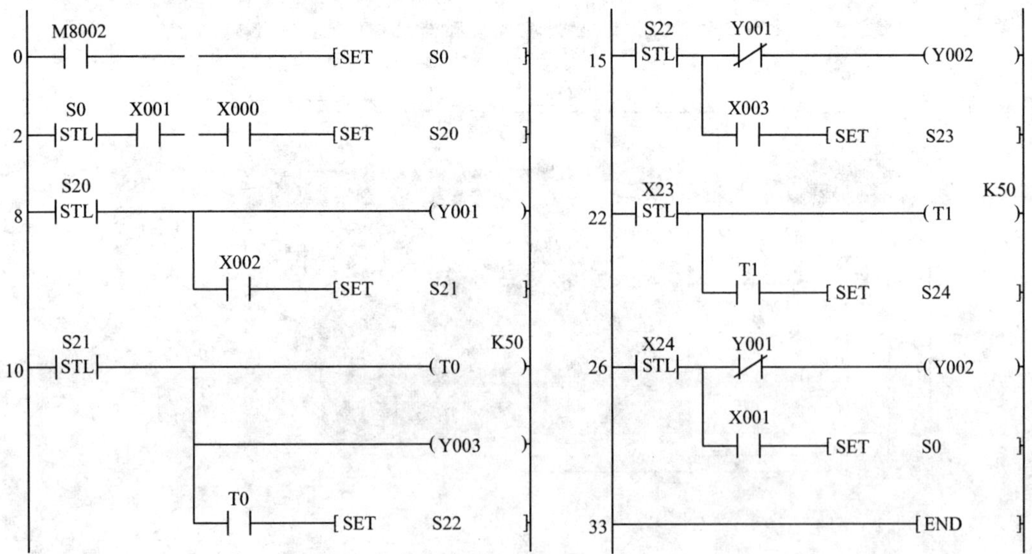

图12-4 步进梯形图

自动运料小车控制指令表如下：

```
0    LD    M8002
1    SET   S0
2    STL   S0
3    AND   X001
4    AND   X000
5    SET   S20
6    STL   S20
7    OUT   Y001
8    AND   X002
9    SET   S21
10   STL   S21
11   OUT   T0    K50
13   OUT   Y003
14   AND   T0
15   SET   S22
16   STL   S22
17   MPS
17   ANI   Y001
18   OUT   Y002
19   MPP
19   AND   X003
20   SET   S23
21   STL   S23
22   OUT   T1    K50
24   AND   T1
25   SET   S24
26   STL   S24
27   MPS
27   ANI   Y001
28   OUT   Y002
29   MPP
29   AND   X001
30   SET   S0
31   END
```

六、知识扩展

1. 单流程顺序控制结构

一个控制过程可以分为若干阶段，这些阶段称为状态或者步。状态与状态之间由转换条件分隔。当相邻两状态之间的转换条件得到满足时，就实现状态转换。

所谓单流程，是指状态转移只可能有一种顺序。像自动运料小车的控制过程就只有一种顺序：S0→S20→S21→S22→S23→S24→S0，没有其他可能，所以称为单流程顺序控制结构。

2. 状态元件

上述的每一个状态或者步用一个状态元件表示。状态元件是构成状态转移图的基本元素，是可编程控制器的软元件之一。FX2N 共有 1 000 个状态元件，其分类、编号、数量及用途见表 12-3。

表 12-3　FX2N PLC 状态元件

类别	元件编号	数量	用途及特点
初始状态	S0～S9	10	用作 SFC 图的初始状态
返回状态	S10～S19	10	在多运行模式控制中用作返回原点的状态
通用状态	S20～S499	480	用作 SFC 图的中间状态，表示工作状态
掉电保持状态	S500～S899	400	具有停电保持功能，在停电恢复后需继续执行的场合，可选用这些状态元件
信号报警状态	S900～S999	100	用作报警元件

注：①状态的编号必须在指定范围内选择。

②各状态元件的触点在 PLC 内部可自由使用，次数不限。

③在不用步进顺序控制指令时，状态元件可作为辅助继电器在程序中使用。

④通过参数设置，可改变一般状态元件和掉电保持状态元件的地址分配。

3. 状态转换的实现

步与步之间的状态转换需满足两个条件：一是前级步必须是活动步；二是对应的转换条件要成立。满足上述两个条件就可以实现步与步之间的转换。值得注意的是一旦后续步转换成为活动步，前级步就要复位成为非活动步。

这样，状态转移图的分析就变得条理十分清楚，无须考虑状态时间的繁杂联锁关系。此外，这样也便于对程序的阅读理解，使程序的试运行、调试、故障检查与排除变得非常容易，这就是步进顺序控制设计法的优点。

4. 步进梯形图和指令表编程的注意事项

(1)先进行驱动动作处理，然后进行状态转移处理，不能颠倒顺序。

(2)驱动步进触点用 STL 指令，驱动动作用 OUT 指令。若某一动作在连续的几步中都需要被驱动，则用 SET/RST 指令。

(3)单一的转换条件用 LD/LDI 指令，多个条件在 LD/LDI 指令后面接 AND(ANI)/OR(ORI)指令。

(4)连续向下的状态转换用 SET 指令，否则用 OUT 指令。

(5)相邻两步的动作若不能同时被驱动，则需要安排相互制约的联锁环节。

(6)步进顺序控制的结尾必须使用 RET 指令。

项目十三

两台电动机的启动运行控制

项目目标

➢ 掌握选择分支结构的步进顺序控制梯形图的设计方法

一、项目

实现两台电动机的启动运行控制。

二、控制要求

两台电动机 M1、M2，要求 M1 能正/反转，M2 单向运转；M1 启动后 2 min M2 自行启动，按下停止按钮后两台电动机同时停止。对应的主电路如图 13-1 所示。

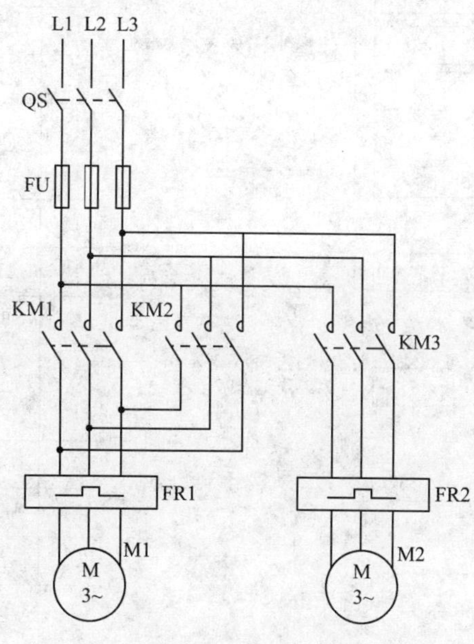

图 13-1 主电路

三、知识准备

1. 选择性分支结构

从多个流程顺序中选择执行某一个流程，称为选择性分支。图 13-2 为选择性分支的状态转移图。

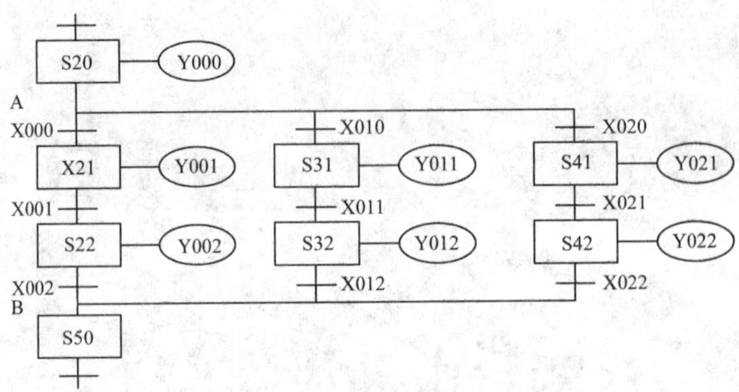

图 13-2 状态转移图

(1)S20 为分支状态

该状态转移图在 S20 步以后分成了三个分支。

当 S20 步被激活成为活动步后,若转换条件 X000 成立,则执行左边的程序;若 X010 成立,则执行中间的程序;若 X020 成立,则执行右边的程序,转换条件 X000、X010 及 X020 不能同时为 ON。

(2)S50 为汇合状态,可由 S22、S32、S42 任一状态驱动。

2. 选择性分支结构的编程

选择性分支结构的编程原则是先集中处理分支转移情况,然后依顺序进行各分支程序处理和汇合状态,如图 13-3 所示,其指令表编程见表 13-1。

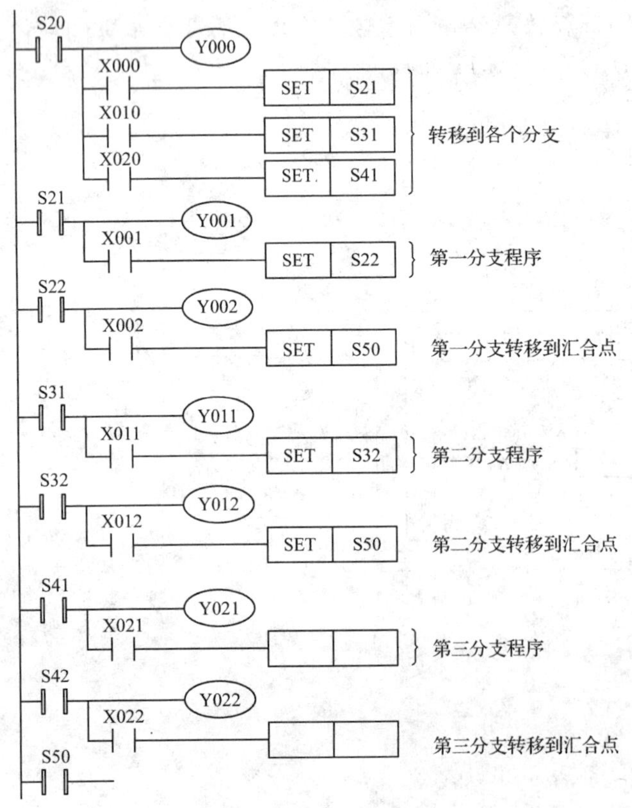

图 13-3 选择性分支结构

表 13-1 指令表

……					
10	STL	S20	27	OUT	Y011
11	OUT	Y000	28	LD	X011
12	LD	X000	29	SET	S32
13	SET	S21	30	STL	S32
14	LD	X010	31	OUT	Y012
15	SET	S31	32	LD	X012
16	LD	X020	33	SET	S50
17	SET	S41	34	STL	S41
18	STL	S21	35	OUT	Y021
19	OUT	Y001	36	LD	X021
20	LD	X001	37	SET	S42
21	SET	S22	38	STL	S42
22	STL	S22	39	OUT	Y022
23	OUT	Y002	40	LD	X022
24	LD	X002	41	SET	S50
25	SET	S50	42	STL	S50
26	STL	S31	……		

四、PLC 的硬件实现

1. I/O 分配

实现两台电动机启动控制的 I/O 分配见表 13-2。

表 13-2　　I/O 分配

输入(I)		功能说明	输出(O)		功能说明
SB1	X001	正转启动	KM1	Y001	M1 正转
SB2	X002	反转启动	KM2	Y002	M1 反转
SB3	X000	停止按钮	KM3	Y003	M2 运行

2. 外部接线

用机电控制软件实现的两台电动机启动控制仿真实物接线如图 13-4 所示。

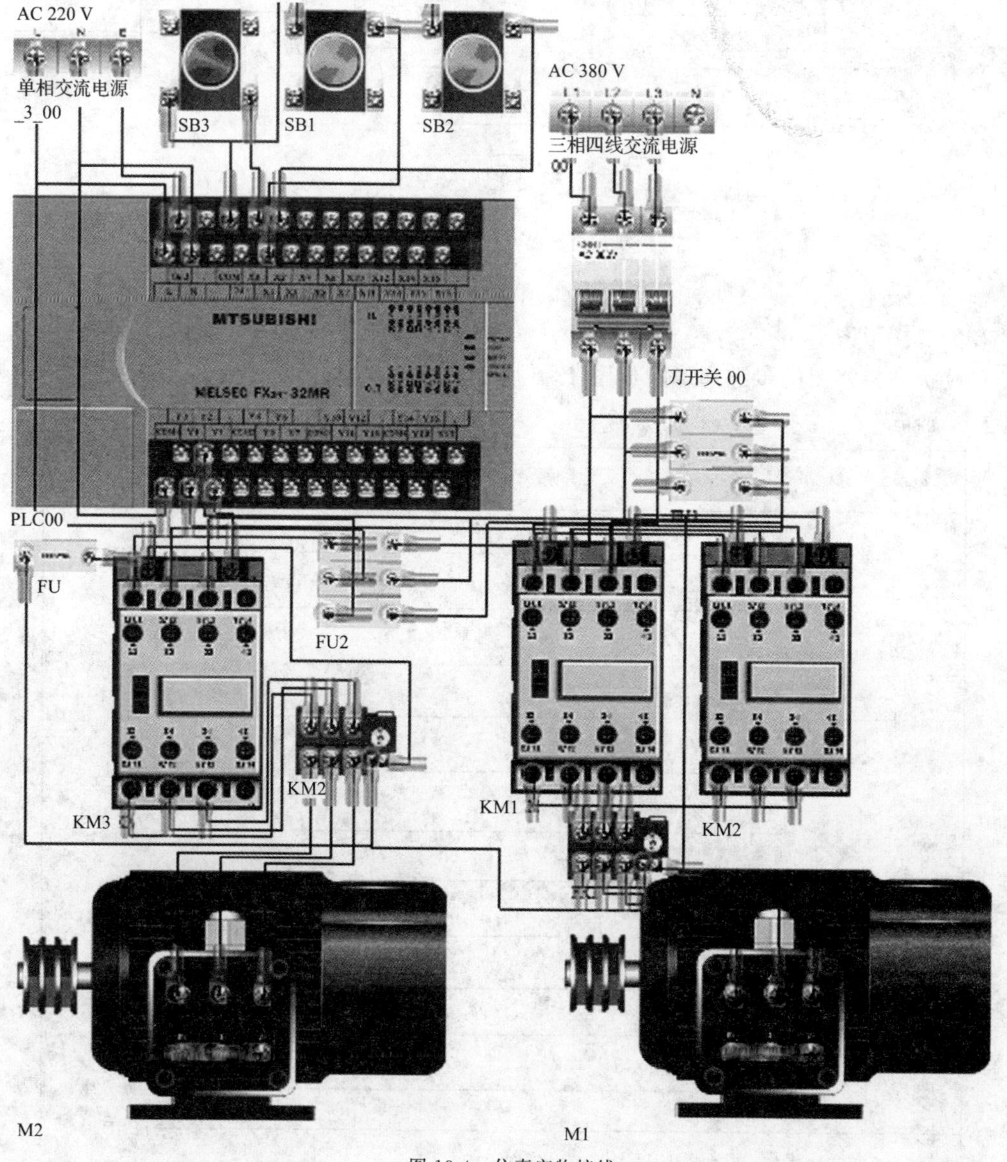

图 13-4　仿真实物接线

五、PLC的软件实现

1. 状态转移图

将两台电动机的启动运行工作过程分为两个阶段：第一阶段由M1正转启动和M1反转启动构成选择分支结构，分别对应S20步和S30步；第二阶段为延时2 min后M2自行启动，对应用状态器S21。S0为初始步。实现控制功能的状态转移图如图13-5所示。

M8002 (初始脉冲)
S0
RST Y001
RST Y002
M1、M2停止
X001
S20
Y002
SET Y001
M1正转
T0 K1200
T0
X002
S30
Y001
SET Y002
M1反转
T0 K1200
T0
S21
Y003
M2启动
X000
S0 (回初始步)

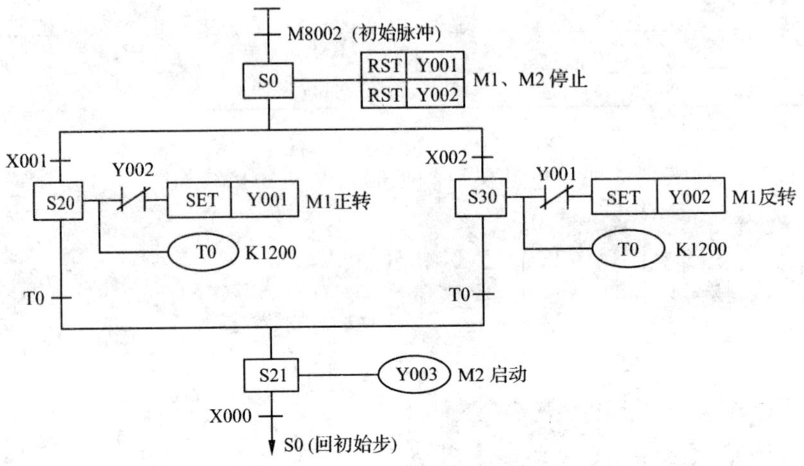

图13-5 状态转移图

2. 步进梯形图

对应状态转移图的步进梯形图如图13-6所示。

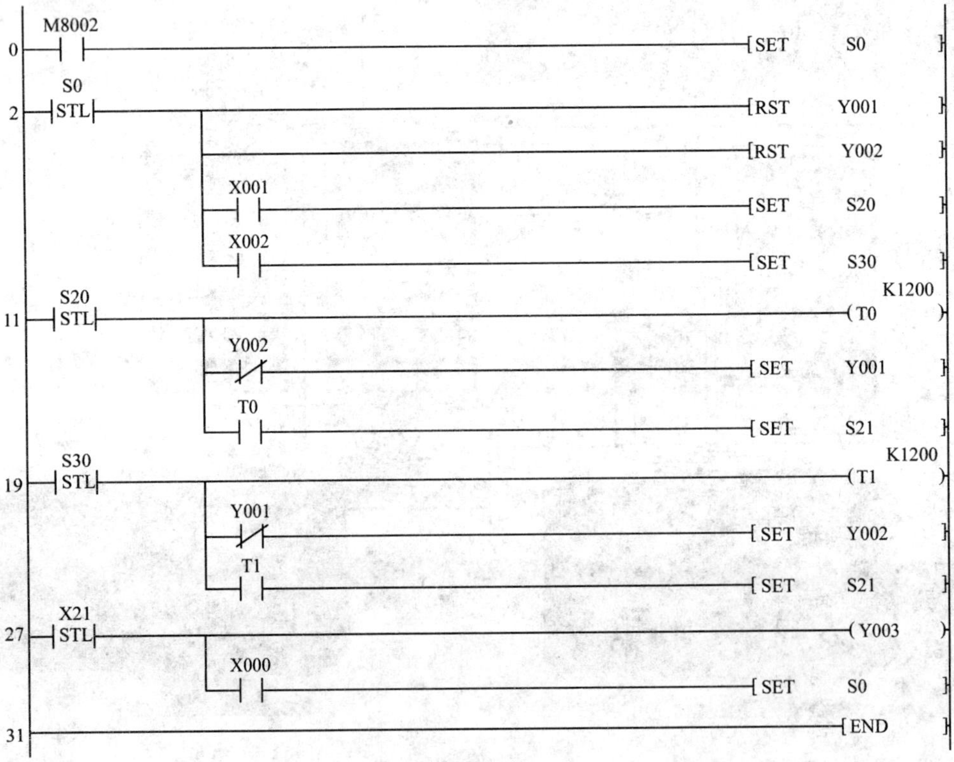

0
M8002
SET S0
2
S0 STL
RST Y001
RST Y002
X001
SET S20
X002
SET S30
11
S20 STL
K1200
T0
Y002
SET Y001
T0
SET S21
19
S30 STL
K1200
T1
Y001
SET Y002
T1
SET S21
27
X21 STL
Y003
X000
SET S0
31
END

图13-6 步进梯形图

3. 指令表

对应梯形图的指令表如下：

```
0    LD    M8002
1    SET   S0
2    STL   S0
3    MPS
3    RST   Y001
4    RST   Y002
5    AND   X001
6    SET   S20
7    MPP
7    AND   X002
8    SET   S30
9    STL   S20
10   MPS
10   OUT   T0   K1200
12   ANI   Y002
13   SET   Y001
14   MPP
14   AND   T0
15   SET   S21
16   STL   S30
17   MPS
17   OUT   T1 K1200
19   ANI   Y001
20   SET   Y002
21   MPP
21   AND   T1
22   SET   S21
23   STL   S21
24   OUT   Y003
25   AND   X000
26   SET   S0
27   END
```

项目十四

人行横道交通灯的PLC控制

项目目标

➢ 掌握并行分支结构的步进顺序控制梯形图的设计方法

一、项目

设计一个用于通过高速公路人行横道的按钮式PLC控制。

二、控制要求

交通情况如图14-1所示，东西方向是高速公路，南北方向是人行横道。正常情况下，高速公路上有车辆行驶，行人要通过时，按下人行横道按钮SB1或SB2后，红绿灯的变化时序如图14-2所示。开始30 s内交通灯状态保持不变，此后车道交通灯由绿变黄，黄灯亮10 s后，再由黄变红。车道红灯亮后5 s，人行横道绿灯才亮，15 s后人行横道绿灯开始闪烁，亮暗间隔为0.5 s，共闪烁5次后才变为人行横道红灯亮。此后5 s，车道绿灯才亮。至此又恢复为通常状态。

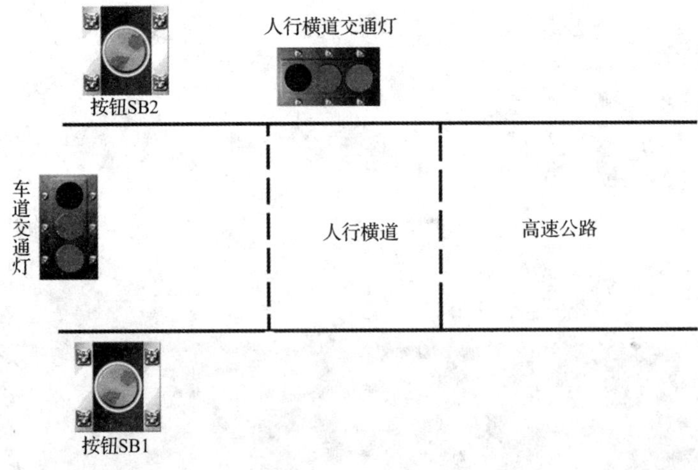

图14-1　交通情况

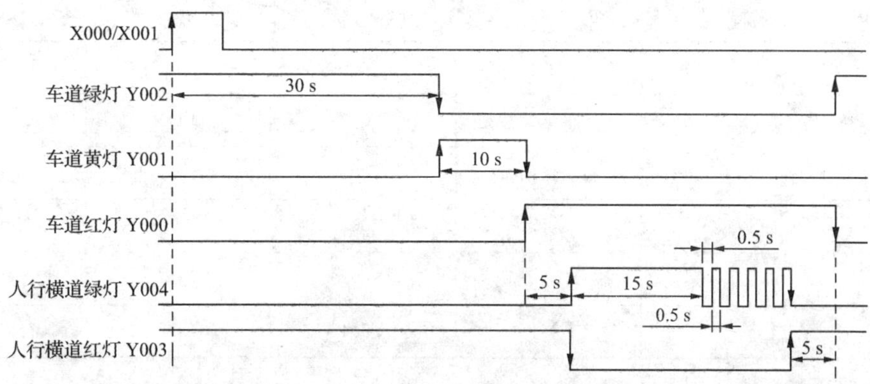

图 14-2 各段时间分配

三、知识准备

1. 并行分支结构

并行分支结构是指同时处理多个程序流程。在图 14-3 中，当 S20 步被激活成为活动步后，若转换条件 X000 成立，则同时执行左、中、右三个程序。S50 为汇合状态，由 S22、S32、S42 三个状态共同驱动，当这三个状态都成为活动步且转换条件 X004 成立时，汇合转换成 S50 步。

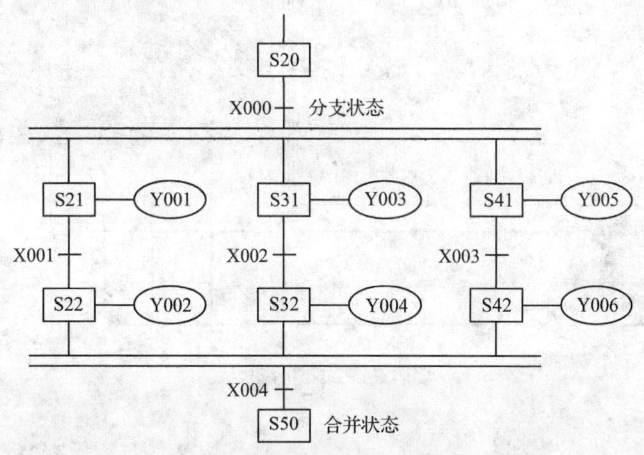

图 14-3 并行分支结构状态转移图

2. 并行性分支、汇合的编程

并行性分支、汇合的编程原则是先集中处理分支转移情况，然后按顺序进行各分支程序处理，最后集中处理汇合状态。

四、PLC 的硬件实现

1. I/O 分配

根据上述要求可知，系统需车道（东西方向）红、绿、黄三只信号灯，人行横道（南北方向）红、绿两只信号灯，南北方向各需一只按钮。实现人行横道交通灯控制的 PLC I/O 分配见表 14-1。

表 14-1　　I/O 分配

输入(I)		功能说明	输出(O)		功能说明
X000	SB2	人行横道北按钮	Y000	LD0	车道红灯
X001	SB1	人行横道南按钮	Y001	LD1	车道黄灯
			Y002	LD2	车道绿灯
			Y003	LD3	人行横道红灯
			Y004	LD4	人行横道绿灯

2. 外部接线

用机电控制软件实现的人行横道交通灯控制实物仿真接线如图 14-4 所示。

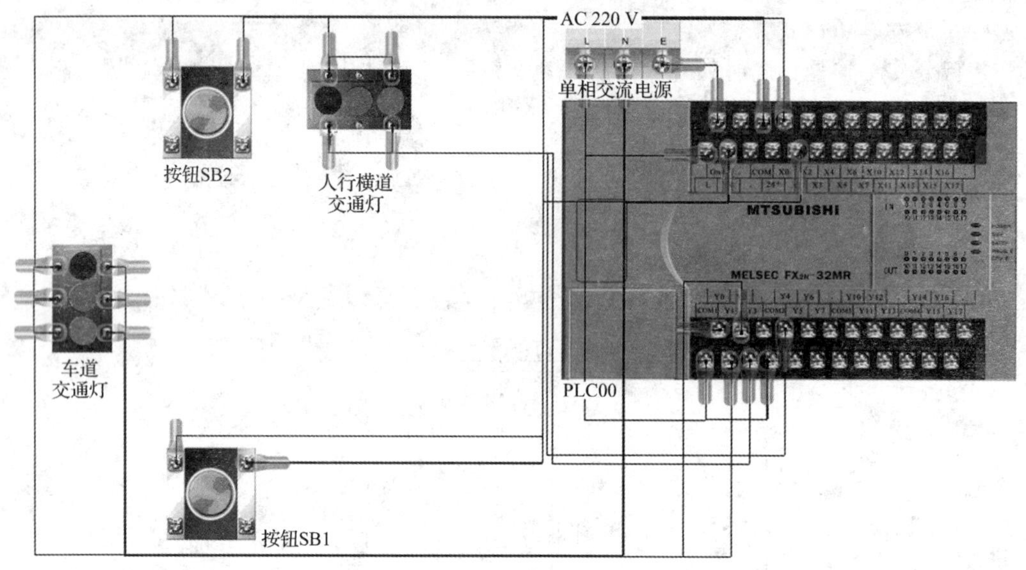

图 14-4　实物仿真接线

五、PLC 的软件实现

1. 状态转移图

车道(东西方向)信号灯的控制放在并联分支的左面，人行横道(南北方向)信号灯的控制放在并联分支的右面，各灯点亮的长短利用定时器控制，人行横道绿灯闪烁利用子循环加计数器实现。人行横道南、北两只按钮(X000、X001)并联以后作为分支的转移条件，T6 是两并行分支汇合的转移条件。

采用并行分支结构对应的交通灯控制工步状态分配见表 14-2。

表 14-2　　　　工步状态分配

工步号	状态号	状态输出/状态功能	状态转移
初始值（原位）	S0	PLC 初始化；Y002 得电，车道绿灯亮；Y003 得电，人行横道红灯亮	X000/X001：S0→S20 S0→S30
第一工步	S20	Y002 得电，车道绿灯亮	T0：S20→S21
	S30	Y003 得电，人行横道红灯亮	T2：S30→S31
第二工步	S21	Y001 得电，车道黄灯亮	T1：S21→S22
第三工步	S22	Y000 得电，车道红灯亮	T6：S22→S2
第四工步	S31	Y004 得电，人行横道绿灯亮	T3：S31→S32
第五工步	S32	Y004 失电，人行横道绿灯暗	T4：S32→S33
	S33	Y004 得电，人行横道绿灯亮	T5：S33→S32 C0：S33→S34
第六工步	S34	Y003 得电，人行横道红灯亮	T6：S34→S2

根据工步状态分配及交通灯控制时序图，可绘出状态转移图，如图 14-5 所示。

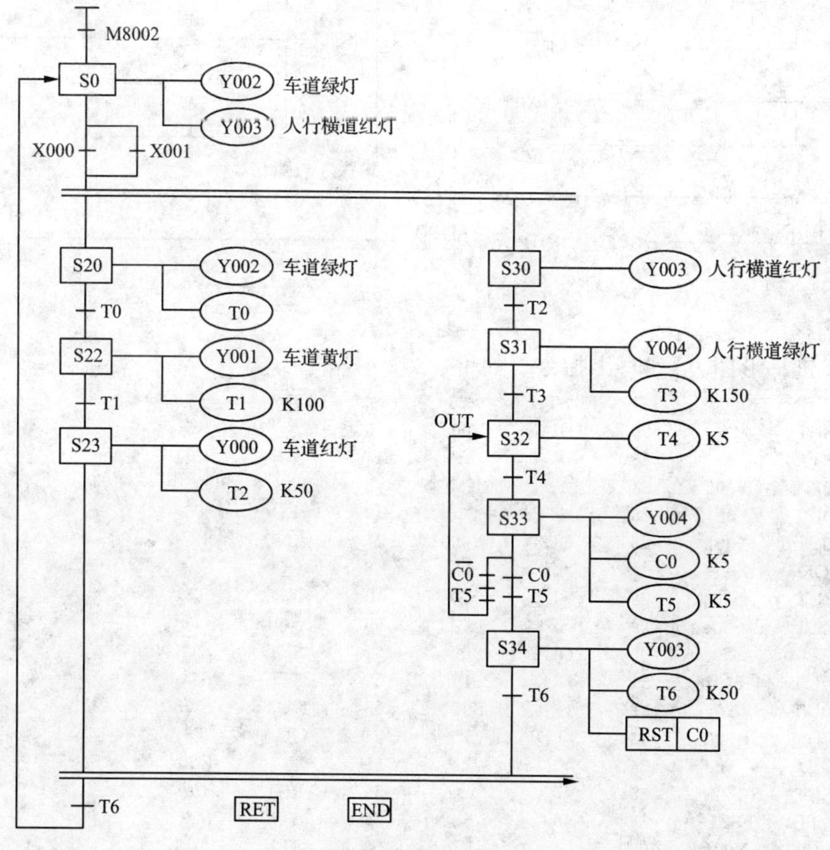

图 14-5　状态转移图

2. 步进梯形图

根据状态转移图可设计出步进梯形图，如图 14-6 所示。

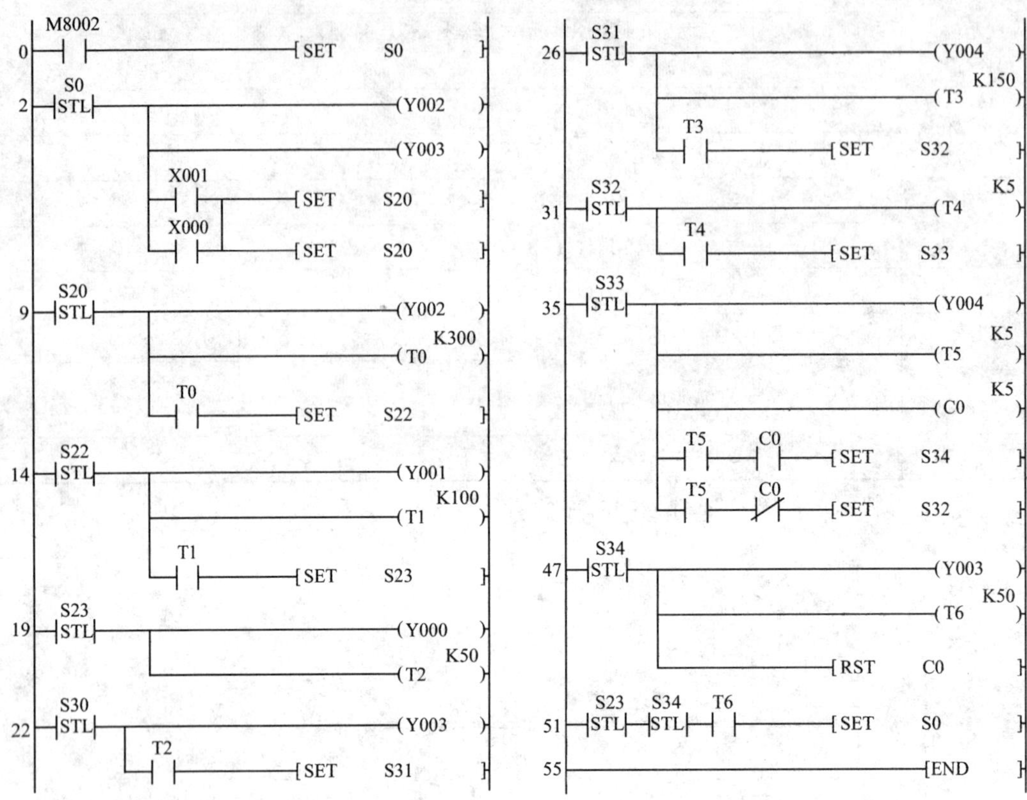

图 14-6 步进梯形图

3. 指令表

根据步进梯形图，可列写出指令表如下：

0	LD	M8002	21	STL	S23	42	OUT	T5
1	SET	S0	22	OUT	Y000	43		K5
2	STL	S0	23	OUT	T2	44	OUT	C0
3	OUT	Y002	24		K50	45		K5
4	OUT	Y003	25	STL	S30	46	LD	T5
5	LD	X001	26	OUT	Y003	47	AND	C0
6	OR	X000	27	LD	T2	48	SET	S34
7	SET	S20	28	SET	S31	49	LD	T5
8	SET	S30	29	STL	S31	50	ANI	C0
9	STL	S20	30	OUT	Y004	51	SET	S32
10	OUT	Y002	31	OUT	T3	52	STL	S34
11	OUT	T0	32		K150	53	OUT	Y003
12		K300	33	LD	T3	54	OUT	T6
13	LD	T0	34	SET	S32	55		K50
14	SET	S22	35	STL	S32	56	RST	C0
15	STL	S22	36	OUT	T4	57	STL	S23
16	OUT	Y001	37		K5	58	STL	S34
17	OUT	T1	38	LD	T4	59	LD	T6
18		K100	39	SET	S33	60	SET	S0
19	LD	T1	40	STL	S33	61	END	
20	SET	S23	41	OUT	Y004			

项目十五

模拟量的采集与输出

项目目标

➤ 了解 PLC 模拟量的采集原理

➤ 了解三菱 PLC 常用的模拟量输入/输出模块

➤ 了解三菱 PLC 特殊功能模块指令

现代工业控制给 PLC 提出了许多新的课题，如果仅仅用通用 I/O 模块来解决，在硬件方面费用太高，在软件方面编程相当烦琐，某些控制任务甚至无法用通用 I/O 模块来完成。为了增强 PLC 的功能，扩大其应用范围，PLC 厂家开发了品种繁多的特殊用途 I/O 模块，包括带微处理器的智能 I/O 模块。

模拟量输入在过程控制中的应用很广，例如常用的温度、压力、速度、流量、酸碱度、位移等许多工业检测都先对应于电压、电流的模拟值，再通过一定的运算(PID)后，控制生产过程达到一定的目的。模拟量输入电平大多是从传感器通过变换后得到的，模拟量的输入信号为 4～20 mA 的电流信号或 1～5 V、－10～10 V、0～10 V 的直流电压信号。输入模块接收这种模拟信号之后，把它转换成二进制数字信号，传送给中央处理器进行处理，因此模拟量输入模块又称为 A/D 转换输入模块。总之，模拟量输入单元的作用是把现场连续变化的模拟量标准信号转换成 PLC 内部处理的、由若干位表示的数字信号。模拟量输入单元一般由滤波、A/D 转换、光电耦合器隔离等部分组成。输入模拟量为电压时，正端接 V，负端接 M；输入模拟量为电流时，正端接 I，负端接 M，但是 I 与 V 要连接在一起。

模拟量输入单元设有电压信号和电流信号输入端。输入信号通过滤波、运算放大器的放大和量程变换，转换成 A/D 转换器能够接收的电压，经过 A/D 转换器后的数字量信号，再经光电耦合器隔离后进入 PLC 的内部电路。根据 A/D 转换器的分辨率不同，模拟量输入单元能提供 8 位、10 位、12 位或 16 位等精度的数字量信号并传送给 PLC 处理。模拟量的输入点数可以是 2～8 点，不同模拟量输入单元类型的输入点数不同。对多通道的模拟量输入单元，通常设置多路转换开关进行通道的切换，而在输出端应设置信号的寄存器。为了适应工业生产过程的控制要求，对模拟量输入单元采取了必要的防电磁干扰措施，例如光电耦合器隔离、阻容滤波等。为了防止其他信号的影响，也采取了设置反向二极管或熔丝管等措施。这些措施为PLC可靠地工作提供了保证。

一、模拟量输入/输出模块

在工业控制中,某些输入量(如压力、温度、流量、转速等)是连续变化的模拟量,某些执行机构(如伺服电动机、调节阀、记录仪等)要求PLC输出模拟信号,而PLC的CPU只能处理数字量。因此,模拟量首先被传感器和变送器转换为标准的电流或电压信号,如4~20 mA、1~5 V、0~10 V,PLC用A/D转换器将它们转换成数字量。这些数字量可能是二进制的,也可能是十进制的,带正负号的电流或电压信号在A/D转换后一般用二进制补码表示。

D/A转换器将PLC的数字输出量转换为模拟电压或电流信号,再去控制执行机构。模拟量I/O模块的主要任务就是完成A/D转换(模拟量输入)和D/A转换(模拟量输出)。

如图15-1所示,在炉温控制系统中,炉温用热电偶检测,温度变送器将热电偶提供的几十毫伏的电压信号转换为标准电流(如4~20 mA)或标准电压(如1~5 V)信号后送给模拟量输入模块,经A/D转换后得到与温度成比例的数字量,CPU将它与温度设定值比较,并按某种控制规律(如PID)对二者的差值进行运算,将运算结果(数字量)送给模拟量输出模块,经D/A转换后变为电流或电压信号,用来调节控制燃气的电动调节阀的开度,实现对温度的闭环控制。

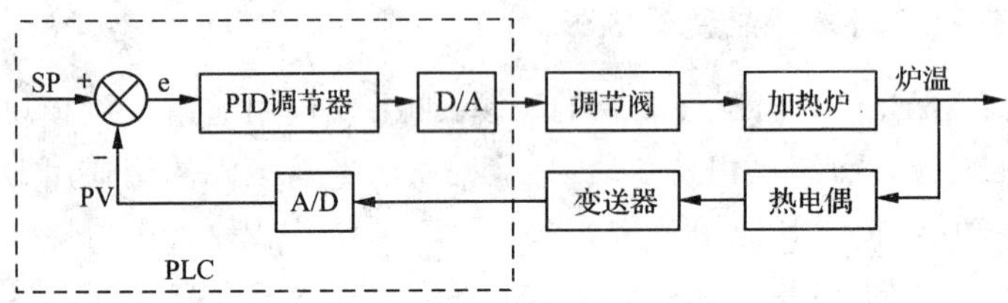

图15-1 炉温闭环控制系统

有的PLC有温度检测模块,温度传感器(热电偶或热电阻)与它们直接相连,省去了变送器。

大中型PLC可以配置成百上千个模拟量通道;它们的D/A、A/D转换器一般是12位的。模拟量I/O模块的输入、输出信号可以是电压,也可以是电流;可以是单极性的,如0~5 V、0~10 V、1~5 V、4~20 ms,也可以是双极性的,如±50 mV、±5 V、±10 V和±20 mA,模块一般可以输入多种量程的电流或电压。

A/D、D/A转换器的二进制位数反映了它们的分辨率,位数越多,分辨率越高,例如8位A/D转换器的分辨率为$2^{-8}=0.39\%$;模拟量输入/输出模块的另一个重要指标是转换时间。

1. FX系列的12位模拟量输入/输出模块的公共特性

除FX2N-3A和FX1N-8AV-BD/FX2N-8AV-BD的分辨率是8位、FX2N-8AD是16位以外,其余的模拟量输入/输出模块和功能扩展板均为12位。电压输入时(如0~10 V DC,0~5 V DC),模拟量输入电路的输入电阻为20 kΩ;电流输入时(如4~20 mA),模拟量输入电路的输入电阻为250 Ω。

模拟量输出模块在电压输出时的外部负载电阻为2 kΩ/~1 MΩ,电流输出时小于500 Ω。12位模拟量输入在满量程时(如10 V)的数字量转换值为4 000。未专门说明时,满量程的总体精度为±1%。

PLC内可安装一块功能扩展板，其体积小巧，价格低廉，它可以和价格也很低廉的显示模块安装在一起。

2. 模拟量输入扩展板 FX1N-2AD-BD

FX1N-2AD-BD有2个12位的输入通道，输入为0～10 V DC和4～20 mA DC，转换速度为1个扫描周期，没有隔离，不占用的I/O点，适用于FX1S和FX1N。

3. 模拟量输出扩展板 FX1N-1DA-BD

FX1N-1DA-BD有1个12位的输出通道，输出为0～10 V、0～5 V DC和4～20 mA DC，转换速度为1个扫描周期，没有隔离；不占用I/O点，适用于FX1S和FX1N。

4. 模拟量设定功能扩展板 FX1N-8AV-BD/FX2N-8AV-BD

模拟量设定功能扩展板上面有8个电位器，可用应用指令VRRD读出电位器设定的8位 二进制数，用作计数器、定时器等的设定值。电位器上有11挡刻度，根据电位器所指的位置，利用应用指令VRSC，可将电位器当作选择开关使用。FX1N-8AV-BD适用于FX1N和FX2N，FX2N-8AV-BD适用于FX2N。

5. 模拟量输入输出模块 FX2N-3A

FX2N-3A是8位模拟量输入/输出模块，有2个模拟量输入通道，1个模拟量输出通道。输入为0～10 V DC和4～20 mA DC，输出为0～10 V、0～5 V DC和4～20 mA DC，模拟电路和数字电路间有光电隔离，但是各输入端子或各输出端子之间没有隔离。它占用8个I/O点，可用于除FX1S之外的机型。

6. 模拟量输入模块 FX2N-2AD 和 FX2N-4AD

FX2N-2AD有2个12位模拟量输入通道，输入量程为0～10 V、0～5 V DC和4～20 mA DC，转换速度为2.5 ms/通道。

FX2N-4AD有4个12位模拟量输入通道，输入量程为－10～10 V和4～20 mA DC，转换速度为15 ms/通道或6 ms/通道(高速)。它们的模拟电路和数字电路间有光电隔离，占用8个I/O点。可用于除FX1S之外的PLC。

7. 模拟量输入和温度传感器输入模块 FX2N-8AD

FX2N-8AD提供8个16位(包括符号位)的模拟量输入通道，输入为－10～＋10 V和－20～＋20 mA DC电流或电压，或K、J和T型热电阻，输出为有符号16进制数，满量程的总体精度为±0.5%。电压电流输入时的转换速度为0.5 ms/通道，有热电偶输入时为1 ms/通道，热电偶输入通道为40 ms/通道。模拟和数字电路间有光电隔离，占用8个I/O点，可用于除FX1S之外的机型。

8. PT-100 型温度传感器用模拟量输入模块 FX2N-4AD-PT

FX2N-4AD-PT提供三线式铂电阻PT-100，有12位4通道，驱动电流为1 mA(恒流方式)，分辨率为0.2～0.3 ℃，综合精度为1%(相对于最大值)。它里面有温度变送器和模拟量输入电路，对传感器的非线性进行了校正。测量单位可用摄氏度或华氏度表示，额定温度范围为－100～＋600 ℃，输出数字量为－1 000～＋6 000，转换速度为15 ms/通道，模拟和数字电路间有光电隔离，在程序中占用8个I/O点，可用于除FX1S之外的机型。

9. 热电偶温度传感器用模拟量输入模块 FX2N-4AD-TC

FX2N-4AD-TC有12位4通道，可与K型(－100～＋1 200 ℃)和J型(－100～

600 ℃)热电偶配套使用,K 型的输出数字量为 1 000～＋12 000,J 型的输出数字量为－1 000～＋6 000。K 型的分辨率为 0.4 ℃,J 型的为 0.3 ℃。综合精度为 0.5%(满刻度＋1 ℃),转换速度为 240 ms/通道,在程序中占用 8 个 I/O 点。模拟和数字电路间有光电隔离,可用于除 FX1S 之外的机型。

10. 模拟量输出模块 FX2N-2DA

FX2N-2DA 有 12 位 2 通道,输出量程为 0～10 V、0～5 V DC 和 4～20 mA DC,转换速度为 4 ms/通道,在程序中占用 8 个 I/O 点。模拟和数字电路间有光电隔离,可用于除 FX1S 之外的机型。

11. 模拟量输出模块 FX2N-4DA

FX2N-4DA 有 12 位 4 通道,输出量程为－10～＋10 V 和 4～20 mA DC,转换速度为 2.1 ms/4 通道,在程序中占用 8 个 I/O 点。模拟电路和数字电路间有光电隔离,可用于除 FX1S 之外的机型。

12. 温度调节模块 FX2N-2LC

FX2N-2LC 有 2 通道温度输入和 2 通道晶体管输出,可提供自调整的 PID 控制、两位式控制和 PI 控制,电流探测器可检查出断线故障。可使用多种热电偶和热电阻,有冷端温度补偿,分辨率为 0.1 ℃,控制周期为 500 ms。在程序中占用 8 个 I/O 点,模拟和数字电路间有光电隔离,可用于除 FX1S 之外的机型。

二、特殊功能模块的指令

1. 读指令

读指令 FROM 的目标操作数为 Kny、KnM、KnS、T、C、D、V 和 Z。

当图 15-2 中的 X003 为 ON 时,将编号为 m1(0～7)的特殊功能模块内编号为 m2(0～32 767)开始的 n 个缓冲寄存器的数据读入 PLC,并存入[D]开始的 n 个数据寄存器中。

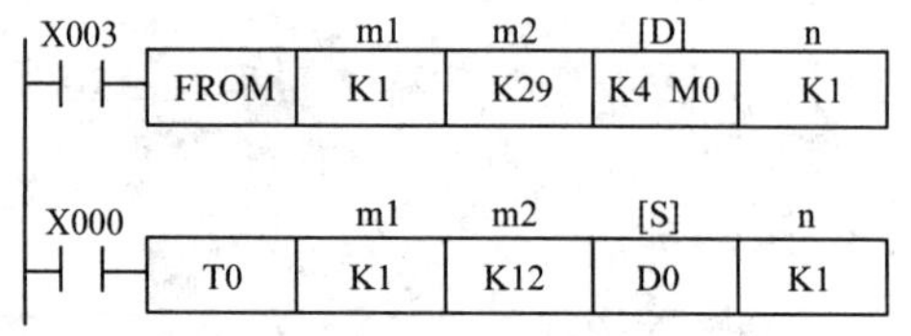

图 15-2　特殊功能模块的读/写指令

接在 FX 系列 PLC 基本单元右边扩展总线总线上的功能模块,从最靠近本单元的那个开始,其编号依次为 0～7。n 是待传送数据的字数,n=1～32(16 位操作)或 1～16(32 位操作)。

2. 写指令

写指令 TO 的源操作数可取所有的数据类型,m1、m2、n 的取值范围与读特殊功能模块指令相同。

当图 15-2 中的 X000 为 ON 时,将 PLC 基本单元中从[S]指定的元件开始的 n 个字的数据写到编号为 m1 的特殊功能模块中编号 m2 开始的 n 个缓冲寄存器中。

当 M8028 为 ON 时,在 FROM 和 TO 指令执行过程中,禁止中断;在此期间发生的中断在 FROM 和 TO 指令执行完成执行。M8028 为 OFF 时,在 FROM 和 TO 指令执行过程中,不禁止中断。

项目十六

可编程控制器的网络通信

一、FX 系列的串行通信接口

PLC 的通信包括 PLC 之间、PLC 与上位计算机和其他智能设备之间的通信，图 16-1 所示为 FX2N 系列 PLC 的网络与数据通信接口。

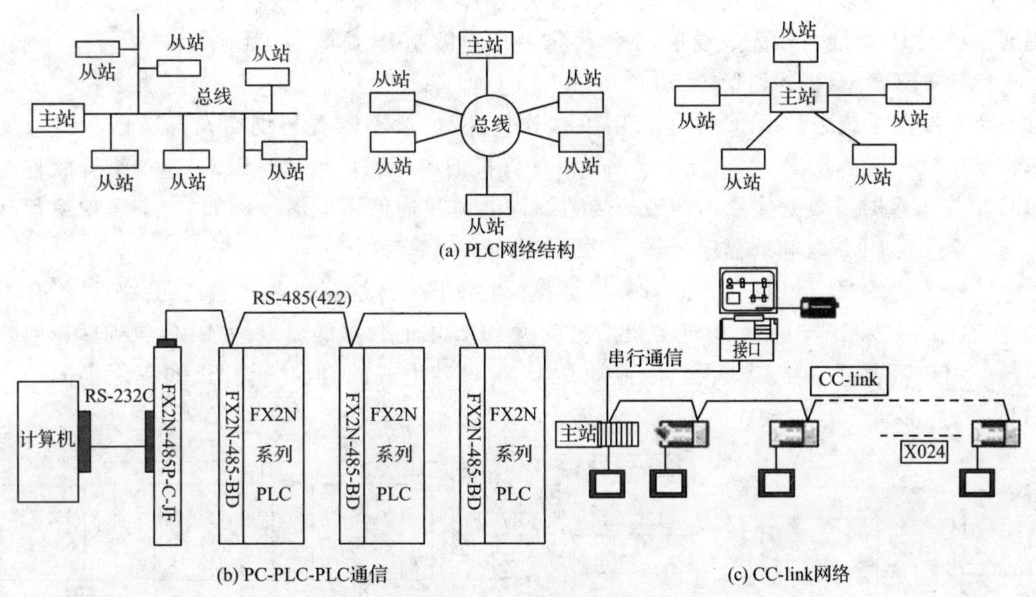

图 16-1　FX2NPLC 的网络与数据通信接口

1. RS-232C 通信用功能扩展板与通信模块

RS-232C 的传输距离为 15 m，最大传输速率为 19 200 bit/s。FX 系列 PLC 可通过专用协议或无协议方式与各种 RS-232 设备通信，可连接外部编程工具或图形操作终端(GOT)。

FX1N-232-BD 通信用功能扩展板的价格低廉(仅 300 元左右)，可安装在 FX 系列 PLC 的内部，通信的双方没有光电隔离。

FX2N-232IF 是 RS-232C 通信接口模块，有光电隔离，可用于 FX2N 和 FX2NC。通信中可指定两个或更多的起始字符和结束字符。收发信息时进行十六进制数和 ASCII 码之间的自动转换，数据长度大于接收缓冲区的长度时也可以连续接收，FX2N-232ADP 是RS-232C 适配器，可用于各种 FX 系列 PLC。

FX2N-232AWC 和 FX2N-232AW 是带光电隔离的 RS-232C 和 RS-422 转换接口，便于计算机和其他外围设备连接到 FX 系列的编程器接口。

2. FX1N-422-BD/FX2N-422-BD 通信功能扩展帧

FX1N-422-BD/FX2N-422-BD 通信功能扩展帧可用于 RS-422 通信，也可用作编程工具的连接端口，无光电隔离，使用编程工具的通信协议。

3. RS-485 通信用适配器与通信用功能扩展帧

FX1N-485-BD/FX2N-485-BD 是 RS-485 通信用的功能扩展帧，前者为半双工，后者为全双工。其传输距离为 50 m，最大传输速率为 19 200 bit/s。N:N 网络可达 38 400 bit/s。

FX1N-485ADP 是 RS-485 光电隔离型通信适配器，其最大传输速率为 19 200 bit/s。N:N 网络可达 38 400 bit/s，传输距离为 500 m，可用于各种系列的 FX 系列 PLC。

FX-485PC-IF 是 RS-485 转换接口，用于计算机与 FX 系列 PLC 通信，一台计算机最多可与 16 台 PLC 通信。

二、PLC 的专用通信协议

各 PLC 厂家为了方便用户的使用，设置了各种专用的通信协议和无协议通信指令。专用通信协议 PLC 能自动完成通信任务，不需要用户编制 PLC 的通信程序。

1. 与 PLC 计算机的通信

小型控制系统中的 PLC 除了使用编程软件外，一般不需要与别的设备通信。PLC 的编程器接口一般都是 RS-422 或 RS-485，而计算机的串行通信接口是 RS-232C，编程软件与 PLC 交换信息时需要配接专用的带转接的编程电缆或通信适配器。例如，为了实现编程软件与 FX 系列 PLC 之间的程序传送，需要使用 SC-09 编程电缆。

三菱公司的 Computer Link（计算机链接）可用于一台计算机与一台或最多 16 台 PLC 的通信（图 16-2 和图 16-3），由计算机发出读写 PLC 中的数据的命令帧，PLC 收到后返回响应帧。用户不需要对 PLC 编程，响应帧是 PLC 自动生成的，但是上位机的程序仍需用户编写。

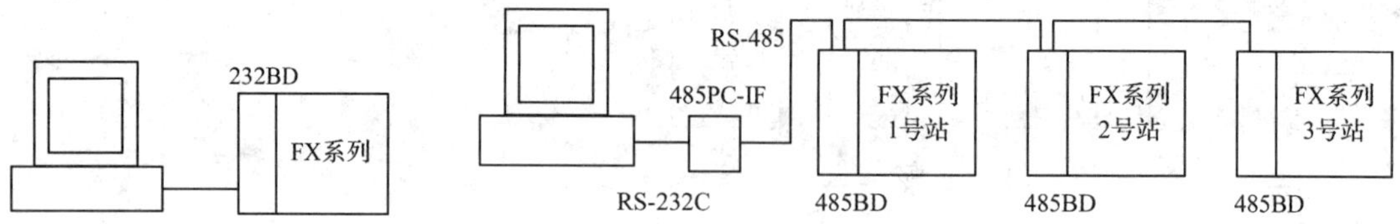

图 16-2 计算机连接通信　　图 16-3 计算机与多台 PLC 连接通信

如果上位计算机使用组态软件，则后者可提供常见 PLC 的通信驱动程序，用户只需在组态软件中进行一些简单的设置，PLC 侧和计算机侧都不需要用户设计通信程序。

2. PLC 与其他智能设备的通信

大多数 PLC 都有一种串行接口无协议通信指令，如 FX 系列的 RS 指令，它们用于 PLC 与上位计算机或其他 RS-232C 设备的通信。这种通信方式最为灵活，PLC 与 RS-232C 设备之间可以使用用户自定义的通信规约，但是 PLC 的编程工作量较大，对编程人员的要求较高。如果不同厂家的设备使用的通信规约不同，即使物理接口都是 RS-485，也不能将它们接在同一网络内,在这种情况下一台设备要占用PLC的一个通信接口。

3. PLC与PLC之间的通信

同一厂家的PLC之间的通信较为简单,可以使用专用的通信协议,如三菱Parallel Link(并联连接)可实现两台FX系列PLC之间的信息自动交换,不需要用户编写通信程序,用户只需要设置与通信有关的参数,两台计算机之间就可以自动地传送100点辅助继电器或10点数据寄存器的数据,高速模式时的通信时间间隔为20 ms。

可以用N:N网络连接最多8台三菱PLC,一台PLC是主站,其余的为从站。数据是自动传送的,各台PLC之间共享的数据范围有三种模式:模式1共享每台PLC的4个数据寄存器;模式2共享每台PLC的32点辅助继电器和4个数据寄存器;模式3共享每台PLC的64点辅助继电器和8个数据寄存器。通信时间与PLC的台数和共享的数据量有关,2台PLC采用模式3时的通信时间间隔为34 ms,8台为131 ms。

PLC之间的并联连接和N:N连接网络如图16-4和图16-5所示。

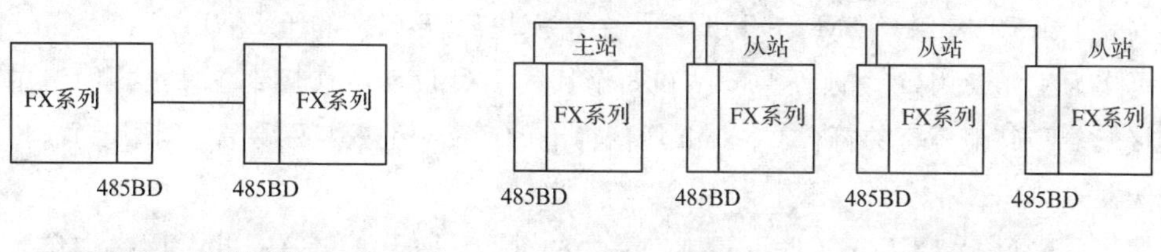

图16-4 并联连接

图16-5 N:N连接网络

4. PLC与可编程终端之间的通信

现在的可编程终端产品(如三菱GOT-900系列图形操作终端)一般都能用于多个厂家的PLC。与组态软件一样,可编程终端与PLC的通信程序也不需要由用户来编写,在为可编程终端画面组态时,只需要指定画面中的元素(如按钮、指示灯)对应的PLC编程元件的编号就可以了,二者之间的数据交换是自动完成的。

5. PLC远程I/O系统

某些系统(如仓库、料场等)被控对象的I/O装置分布范围很广,如果采用单台集中控制方式,将使用很多、很长的I/O接线,使系统成本增加,施工工作量增大,抗干扰能力降低,这类系统可以采用远程I/O控制方式。在CPU单元之间信息的交换只需要很少几根电缆线。远程I/O分散安装在被控对象的I/O装置附近,它们之间的接线很短,但是使用远程I/O时需要增设通信接口模块。远程I/O与CPU单元之间的信息交换是自动进行的,用户程序在读写远程I/O中的数据时,就像读写本地I/O一样方便。

FX2N系列可通过FX2N-16LNKSEC I/O链接主站模块,用双绞线直接连接16个远程I/O站,网络总长为200 m,最多支持128点,I/O点刷新时间约为5.4 ms,传输速率为38 400 bit/s。

三、工厂自动化通信网络

PLC与各种智能设备可以组成通信网络,以实现信息的交换,PLC或远程I/O模块各自放置在生产现场进行分散控制,然后用网络连接起来,构成集中管理的分布式网络系统。

有以太网的控制网络还可以与MIS(管理管理系统)融合,形成管理控制一体化网络。

大型控制系统(如发电站综合自动化系统)一般采用三层网络结构,最高层是以太网,第2层是PLC厂家提供的通信网络或现场总线,如西门子的Profibus、Rockwell的ControlNet、三菱的CC Link、欧姆龙的Controller Link等。底层是现场总线,如CAN总线、DeviceNet和AS-I(执行器传感器接口)等。较小型的系统可能只使用底层的通信网络,更小的系统用串行通信接口(如RS-232C、RS-422和RS-485)实现PLC与计算机和其他可编程设备之间的通信。

FX2N可接入四种开放式网络,即CC-Link、Profibus、DeviceNet和AS-I网络。FX1N可接入CC-Link和AS-I网络。

1. CC-Link网络通信模块

CC-Link的最高传输速率为10 Mbit/s,最长距离为1 200 m(与传输速率有关)。该模块采用光电隔离,占用8个输入/输出点。

安装了FX2N-32CCL-M CC-link系统主站模块后,FX1N和FX2NPLC在CC-Link网络中可作为主站使用,7个远程I/O站和8个远程I/O设备可连接到主站上。网络中还可以连接三菱和其他厂家的符合CC-link通信标准的产品,例如变频器、AC伺服装置、传感器和变送器等。

使用FX2N-32 CCL-M CC-link接口模块的FX系列PLC在CC-link网络中作为远程设备站使用。一个站点中有32个远程输入点和32个远程输出点。

2. 现场总线Profibus

Profibus是开放式的现场总线,已被纳入现场总线的国际标准IEC 61158。Profibus由三个系列组成:Profibus-DP特别适用于PLC与现场级分散的远程I/O设备之间的快速数据交换通信;Profibus-PA用于与过程自动化的现场传感器和执行器进行低速数据传输,使用屏蔽双绞线电缆,由总线提供电源,通过本地安全总线供电,可用于危险区域的现场设备;Profibus-FMS用于不同供应商的自动化系统之间的传输数据,处理单元级(PLC和PC)的通用控制层多可发送或接收20个字的数据,它使用TO/FROM命令与FX系列PLC进行通信,占用8个I/O点,传输速率可达12 Mbit/s,最长距离为1 200 m。

FXON-32NT_DP Profibus接口模块可将FX2N的PLC作为从站连接到Profibus-DP网络中,从主站最多可发送或接收20个字的数据。

FX2N_DP-IF Profibus接口模块用于将用多8个FX2N数字I/O专用功能模块连接到Profibus-DP网络中,最多有256个I/O点。一个总线周期可发送或接收200个字节的数据。

3. 现场总线DeviceNet

DeviceNet是美国RockWell公司在现场总线CAN(控制器网络)总线的基础上推出的一种低成本、高可靠性的低端网络系统。

DeviceNet已被纳入IEC 62026标准,最多可连接64个节点,可实现点对点、多主或主/从通信,可带电更换网络节点,在线修改网络配置。

FX2N-64DNET 模块将 FX2NPLC 作为从站连接到 DeviceNet 网络中，可使用双绞线屏蔽电缆，最高传输速率为 500 kbit/s，占用 8 个 I/O 点。

4. AS-I 网络

AS-I(执行器/传感器)接口是一种通用的现场总线标准(EN 50295)，其响应时间$<$5 ms，使用未屏蔽的双绞线，由总线提供电源。AS-I 用两芯电缆连接现场的传感器和执行器，当前世界上主要的传感器和执行器生产厂家都支持 AS-I。

三菱的 FX2N-32ASI-M 是 AS-I 网络的主站模块，最长通信距离为 100 m，使用两个中继器可扩展到 300 m。最大传输速率为 167 kbit/s，FX2N-32ASI-M 模块最多可接 31 个从站，可用于除 FX1S 以外的 PLC，占用 8 个 I/O 点。

第三篇习题

1.选择题

(1)OUT 指令对于(　　)是不能使用的。

A. 输入继电器　B. 输出继电器　C. 辅助继电器　D. 状态继电器

(2)串联电路块并联连接时,分支的结束用(　　)指令。

A. AND/ADI　B. OR/ORI　C. ORB　D. ANB

(3)使用(　　)指令,元件 Y、M 仅在驱动断开后的一个扫描周期内动作。

A. PLS　B. PLF　C. MPS　D. MRD

(4)状态的顺序可以自由选择,但在一系列的 STL 指令后,必须写入(　　)指令。

A. MC　B. MRC　C. RET　D. END

(5)(　　)是指 PLC 每执行一遍从输入到输出所需的时间。

A. 8　B. 扫描周期　C. 设定时间　D. 32

(6)对于 STL 指令后的状态 S,OUT 指令与(　　)指令具有相同的功能。

A. OFF　B. SET　C. END　D. NOP

(7)助记符后附的(　　)表示脉冲执行。

A. (D)符号　B. (P)符号　C. (V)符号　D. (Z)符号

(8)功能指令(　　)表示主程序结束。

A. RST　B. END　C. FEND　D. NOP

(9)三菱 FX 系列 PLC 普通输入点的输入响应时间约为(　　)。

A. 100 ms　B. 10 ms　C. 15 ms　D. 30 ms

(10)国内外 PLC 各生产厂家都把(　　)作为第一用户编程语言。

A. 梯形图　B. 指令表　C. 逻辑功能图　D. C 语言

(11)FX 系列 PLC 中 PLF 表示(　　)指令。

A. 下降沿　B. 上升沿　C. 输入有效　D. 输出有效

(12)FX 系列 PLC 中 RST 表示(　　)指令。

A. 下降沿　B. 上升沿　C. 复位　D. 输出有效

(13)FX 系列 PLC 中,16 位加法指令应用(　　)。

A. DADD　B. ADD　C. SUB　D. MUL

(14)FX 系列 PLC 中,32 位乘法指令应用(　　)。

A. DADD　B. ADD　C. DSUB　D. DMUL

(15)FX 系列 PLC 中,16 位除法指令应用(　　)。

A. DADD　B. DDIV　C. DIV　D. DMUL

(16)FX 系列 PLC 中,位左移指令应用(　　)。

A. DADD　B. DDIV　C. SFTR　D. SFTL

2. 将语句表转换为梯形图

(1)

```
0    LD     X000
1    OR     Y000
2    ANI    T10
3    OUT    Y000
4    LD     Y000
5    ANI    X010
6    OUT    T10       K100
```

(2)

```
0    LD     X000
1    LD     X001
2    LD     X002
3    AND    X003
4    ORB
5    ANB
6    LD     X004
7    OR     X005
8    AND    X006
9    ORB
10   OR     X007
11   OUT    Y000
```

(3)

```
0    LD     X000
1    AND    X001
2    ANI    X002
3    OR     X003
4    OUT    Y001
5    OUT    Y002
6    LD     X004
7    AND    X005
8    LD     X006
9    AND    X007
10   ORB
11   OUT    Y002
12   LD     X010
13   OR     X011
14   AND    X012
15   OUT    Y003
```

(4)

```
0    LD     X000
1    ANI    X002
2    OR     X004
3    OUT    Y000
4    LD     X001
```

5	OR	X003
6	LD	X005
7	OR	X007
8	ANB	
9	OUT	Y002

(5)

0	LD	X000	11	ORB	
1	MPS		12	ANB	
2	LD	X001	13	OUT	Y001
3	OR	X002	14	MPP	
4	ANB		15	AND	X007
5	OUT	Y000	16	OUT	Y002
6	MRD		17	LD	X010
7	LDI	X003	18	ORI	X011
8	AND	X004	19	ANB	
9	LD	X005	20	OUT	Y003
10	ANI	X006			

(6)

0	LD	X000		ANB	
1	OR	Y000	9	ANI	X011
2	ANI	X001	10	OUT	Y001
3	MPS		11	LD	X020
4	AND	M0	12	OR	Y001
5	OUT	Y000	13	ANB	
6	MPP		14	ANI	X021
7	LD	X010	15	OUT	Y002
8	OR	Y001	16	END	

(7)

0	LD	X001	8	OUT	Y001
1	MPS		9	MPP	
2	ANI	M2	10	AND	X005
3	MPS		11	LDI	X006
4	AND	X003	12	OR	X007
5	OUT	Y000	13	ANB	
6	MPP		14	OUT	Y002
7	ANI	X004	15	END	

(8)

0	LD	X001	6	OUT	Y001	
1	OR	Y001	7	MRD		
2	ANI	X000	8	AND	X002	
3	OR	X003	9	OUT	T1	K40
4	MPS		12	MPP		
5	ANI	T1	13	OUT	Y002	

(9)

```
0    LD    X000
1    ANI   M0
2    OUT   M0
3    LDI   X000
4    RST   C0
6    LD    M0
7    OUT   C0    K8
10   LD    C0
11   OUT   Y000
```

3. 将梯形图转换为语句表

(1)

X000 X001 X005 Y000
X002 X003 X006 X007
X004
X010

(2)

X000 X001 Y000
Y000 Y001
X002

(3)

0 X000 Y002
X001
M0
4 Y002 X003 X005 Y003
M1
M2

(4)

```
0  X000  X001  X002                    ( Y000 )
   X003
5  X010                                [ SET   M100 ]
7  X013                                [ RST   M100 ]
```

(5)

```
0  X000  X001  X002                    ( Y000 )
               X003                    ( Y001 )
         X004  X005                    ( Y002 )
         X006                          ( Y003 )
```

(6)

```
0  X000                                [ PLS   M0 ]
3  M0    Y000                          ( Y000 )
   M0    Y000
9                                      [ END ]
```

4. 设计梯形图

(1)

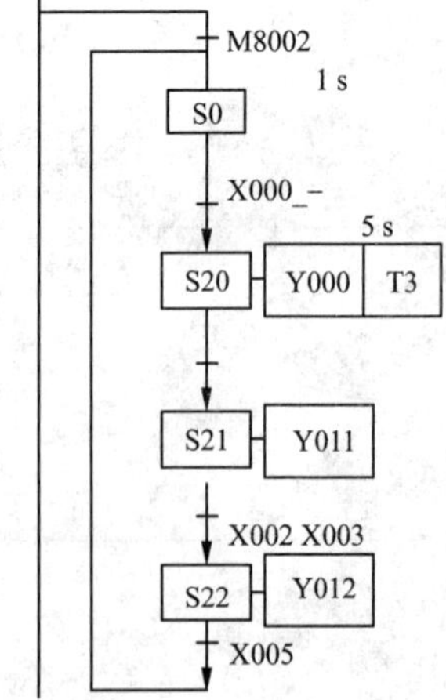

(2)

M8002
1 s
步 0
M0
Y000
X000
1 s
步 1
M1
Y001
X001
1 s
步 2
M2
Y002
X002
END

(3)

M8002
1 s
M0
X000
X003
M20
Y010
X001
M21
Y011
X002 X003
M22
Y012
X005

(4)

M8002
2 s
S0
T0
T0
2 s
S21
T1
S23
T3
T1
T3
2 s
S22
T2
S24
T2
2 s
S25
T5
T3

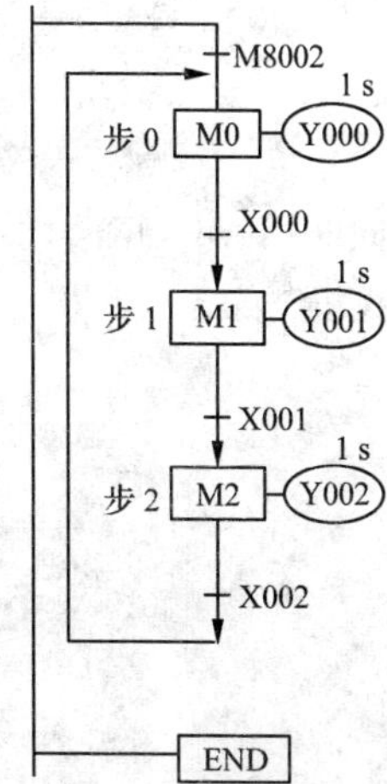

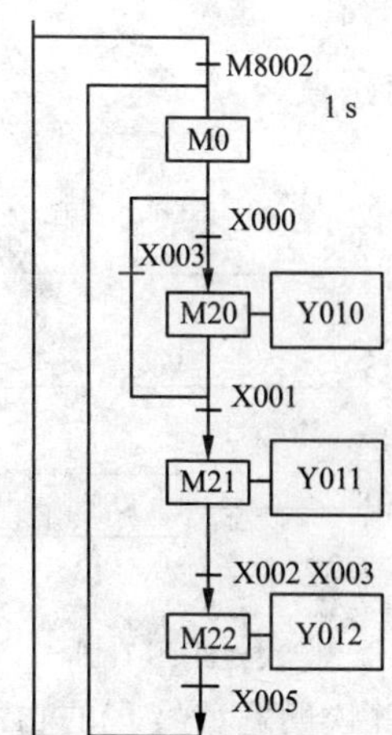

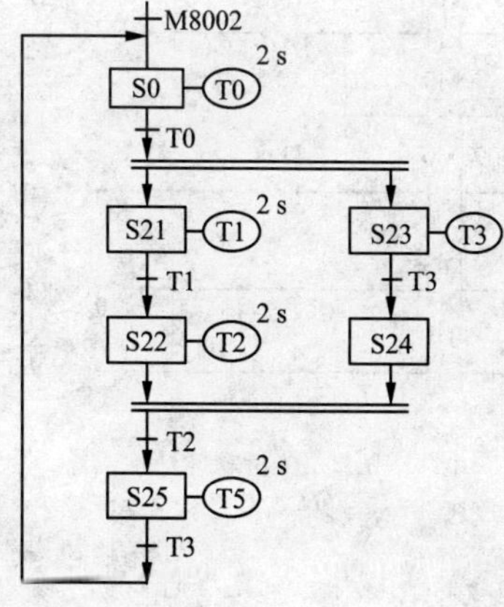

5. 分析题

(1)根据下述指令表可知,Y000 和 Y001 的输出是(　　　)。

A. X000、X001 同时 ON

B. X000 ON 15 s 后 X001 ON

C. X000 ON 15 s 后 X001 ON,同时 X001 OFF

D. X000、X001 同时 ON 15 s 后 OFF

```
0    LD    X000
1    ANI   X001
2    ANI   Y001
3    OUT   Y000
4    OUT   T0    K150
7    LD    T0
8    ANI   X001
9    ANI   Y000
10   OUT   Y001
11   END
```

(2)分析图 1 所示定时器的工作原理。

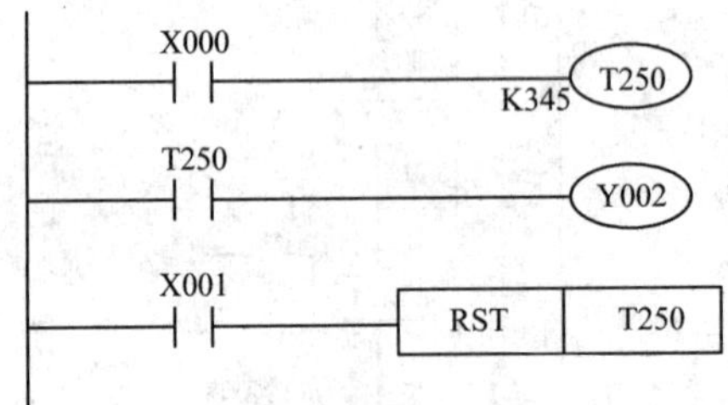

图 1　分析题(2)图

(3)分析图 2 所示定时器程序,并说明它所实现的功能。

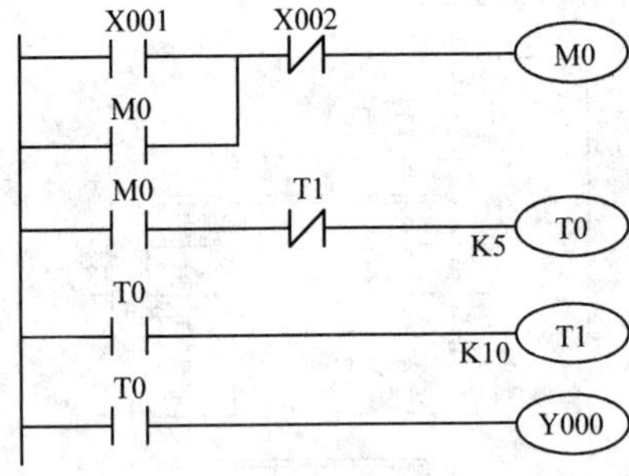

图 2　分析题(3)图

(4)使用 MC 和 MCR 指令有哪些注意事项？根据图 3 所示梯形图写出对应的指令表。

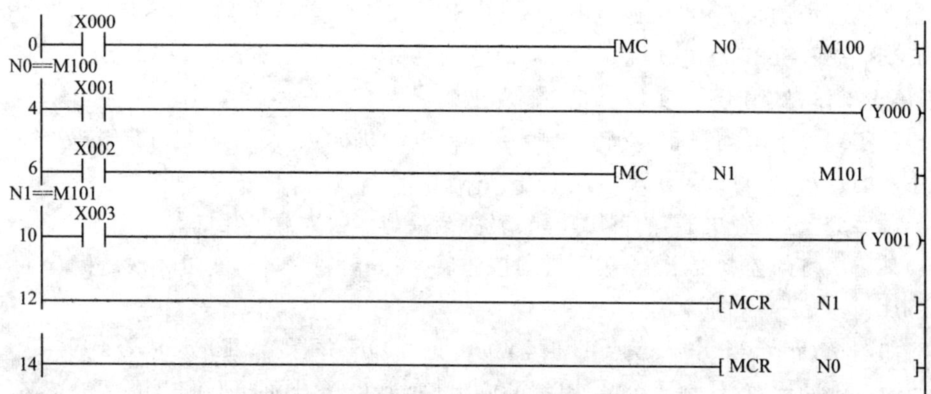

图 3　分析题(4)图

(5)指出图 4 所示功能指令中各符号的含义及其操作数。

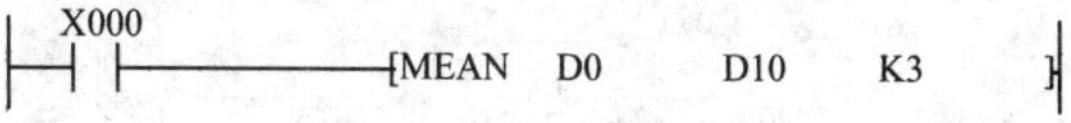

X000
[MEAN D0 D10 K3]

图 4　分析题(5)图

(6)指出图 5 所示功能指令执行的结果。

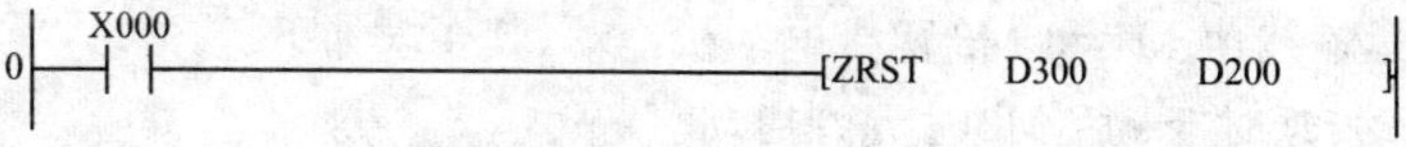

X000
0 [ZRST D300 D200]

图 5　分析题(6)图

(7)某 PLC 中部分数据寄存器的数据分布见表 1(高位省略部分为 0)，则分别对图 6 所示指令进行一次操作后，上述数据寄存器中的数据将怎样变化？

表 1　　某 PLC 中部分数据寄存器的数据分布

D10	D11	D12	D13	D14	D15	D16	D17
…0110	…1100	…0011	…1001	…1010	…1111	…0001	…0101

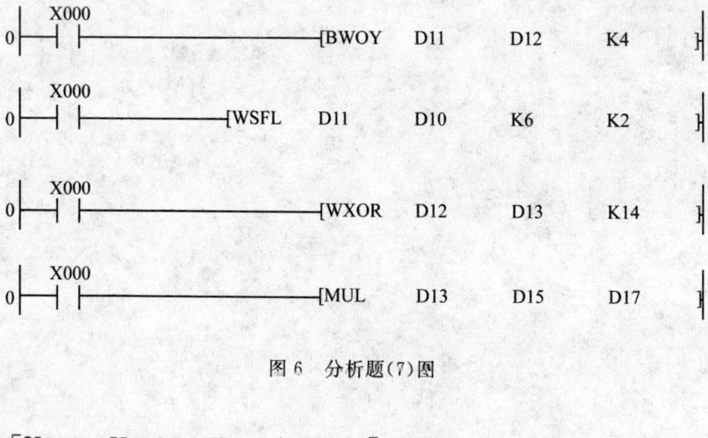

X000
0 [BWOY D11 D12 K4]

X000
0 [WSFL D11 D10 K6 K2]

X000
0 [WXOR D12 D13 K14]

X000
0 [MUL D13 D15 D17]

图 6　分析题(7)图

6. 编程题

(1)Y000＝[X000・X002・(X003＋X004)]＋(X005・X006)

(2)Y000＝X000(X002＋X004)(X001＋X003)

7. 简答题

(1)在某一控制系统中,SB0为停止按钮,SB1、SB2为启动按钮,当按下SB1时电动机M1启动;再按下SB2时,电动机M2启动而电动机M1仍然工作;如果按下SB0,则两台电动机都停止工作,试用PLC实现上述控制功能。

(2)试实现以下电动机正/反转控制:用一台电动机的正/反转控制方向相反的两个运动,如小车的左行、右行以及机械手的上升、下降等。

(3)试完成“三人表决器”的逻辑功能:表决结果与多数人意见相同。

(4)某指示灯的控制要求为:按下启动按钮后,亮5 s,熄灭3 s,重复4次后停止工作,试设计梯形图。

(5)如图7所示,当X000为ON时,Y000变为ON并保持,T0定时7 s后,用C0对X001的输入脉冲计数,计满4个脉冲后,Y000也变为OFF,同时C0和T0被复位,在PLC刚开始执行用户程序时,C0也被复位,试设计梯形图并写出指令表。

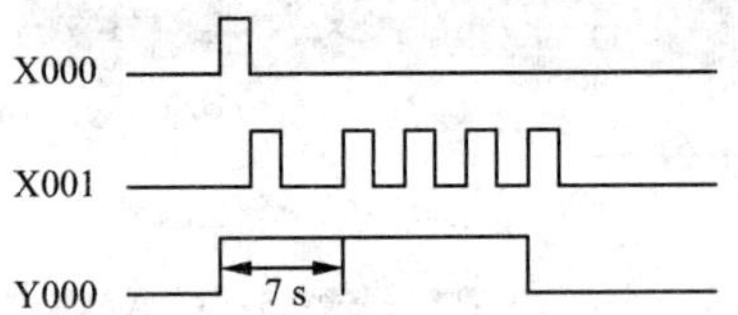

图7 习题11图

(6)某自动运输线由M1和M2两台电动机拖动,其要求如下:

①M1先启动,延时5 s后M2才允许启动。

②M2停止后,才允许M1停止。

③两台电动机均有短路、长期过载保护。

试设计其梯形图并写出指令表。

第四篇

工程应用篇

工程应用篇导论

可编程控制器已广泛地应用于各行各业，用以实现工业生产过程的自动控制。随着PLC产品的发展，其应用范围越来越广。目前，PLC主要应用于以下方面：

1. 开关量逻辑控制

开关量逻辑控制是PLC最早也是最基本的应用，PLC可灵活地应用于逻辑控制、顺序控制，尤其是利用PLC取代常规的继电器逻辑控制。例如机床电气控制、电动机控制、高炉上下料、自动电梯升降、港口及码头的货物存放与提取、采矿业的皮带运输等的控制，既可实现单机控制，也可用于多机群和生产线的控制。

2. 模拟量过程控制

除了开关量逻辑控制之外，PLC还能控制连续变化的模拟量，例如温度、压力、流量、速度、液位、电压以及电流等；大、中型PLC还具有PID控制功能，可实现对模拟量的闭环过程控制。

3. PLC配合数字控制

PLC和机械加工中的数字控制（NC）及计算机数控（CNC）组成一体，实现了PLC和CNC设备间的内部数据自由传送。通过窗口软件，用户可以独自编程，由PLC传送至CNC使用。从发展趋势看，CNC系统将变成以PLC为主体的控制和管理系统。

4. 工业机器人控制

随着工厂自动化网络的形成，机器人将越来越多地被用于自动化生产线上。对机器人的控制，许多厂家已采用PLC来实现。

5. 组成多级控制系统

近年来，随着计算机控制技术的发展，国外正兴起工厂自动化（FA）网络系统，相继开发了大型PLC组成全自动化系统。例如FMC（柔性制造单元）、FMS（柔性制造系统）、CIMS（计算机集成制造系统），形成了以计算机为中心的分层分布式控制系统。基层由中、小型PLC和CNC等组成，中层由大型PLC进行单元控制的数据采集管理、调度和协调控制，上层由计算机进行总体管理、接收各种信息、处理数据、发送命令、完成全自动化作业控制。

用PLC完成对生产过程自动控制的步骤如下：

(1)绘制工艺流程图和动作顺序表

设计一个PLC控制系统时，首先必须详细分析控制过程与控制要求，确定被控系统必须完成的动作及完成这些动作的顺序，绘制工艺流程图和动作顺序表。

对PLC而言，首先必须了解哪些是输入量，用什么传感器等来反映和传送输入信号；哪些是输出量（被控量），用什么执行元件或设备接收PLC传送出的信号。常见的输入/输出类型见表1。

表1　常见的输入/输出类型

类型		示例
输入	开关量	操作开关、行程开关、光电开关、继电器触点、按钮
	模拟量	流量、压力、温度等传感器信号
	中断	限位开关、事故信号、停电信号、紧急停止信号等
	脉冲量	串行信号、各种脉冲源
	字输入	计算机接口、键盘、其他数字设备
输出	开关量	继电器、指示灯、接触器、电磁阀、制动器、离合器
	模拟量	晶闸管触发器，流量、压力、温度等记录仪表，比例调节阀
	字输出	数字显示管、计算机接口、CRT接口、打印机接口

(2)选择PLC

在选择PLC时，主要考虑以下方面：

①功能的选择　对于小型的PLC，主要考虑I/O扩展模块、A/D与D/A模块以及指令功能（如中断、PID等）。

②I/O点数的确定　统计被控制系统的开关量、模拟量的I/O点数，并考虑以后的扩充（一般加上10%～20%的备用量），从而选择PLC的I/O点数和输出规格。

③内存容量的估算　用户程序所需的内存容量主要与系统的I/O点数、控制要求、程序结构长短等因素有关。其估算公式为

内存容量＝开关量输入点数×10＋开关量输出点数×8＋模拟通道数×100＋定时器/计数器数量×2＋通信接口个数×300＋备用量

(3)I/O分配

一般在工业现场，各输入接点和输出设备都有各自的代号，PLC内的I/O继电器也有编号。为使程序设计、现场调试和查找故障方便，要统一制作一个已确定下来的现场I/O信号的代号和分配到PLC内与其相连的输入/输出继电器号或器件号的对照表，简称I/O分配表；此外，还要确定需要的定时器和计数器等的数量。这些都是硬件设计和绘制梯形图的主要依据。

(4)绘制PLC与现场器件的实际连线图

绘制系统其他部分的电气线路图，包括主电路、未进入PLC的控制电路以及PLC与现场器件的实际接线图等。至此，系统的硬件电气线路已经确定。

(5)绘制梯形图

根据工艺流程，结合输入/输出分配表和安装图，绘制梯形图。设计程序要以满足系统控制要求为主线，逐一编写实现各控制功能或各子任务的程序，逐步完善系统指定的功能。

(6)按照梯形图编写指令程序

依据所选用的PLC所规定的指令系统，将梯形图的图形符号编辑成可用编程器送入PLC的代码。通常采用指令表的形式编写。

(7)系统模拟调试和完善程序

在现场调试之前，先进系统行模拟调试，以检查程序设计和程序输入是否正确。系统模拟调试是指用开关组成的模拟输入器模拟现场输入信号进行调试，通过输出指示灯来观察

程序的执行情况和相应的输出动作是否正确，如有问题可及时进行修改，然后再进行系统模拟调试，修改程序，直至完全正确为止。

(8)进行硬件系统的安装

在进行系统模拟调试的同时，进行硬件系统的安装连线。

(9)联机调试和试运行

联机调试是指将通过模拟调试的程序进一步进行在线统一调试。联机调试过程应循序渐进，按 PLC 只连接输入设备、再连接输出设备、再接上实际负载等顺序逐步进行调试。如不符合要求，则对硬件和程序加以调整。通常只需修改部分程序即可。

全部调试完毕后，应进行试运行。经过一段时间的试运行，如果工作正常、程序不需要修改，应将程序固化到 EPROM 中，以防程序丢失。

(10)整理和编写技术文件

技术文件包括设计说明书、硬件原理图、安装接线图、电气元件明细表、PLC 程序以及使用说明书等。

下面将通过具体项目介绍 PLC 在实际工程应用中的开发步骤。

项目十七

十字路口交通灯控制

一、项目

实现十字路口交通灯控制。

二、控制要求

(1)设置一个启动和停止开关 SA。

(2)当合上开关时,南北方向红灯和东西方向绿灯同时亮。南北方向红灯亮将维持 18 s;而东西方向绿灯亮先维持 12 s,接着绿灯闪烁,亮暗间隔为 0.5 s,闪烁 3 次后熄灭;变为东西方向黄灯亮,并维持 3 s 后熄灭,同时南北方向红灯也熄灭。

(3)此后,变为东西方向红灯和南北方向绿灯同时亮。东西方向红灯亮将维持 18 s;而南北方向绿灯亮先维持 12 s,接着绿灯闪烁,亮暗间隔为 0.5 s,闪烁 3 次后熄灭;变为南北方向黄灯亮,并维持 3 s 后熄灭,同时东西方向红灯也熄灭。

(4)如此周而复始地循环。

十字路口交通灯控制如图 17-1 所示。

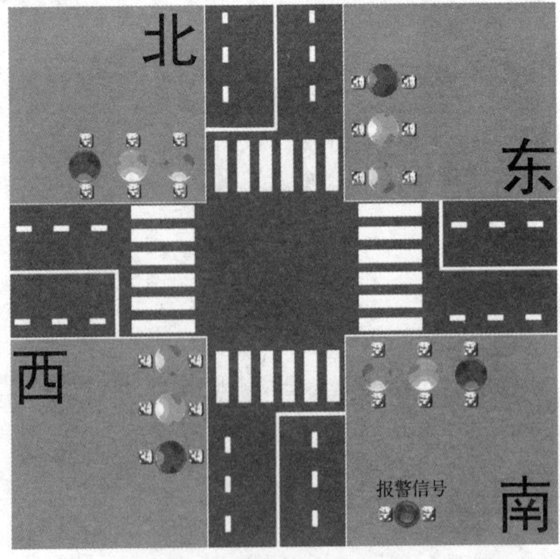

图 17-1　十字路口交通灯控制

三、过程分析

十字路口交通灯工作的时序图如图 17-2 所示。

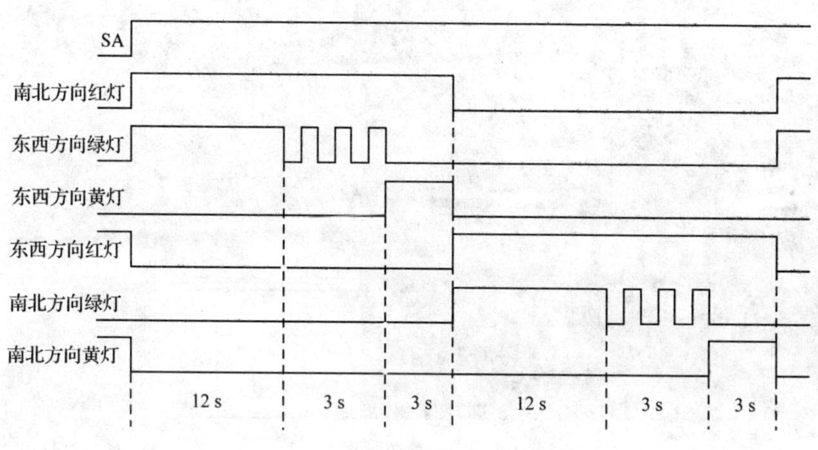

图 17-2　十字路口交通灯工作的时序图

四、PLC 选型及输入/输出分配

1. PLC 选型

十字路口交通灯有 1 个输入信号、6 个输出信号，可以选择 FX2N-32MR。

2. I/O 分配

图 17-1　　**I/O 分配**

输入(I)			输出(O)		
名称	符号	输入点	名称	符号	输出点
启/停开关	SA	X010	南北方向红灯	HL0	Y000
			东西方向绿灯	HL1	Y001
			东西方向黄灯	HL2	Y002
			南北方向绿灯	HL3	Y003
			东西方向红灯	HL4	Y004
			南北方向黄灯	HL5	Y005

五、PLC 与现场器件的实际接线图

采用机电控制软件实现的交通灯控制实物仿真接线如图 17-3 所示。

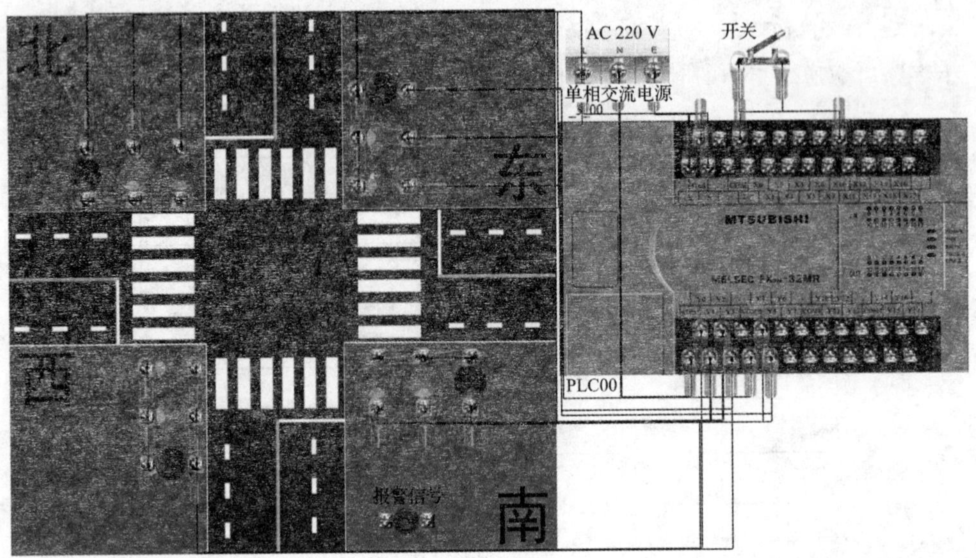

图 17-3　实物仿真接线

六、PLC 的软件设计

1. 梯形图

根据十字路口交通灯的控制要求、I/O 分配及时序图,可设计出梯形图,如图 17-4 所示。

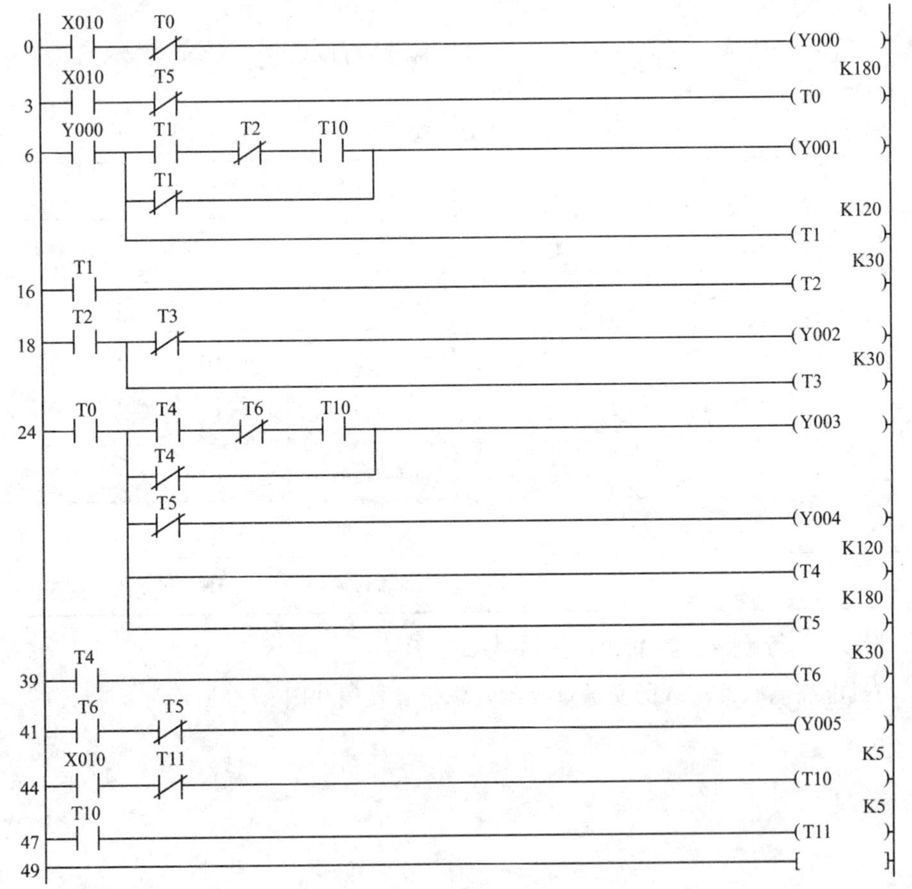

图 17-4　梯形图

2. 指令表

梯形图对应的指令表如下：

0	LD	X010	
1	ANI	T0	
2	OUT	Y000	
3	LD	X010	
4	ANI	T5	
5	OUT	T0	K180
7	LD	Y000	
8	MPS		
8	LD	T1	
9	ANI	T2	
10	AND	T10	
11	ORI	T1	
12	ANB		
12	OUT	Y001	
13	MPP		
13	OUT	T1	K120
15	LD	T1	
16	OUT	T2	K30
18	LD	T2	
19	MPS		
19	ANI	T3	
20	OUT	Y002	
21	MPP		
21	OUT	T3	K30
23	LD	T0	
24	MPS		
24	LD	T4	
25	ANI	T6	
26	AND	T10	
27	ORI	T4	
28	ANB		
28	OUT	Y003	
29	MRD		
29	ANI	T5	
30	OUT	Y004	
31	MRD		
31	OUT	T4	K120
33	MPP		
33	OUT	T5	K180
35	LD	T4	
36	OUT	T6	K30
38	LD	T6	
39	ANI	T5	
40	OUT	Y005	
41	LD	X010	
42	ANI	T11	
43	OUT	T10	K5
45	LD	T10	
46	OUT	T11	K5
48	END		

项目十八

搬运机械手控制

一、项目

实现搬运机械手控制。

二、控制要求

某用于搬运工作的机械手，其操作是将工件从左工位搬到右工位，如图 18-1 所示。机械手的工作过程如下：

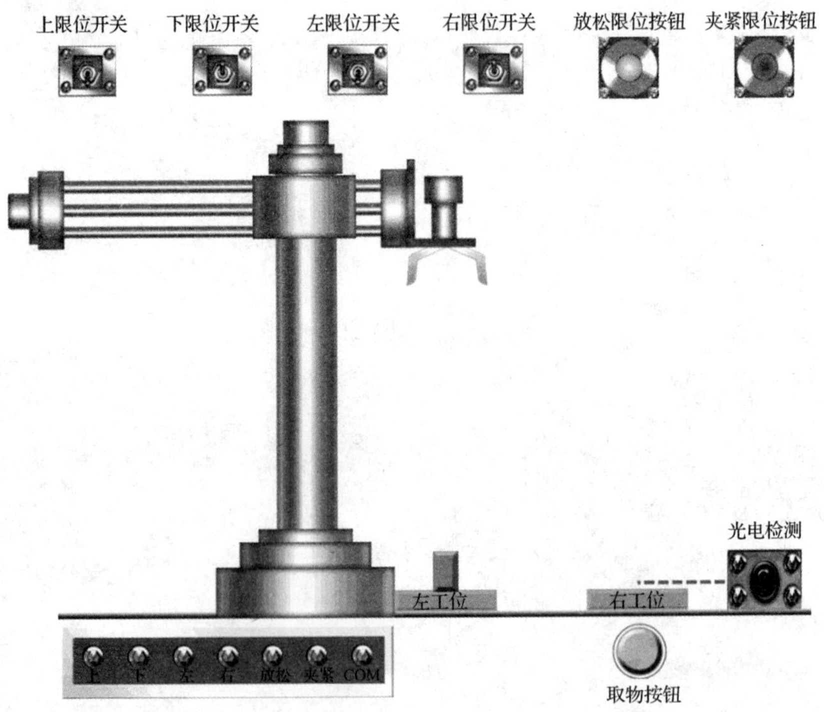

图 18-1　搬运机械手

一个循环开始时，搬运机械手必须在原位，即搬运机械手在左上方，且处于放松状态。

按下启动按钮 SB1，YA1 得电，搬运机械手先由原位下降，碰到下限位开关 ST1 后，停止下降；夹紧电磁阀 YA2 动作将工件夹紧，为保证工件可靠夹紧，搬运机械手在该位置等待 1 s；待夹紧后，搬运机械手开始上升，碰到上限位开关 ST2 后，停止上升，改为向右移动，移到右限位开关 ST3 位置时，停止右移，改为下降，至碰到下限位开关 ST1 时，搬运机械手将工件松开，放在右工作台上。为确保可靠松开，搬运机械手在该位置停留 1 s，然后上升，碰到上限位开关后改为左移，回到原位，压在左限位开关 ST4 和上限位开关 ST2 上，各电磁阀均失电，搬运机械手停在原位。再次按下启动按钮时，又重复上述过程。

上述整个流程共分为八步，都是按顺序进行的，完成了上一步，才能执行下一步。

三、工艺分析

根据要求，分析其工艺流程，如图 18-2 所示。

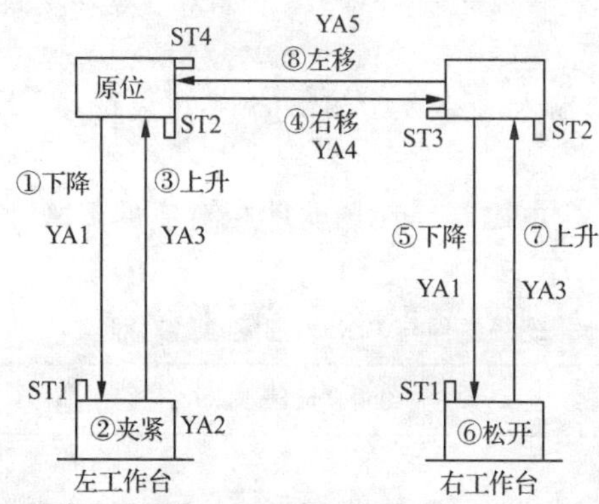

图 18-2　搬运机械手工艺流程

搬运机械手通常位于原位。不同的位置分别装有行程开关：ST1，下限位开关；ST2，上限位开关；ST3，右限位开关；ST4，左限位开关。

搬运机械手的移动以及工件的夹紧均由电磁阀驱动气缸来实现：YA1 得电，搬运机械手下降；YA2 得电，夹紧工件；YA3 得电，搬运机械手上升；YA4 得电，搬运机械手右移；YA5 得电，搬运机械手左移。

根据控制要求、现场各限位开关以及移位寄存器的状态，可列出搬运机械手动作顺序，见表 8-1。

表 18-1　　搬运机械手动作顺序

步序	输入条件	输出状态				
		YA1 下降	YA2 夹紧	YA3 上升	YA4 右移	YA5 左移
原位	ST2 · ST4	−	−	−	−	−
下降	SB1	+	−	−	−	−
夹紧	ST1	−	+	−	−	−
上升	KT1	−	+	+	−	−
右移	ST2	−	+	−	+	−

续表

步序	输入条件	输出状态				
		YA1 下降	YA2 夹紧	YA3 上升	YA4 右移	YA5 左移
下降	ST3	+	+	−	−	−
松开	ST1	−	−	−	−	−
上升	KT2	−	−	+	−	−
左移	ST2	−	−	−	−	+
原位	ST2 · ST4	−	−	−	−	−

四、PLC 选型及输入/输出分配

1. PLC 选型

搬运搬运机械手有 5 个输入信号、5 个输出信号，可以选择 FX2N-32MR。

2. I/O 分配

根据表 18-1 选定各开关、电磁阀等现场器件相对应的 PLC 内部等效继电器的地址编号，其对照表见表 18-2。

表 18-2 现场器件与 PLC 内部继电器对照表

现场器件		内部继电器地址	说明
输入	SB1	X000	启动按钮
	ST1	X001	下限位开关
	ST2	X002	上限位开关
	ST3	X003	右限位开关
	ST4	X004	左限位开关
输出	YA1	Y000	下降电磁阀
	YA2	Y001	夹紧电磁阀
	YA3	Y002	上升电磁阀
	YA4	Y003	右移电磁阀
	YA5	Y004	左移电磁阀

五、PLC 与现场器件的实际接线图

根据搬运机械手的控制要求、动作顺序表及器件对照表，可绘制实物仿真接线图，如图 18-3 所示。

AC 220 V
单相交流电源
SB1
MITSUBISHI
MELSEC FX2N-32MR
PLC00
熔断器 00
光电检测
右工位
取物按钮
左工位
上限位开关
下限位开关
左限位开关
右限位开关
放松限位按钮
夹紧限位按钮

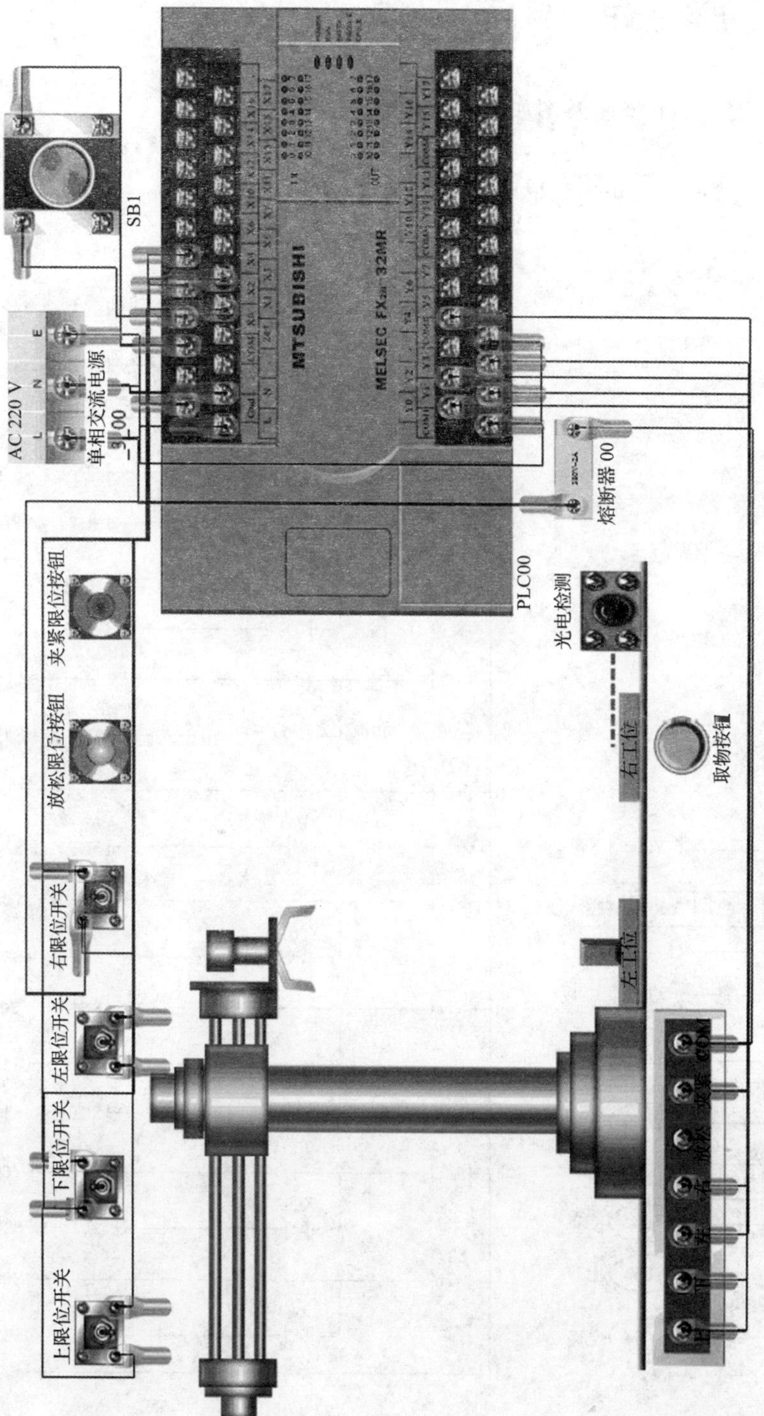

图 18-3　实物仿真接线

六、PLC 的软件设计

1. 状态转移图

满足控制系统要求的状态转移图如图 18-4 所示。

2. 步进梯形图

根据状态转移图,可绘制步进梯形图,如图 18-5 所示。

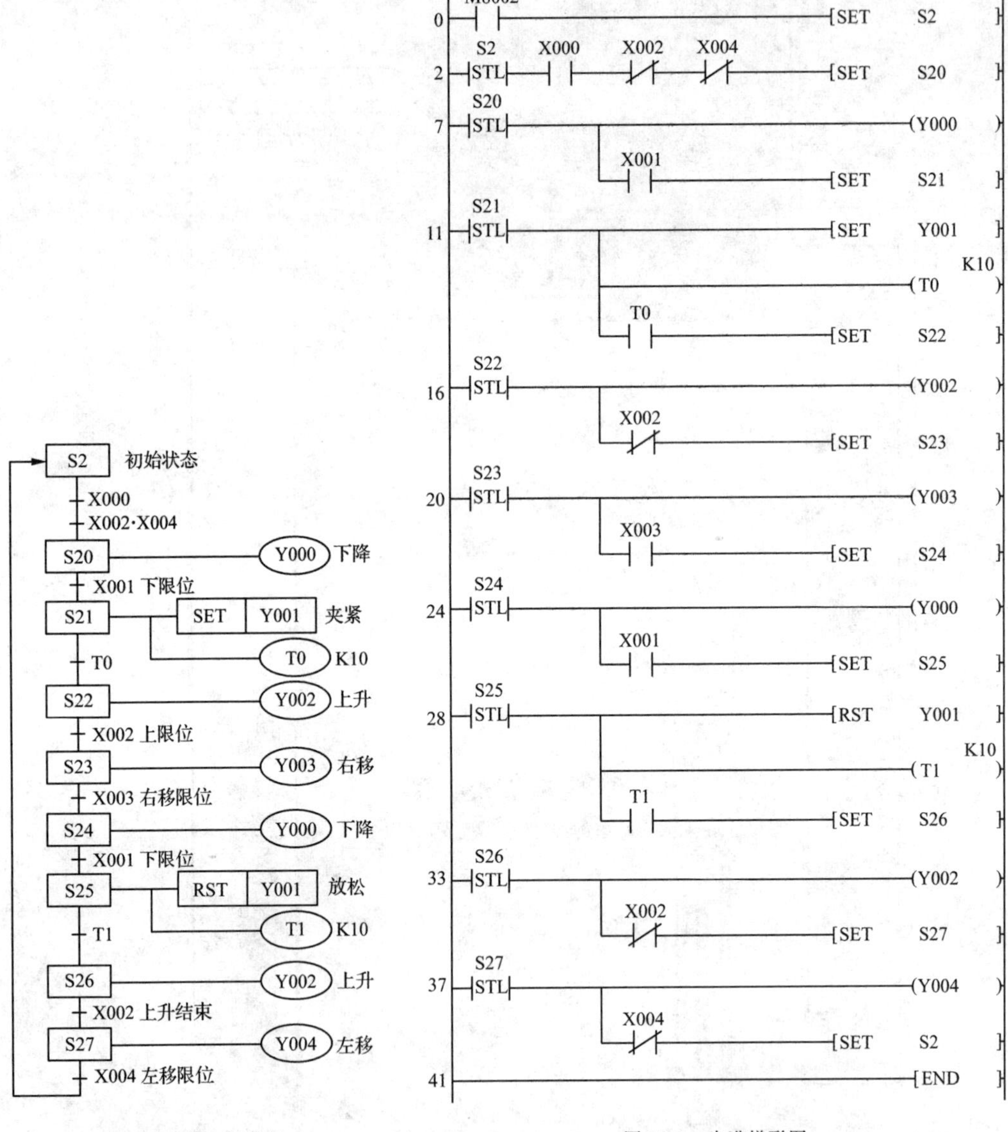

图 18-4 状态转移图

图 18-5 步进梯形图

3. 指令表

由步进梯形图，可列出指令表如下：

```
0    LD    M8002
1    SET   S2
2    STL   S2
3    AND   X0
4    ANI   X2
5    ANI   X4
6    SET   S20
7    STL   S20
8    OUT   Y000
9    AND   X001
10   SET   S21
11   STL   S21
12   SET   Y001
13   OUT   T0    K10
15   AND   T0
16   SET   S22
17   STL   S22
18   OUT   Y002
19   ANI   X002
20   SET   S23
21   STL   S23
22   OUT   Y003
23   AND   X003
24   SET   S24
25   STL   S24
26   OUT   Y000
27   AND   X001
28   SET   S25
29   STL   S25
30   RST   Y001
31   OUT   T1    K10
33   AND   T1
34   SET   S26
35   STL   S26
36   OUT   Y002
37   ANI   X002
38   SET   S27
39   STL   S27
40   OUT   Y004
41   ANI   X004
42   SET   S2
43   END
```

项目十九

PLC在电梯自动控制中的应用

一、项目

实现PLC在电梯自动控制中的应用。

二、控制要求

(1)本系统采用轿厢外召唤、轿厢内按钮控制形式。轿厢内、外均由指令按钮进行操作。每层楼的轿厢外设有召唤按钮SB6～SB9,轿厢内设有开门按钮SB1、关门按钮SB2、层面指令按钮SB3～SB5。

(2)电梯运行到指定位后,具有自动开/关门功能,也能手动开/关门。

(3)利用指示灯显示电梯轿厢外的召唤信号、电梯轿厢内的指令信号和电梯到达信号。

(4)能自动判断电梯运行方向,并发出相应指示信号。

(5)电梯上下运行由一台主电动机驱动:电动机正转,电梯上升;电动机反转,电梯下降。

(6)电梯轿厢门由另一台小功率电动机驱动:电动机正转,轿厢门打开;电动机反转,轿厢门关闭。

三、PLC选型及I/O分配

1. PLC选型

三层电梯有23个输入信号、19个输出信号、可以选择FX2N-48MR。考虑今后厂家升级的余量,选择FX2N-64MR(I/O为32/32)的PLC。

2. 输入信号及地址分配(表19-1)

表19-1　　输入端口分配

名称	符号	输入点	名称	符号	输入点
开门按钮	SB1	X000	一层内指令按钮	SB3	X014
关门按钮	SB2	X001	二层内指令按钮	SB4	X015
开门到位行程开关	SQ1	X002	三层内指令按钮	SB5	X016
关门到位行程开关	SQ2	X003	一楼向上召唤按钮	SB6	X017
向上运行旋转开关	SQ3	X004	二楼向上召唤按钮	SB7	X020
向下运行旋转开关	SQ4	X005	二楼向下召唤按钮	SB8	X021
红外传感器(左)	SL1	X006	三楼向下召唤按钮	SB9	X022

续表

名称	符号	输入点	名称	符号	输入点
红外传感器(右)	SL2	X007	一楼上接近开关	SQ8	X023
门锁输入信号	K	X010	二楼上接近开关	SQ9	X024
一层接近开关	SQ5	X011	三楼下接近开关	SQ10	X025
二层接近开关	SQ6	X012	二楼下接近开关	SQ11	X026
三层接近开关	SQ7	X013			

3. 输出信号及地址分配(表19-2)

表19-2 输出端口分配

名称	符号	输出点	名称	符号	输出点
开门继电器	KM1	Y000	二层指示灯	E4	Y023
关门继电器	KM2	Y001	三层指示灯	E5	Y024
上行继电器	KM3	Y002	一层内指令指示灯	E6	Y025
下行继电器	KM4	Y003	二层内指令指示灯	E7	Y026
快速继电器	KM5	Y004	三层内指令指示灯	E8	Y027
加速继电器	KM6	Y005	一楼向上召唤灯	E9	Y030
减速继电器	KM7	Y006	二楼向上召唤灯	E10	Y031
上行方向灯	E1	Y020	二楼向下召唤灯	E11	Y032
下行方向灯	E2	Y021	三楼向下召唤灯	E12	Y033
一层指示灯	E3	Y022			

四、PLC的软件设计

根据三层电梯控制的功能要求以及输入/输出分配情况,设计控制梯形图。

1. 电梯开/关门(图19-1)

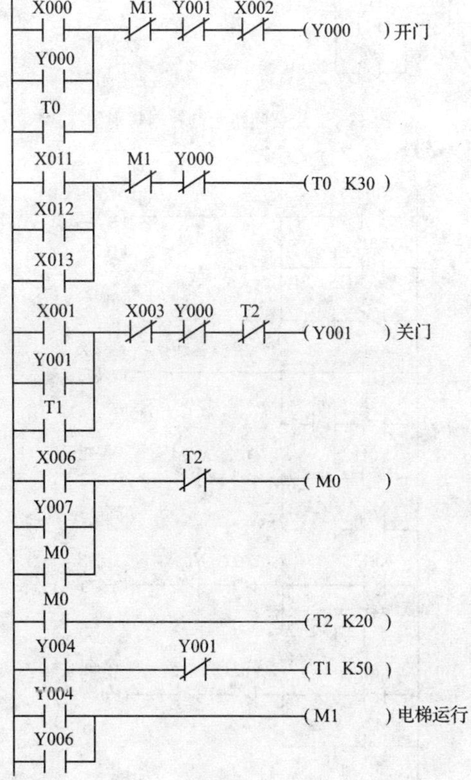

图19-1 电梯开/关门梯形图

2. 层召唤指示灯控制(图 19-2)

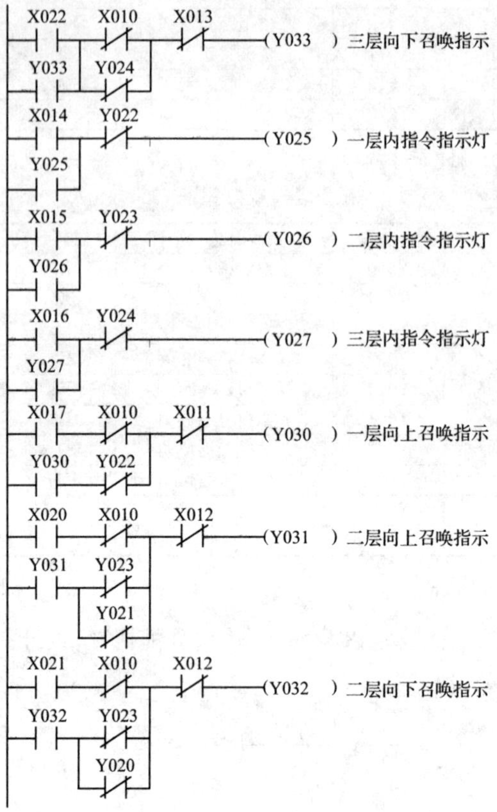

X022 X010 X013 (Y033) 三层向下召唤指示
Y033 Y024
X014 Y022 (Y025) 一层内指令指示灯
Y025
X015 Y023 (Y026) 二层内指令指示灯
Y026
X016 Y024 (Y027) 三层内指令指示灯
Y027
X017 X010 X011 (Y030) 一层向上召唤指示
Y030 Y022
X020 X010 X012 (Y031) 二层向上召唤指示
Y031 Y023
Y021
X021 X010 X012 (Y032) 二层向下召唤指示
Y032 Y023
Y020

图 19-2 层召唤指示灯控制梯形图

3. 电梯到层指示(图 19-3)

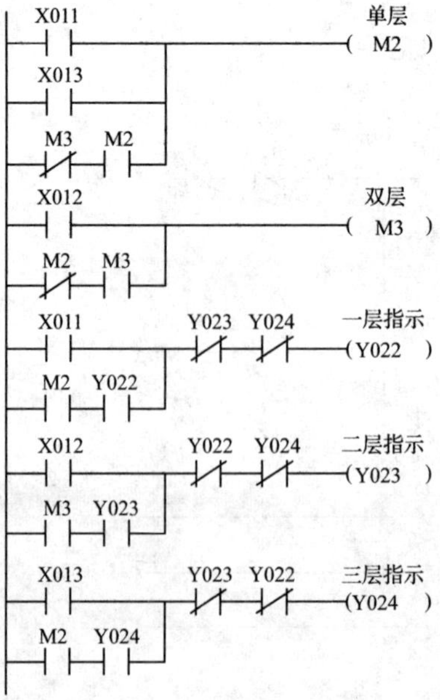

X011 单层 (M2)
X013
M3 M2
X012 双层 (M3)
M2 M3
X011 Y023 Y024 一层指示 (Y022)
M2 Y022
X012 Y022 Y024 二层指示 (Y023)
M3 Y023
X013 Y023 Y022 三层指示 (Y024)
M2 Y024

图 19-3 电梯到层指示梯形图

4. 电梯启动和方向选择及变速控制(图 19-4)

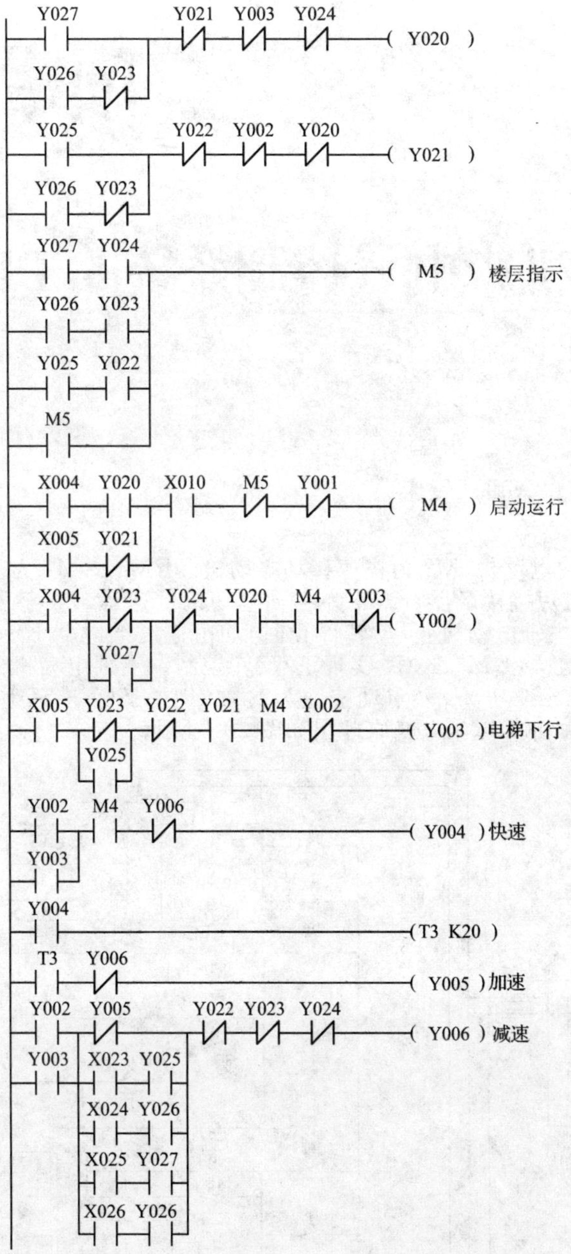

图 19-4　电梯启动和方向选择及变速控制梯形图

项目二十

机床电气控制系统的PLC改造

一、项目

利用 PLC 控制 T68A 卧式镗床。

二、控制要求

M1 为主轴与进给电动机，M2 为快速移动电动机。KM1、KM2 为主轴正/反转接触器，KM3 为主轴制动电阻短接接触器，KM4 为主轴电动机低速运转接触器，KM5 为主轴电动机高速运转接触器。主轴电动机正/反转停止时，均由速度继电器 KS 控制实现反接制动。快速移动电动机由接触器 KM6、KM7 实现正/反转控制。主轴电动机停止按钮为 SB0，正/反转启动按钮为 SB1、SB2，正/反转点动按钮为 SB3、SB4。SQ0～SQ10 均为行程开关，KT 为时间继电器。T68A 卧式镗床电气原理图如图 20-1 所示。

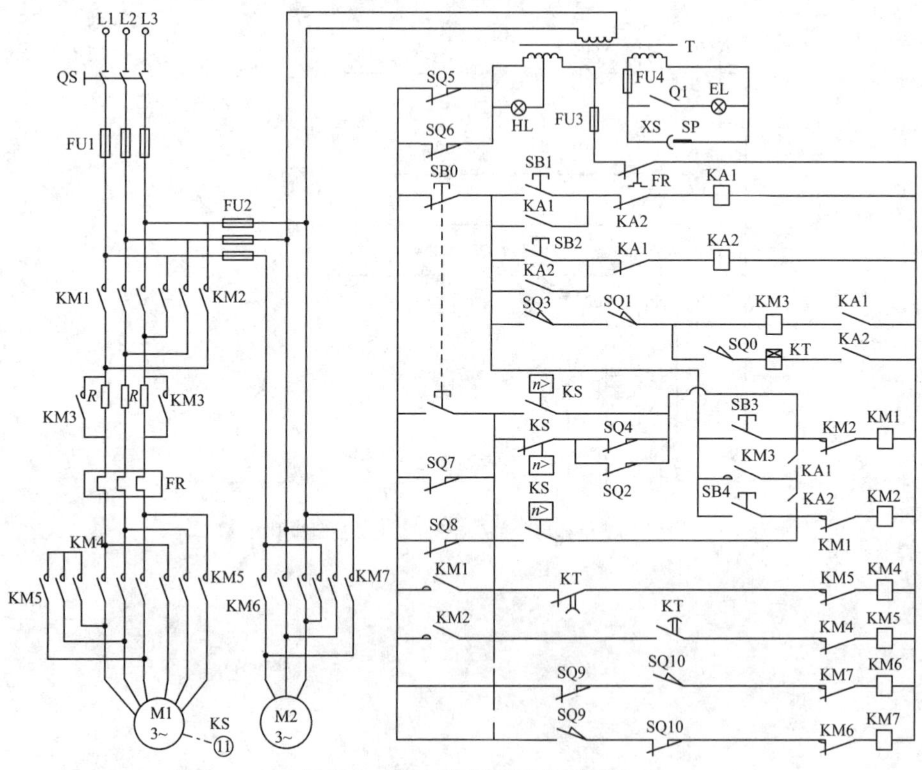

图 20-1　T68A 卧式镗床电气原理图

三、PLC选型及I/O分配

1. PLC选型

输入控制组件共17个：SB0～SB4、SQ0～SQ10、KS；输出控制组件共7个：KM1～KM7均为接触器；选择FX2-48MR。

2. 输入信号及地址分配(表20-1)

表20-1 输入端口分配

名称	符号	输入点	名称	符号	输入点
主轴电动机M1停止按钮	SB0	X000	进给变速操作行程开关	SQ5	X011
M1正转启动按钮	SB1	X001	行程开关	SQ6	X012
M1反转启动按钮	SB2	X002	变速冲动行程开关	SQ7	X013
M1正转点动按钮	SB3	X003	变速冲动行程开关	SQ8	X014
M1反转点动按钮	SB4	X004	反向快速移动行程开关	SQ9	X015
工作台主轴箱手柄行程开关	SQ1	X005	正向快速移动行程开关	SQ10	X016
主轴进给手柄行程开关	SQ2	X006	变速行程开关	SQ0	X017
变速手柄行程开关	SQ3	X007	速度继电器触头	KS	X020
进给变速操作行程开关	SQ4	X010			

3. 输出信号及地址分配(表20-2)

表20-2 输出端口分配

名称	符号	输出点	名称	符号	输出点
主轴电动机正转接触器	KM1	Y000	主轴电动机高速运转接触器	KM5	Y004
主轴电动机反转接触器	KM2	Y001	快速移动电动机正转接触器	KM6	Y005
主轴制动电阻短接接触器	KM3	Y002	快速移动电动机反转接触器	KM7	Y006
主轴电动机低速运转接触器	KM4	Y003			

四、PLC的软件设计

根据T68A卧式镗床电气原理图，以及上述输入/输出地址分配，可以采用“移植法”将电气原理图改为PLC的梯形图。电气原理图中的中间继电器KA1、KA2可以由PLC的内部辅助继电器M1、M2代替。时间继电器的作用由T0来实现。在线路移植时，要进行必要的电路等效变换，使之符合梯形图的设计原则。T68A卧式镗床梯形图如图20-2所示。

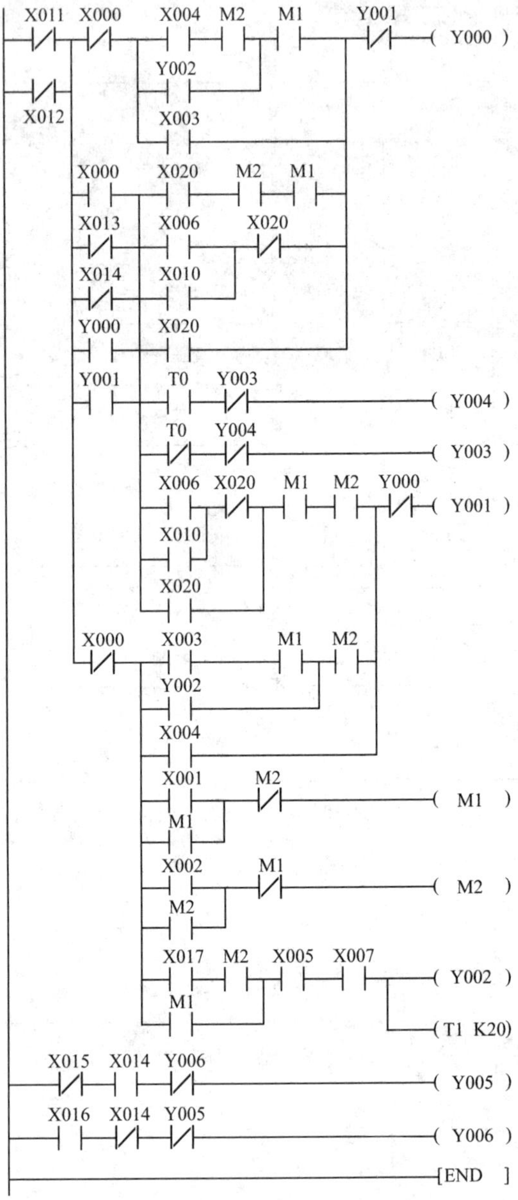

图 20-2　T68A 卧式镗床梯形图

第四篇习题

1. 某智力测验分为四个组，每一组前面放一个按钮。当其中一组先按下按钮时，其对应的指示灯亮，电铃响，此时其他按钮均失效。这样，先按下按钮的那一组，就抢到了“答题权”。这就是“四路智力抢答器”的“抢答”功能。

设计“四路智力抢答器”的关键是：四路信号优先择一，拒绝其余。

2. 如图1所示，小车在初始状态时停在中间，限位开关X000为ON。按下启动按钮X003，小车按图示顺序往复运动，按下停止按钮X004，小车停在初始位置。(所有的限位开关以及按钮都以常开触点接入PLC接线端)。

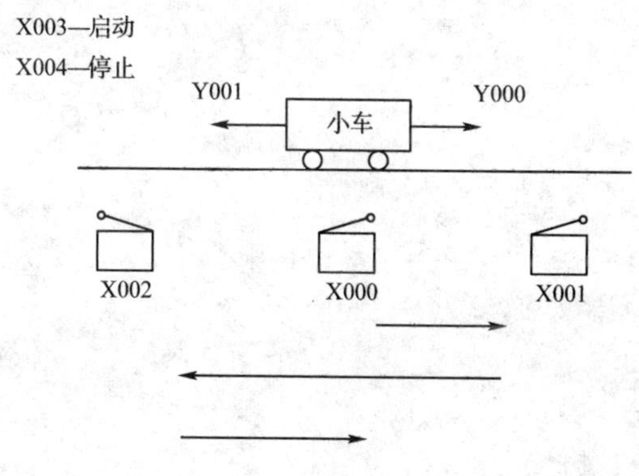

图1　习题2图

3. 试实现数码管显示控制——用PLC来控制七段数码管显示数字0～9。

4. 试编制程序实现下述循环真值表的输出(要求采用移位功能指令实现该输出)。

脉冲	Y003	Y002	Y001	Y000
0	0	0	0	0
1	0	0	0	1
2	0	0	1	0
3	0	1	0	0
4	1	0	0	0

5. 十字路口交通灯控制系统的设计要求：按下启动按钮，东西方向红灯亮，同时，南北方向绿灯亮7 s，随后南北方向绿灯闪烁3 s，之后南北方向黄灯亮2 s；紧接着南北方向红灯亮，东西方向绿灯亮7 s，随后东西方向绿灯闪烁3 s，之后东西方向黄灯亮2 s，实现一个循环。如此循环往复，实现对交通灯的控制。按下停止按钮，交通灯立即停止工作。

6. 两种液体混合装置控制系统的要求：有两种液体A、B需要在容器中混合成液体C待用，初始时容器是空的，所有输出均失效。按下启动按钮，阀门X001打开，注入液体A；到达I时，X001关闭，阀门X002打开，注入液体B；到达H时，X002关闭，打开加热器R；当温度传感器监测温度达到 60 ℃时，关闭 R，打开阀门 X003，释放液体 C；当最低位液位传感器 L＝0 时，关闭 X003 进入下一个循环。按下停止按钮，要求停在初始状态。

启动信号 X000，停车信号 X001，H(X002)，I(X003)，L(X004)，温度传感器 X005，阀门 X001(Y000)，阀门 X002(Y001)，加热器 R(Y002)，阀门 X003(Y003)。

S7-200 基本应用篇

项目二十一

S7-200 的基础知识

一、S7-200 功能概述

德国的西门子(SIEMENS)公司是欧洲最大的电子和电气设备制造商，生产的 SIMTIC 可编程控制器在欧洲处于领先地位。其第一代可编程控制器是 1975 年投放市场的 SIMATIC S3系列的控制系统。1979 年，微处理器技术被应用到可编程控制器中，产生了 SIMATIC S5 系列。1996 年，推出了 S7 系列产品，它包括小型 PLC S7-200、中型 PLC S7-300 和大型 PLC S7-400。S7-200 系列 PLC 属于小型 PLC，其外观如图 21-1 所示。S7-200 PLC 的主要特点如下：

图 21-1　S7-200 系列 PLC 的外观图

(1)系统集成方便，安装简单，能按搭积木方式进行系统配置，功能扩展灵活方便。

(2)运算速度快，基本逻辑控制指令的执行时间为 0.22 μs。

(3)有很强的网络功能，可用多个 PLC 连接成工业网络，构成完整的过程控制系统，既可实现总线联网，也可实现点到点通信。

(4)允许使用相关的程序软件包及工业通信网络软件，编制工具更为开放，人机界面十分友好。

(5)输入/输出通道响应速度快。系统内部集成的高速计数输入与高速脉冲输出，最高输出频率可达到 100 kHz。

由于 S7-200 系列 PLC 具有紧凑的设计、良好的扩展性、低廉的价格和强大的指令系统，所以它能近乎完美地满足小规模的控制要求，适用于各行各业、各种场合中的检测、监测及控制的自动化。S7-200 系列的强大功能使其无论在独立运行中，或相连成网络，皆能实现复杂的控制功能。此外,其丰富的CPU类型及电压等级,使其在解决用户的自动化问题时,具有很强的适应性。

二、S7-200 PLC的系统构成

S7-200系列PLC将一个微处理器(CPU)、存储器、若干I/O点和一个集成电源集成在一个紧凑的机壳内,统称为CPU模块,是PLC的主要部分,其外形图如图21-2所示。

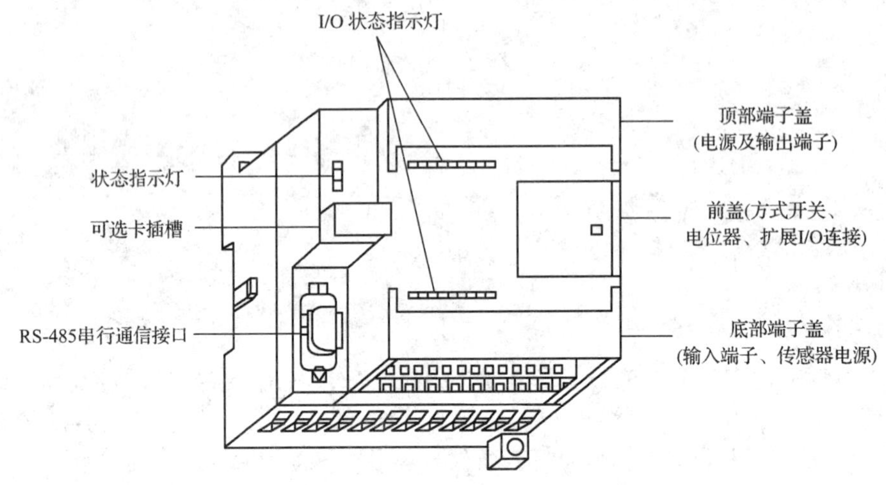

图21-2 S7-200 PLC CPU模块外形图

(1)状态指示灯 位于机身左侧,显示CPU的工作状态,共有三个指示灯:SF(系统错误)、RUN(运行)和STOP(停止)。

(2)可选卡插槽 可以根据需要插入EEPROM卡、时钟卡和电池卡中的一个。外插存储卡需单独订货。

EEPROM卡可用来保存PLC内的程序和重要数据等作为备份,最新存储卡EEPROM有6ES7 291-8GF23-0XA0和6ES7 291-8GH23-0XA0两种,容量分别为64 KB和256 KB。

时钟卡可用于CPU 221和CPU 222,以提供实时时钟功能,其中包括了后备电池。

电池卡可为所有类型的CPU提供数据保持的后备电池。它可与PLC内置的超级电容配合,电池在超级电容放电完毕后起作用。

(3)RS-485串行通信接口 位于机身的左下部,是PLC主机实现人机对话、机机对话的通道,实现PLC与上位计算机的连接,实现PLC与PLC、编程器、彩色图形显示器、打印机等外部设备的连接。

(4)电源及输出端子 位于机身顶部端子盖下边,连接输出器件及电源用,输出端子的运行状态可以由顶部端子盖下方的一排I/O状态指示灯显示,ON状态对应指示灯亮。为了方便接线有些机型(如CPU 224、CPU 226)而采用可插拔整体端子。

(5)输入端子及传感器电源 位于机身底部端子盖下边,输入端子的运行状态可以由底部端子盖上方的一排I/O状态指示灯显示,ON状态对应指示灯亮。

(6)扩展接口、模式选择开关、模拟量电位器 位于机身中部右侧前盖下。扩展接口提供PLC主机与输入/输出扩展模块的接口,做扩展系统之用,主机与扩展模块之间用扩展电缆连接。模式选择开关具有RUN(运行)、STOP(停止)及TERM(监控)等三种状态。将开关拨向"STOP"位置时,PLC处于停止状态,此时可以对其编写程序。将开关拨向"RUN"位置时,PLC处于运行状态,此时不能对其编写程序。将开关拨向"TERM"状态时,在运行程序的同时还可以监视程序运行的状态。模拟量电位器可用于定时器的外部设定及脉冲输出等场合。

三、S7-200 的 CPU 模块

1. CPU 模块的技术指标

从 CPU 模块的功能来看，SIMATIC S7-200 系列小型可编程控制器发展至今，大致经历了下面两代产品：

第一代产品的 CPU 模块为 CPU 21X，主机都可进行扩展。S7-21X 系列有 CPU 212、CPU 214、CPU 215 和 CPU 216 等型号。

第二代产品的 CPU 模块为 CPU 22X，是在 21 世纪初投放市场的，速度快，具有较强的通信能力。S7-22X 系列主要有 CPU 221、CPU 222、CPU 224、CPU 226 和 CPU 224 XP 等型号，除 CPU 221 之外，其他都可加扩展模块。

2004 年，西门子公司推出了 S7-200 CN 系列 PLC，是专门针对中国市场的产品。

每个型号都有直流（24 V）和交流（120～220 V）两种电源供电的 CPU 类型。其一是 DC/DC/DC（CPU 是直流供电，直流数字量输入，数字量输出点是晶体管直流电路的类型），其二是 AC/DC/Relay（CPU 是交流供电，直流数字量输入，数字量输出点是继电器电路的类型）。

对于 S7-200 CPU 上的输出点来说，凡是 DC 24 V 供电的 CPU 都是晶体管输出，AC 220 V 供电的 CPU 都是继电器接点输出。

不同型号的 CPU 模块具有不同的规格参数。表 21-1 为 CPU 22X 系列的技术指标。

表 21-1　　CPU 22X 系列的技术指标

特性		CPU 221	CPU 222	CPU 224	CPU 224 XP	CPU 226
外形尺寸/(mm×mm×mm)		90×80×62		120.5×80×62	140×80×62	190×80×62
程序存储器/KB	运行模式下能编辑	4	4	8	12	16
	运行模式下不能编辑	4	4	12	16	24
数据存储器/KB		2	2	8	10	10
掉电保持时间(电容)/h		50		10		
本机 I/O	数字量	6 入/4 出	8 入/6 出	14 入/10 出	14 入/10 出	24 入/16 出
	模拟量	无	无	无	2 入/1 出	无
扩展模块	数量(个)	0	2	7	7	7
	高速计数器	共 4 路	共 4 路	共 6 路	共 6 路	共 6 路
	单相	4 路 30 kHz	4 路 30 kHz	6 路 30 kHz	4 路 30 kHz 2 路 200 kHz	6 路 30kHz
	双相	2 路 20 kHz	2 路 20 kHz	4 路 20 kHz	3 路 20 kHz 1 路 100 kHz	4 路 20kHz
脉冲输出(DC)		2 路 20 kHz			2 路 100 kHz	2 路 20 kHz
模拟电位器/个		1	1	2	2	2
实时时钟		配时钟卡	配时钟卡	内置	内置	内置
通信接口		1 RS-485	1 RS-485	1 RS-485	2 RS-485	2 RS-485
浮点数运算		有				
数字量 I/O 映像区		128 入/128 出				
模拟量 I/O 映像区		无	16 入/16 出	32 入/32 出		
布尔指令执行速度/(μs·指令$^{-1}$)		0.22				
供电能力/mA	DC 5 V	0	340	660		1 000
	DC 24 V	180	180	280		400

2. CPU 模块的接线方式

S7-200 系列 CPU 模块端子接线基本相同，S7-200 的 CPU 222 端子接线如图 21-3 所示。左边为 CPU 222 DC/DC/DC 型，即直流供电，直流数字量输入，数字量输出点是晶体管直流电路的类型。机身下端为输入端子及 DC 24 V 电源输出端子，8 路输入分为两组，均为 DC 24 V 直流，支持源型和漏型输入方式，1M 和 2M 为各组的电源公共端。机身上端为输出及电源端子。目前，晶体管输出点只有源型输出一种。

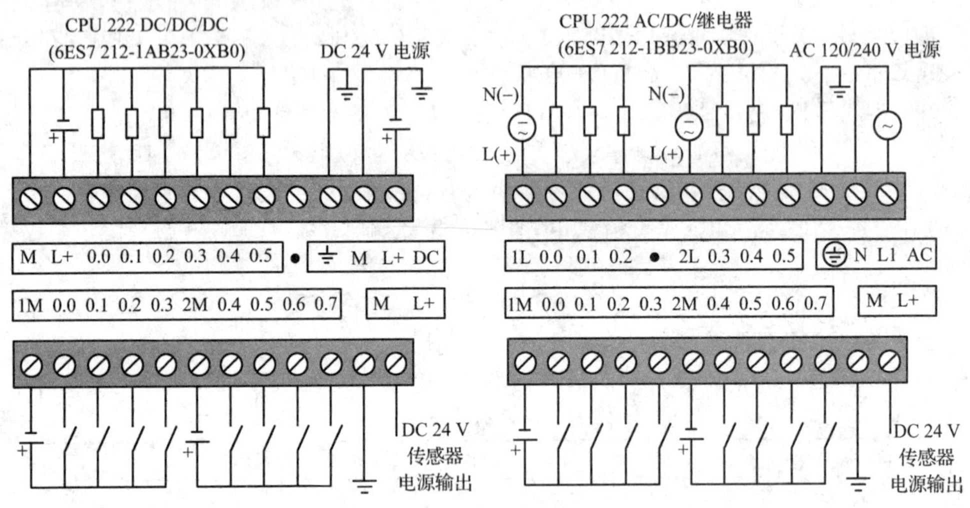

图 21-3 CPU 222 端子接线

右边为 CPU 222 AC/DC/继电器型，即交流供电，直流数字量输入，数字量输出点是继电器电路的类型。输入电路和直流供电的完全相同，输出点既可以接直流信号，也可以接 AC 120 V/240 V。

3. CPU 模块的通信接口

S7-200 CPU 模块机身的左下部有 RS-485 的串行通信接口。

S7-200 CPU 主机上的通信接口支持 PPI、MPI、Profibus DP 和自由接口协议(CPU 221 不支持 Profibus DP 协议)。通信接口可以用于与运行编程软件的计算机通信，与文本显示器 TD200 和操作员界面 OP 的通信，以及 S7-200 的 CPU 之间的通信；通过自由接口协议和 Modbus 协议，可以与其他设备进行串行通信；通过 As-i 通信接口模块，可以接入 496 个远程数字量输入/输出。

四、S7-200 扩展模块

S7-200 的 CPU 为了扩展 I/O 点和执行特殊的功能，可以连接扩展模块(CPU 221 除外)。扩展模块主要有以下种类：

(1)数字量 I/O 扩展模块。

(2)模拟量 I/O 扩展模块。

(3)温度测量扩展模块。

(4)特殊功能模块。

1. 数字量 I/O 扩展模块

(1)分类　数字量 I/O 扩展模块用来扩展 S7-200 系统的数字量 I/O 数量。根据不同的控制需要，可以选取8点、16点或32点的数字量I/O扩展模块。连接时，CPU模块放在最左侧，扩展模块用扁平电缆与左侧的模块相连。数字量I/O扩展模块主要包括数字量输入模块(EM221)、数字量输出模块(EM222)及数字量输入/输出模块(EM223)，见表21-2。

表21-2　　数字量I/O扩展模块

型号	各组输入点数	各组输出点数
EM221 8点DC 24 V输入	4、4	无
EM221 8点AC 120/230 V输入	8点相互独立	无
EM221 16点DC 24 V输入	4、4、4、4	无
EM222 4点DC 24 V输出5 A	无	4点相互独立
EM222 4点继电器输出10 A	无	4点相互独立
EM222 8点DC 24 V输出	无	4、
EM222 8点继电器输出	无	4、4
EM222 8点AC 120/230 V输出	无	8点相互独立
EM223 DC 4输入/DC 4输出	4	4
EM223 DC 8输入/继电器8输出	4、4	4、4
EM223 DC 8输入/DC 8输出	4、4	4、4
EM223 DC 16输入/DC 16输出	8、8	4、4、8
EM223 DC 16输入/继电器16输出	8、8	4、4、4、4

(2)输入/输出规范　数字量I/O扩展模块的输入/输出规范分别见表21-3和表21-4。

表21-3　　数字量I/O扩展模块的输入规范

常规	DC 24 V输入	AC 120/230 V输入(47～63 Hz)
输入类型	漏型/源型(IEC类型1漏型)	IEC类型1
额定电压	DC 24 V、4 mA	AC 120 V、6 mA或AC 230 V、9 mA
最大持续允许电压	DC 30 V	AC 264 V
浪涌电压(最大)	DC 35 V、0.5 s	—
逻辑1(最小)	DC 15 V、2.5 mA	AC 79 V、2.5 mA
逻辑0(最大)	DC 5 V、1 mA	AC 20 V或AC 1 mA
输入延时(最大)	4.5 ms	15 ms
连接2线接近传感器允许的漏电流(最大)	1 mA	AC 1 mA
光电隔离	AC 500 V、1 min	AC 1 500 V、1 min
电缆长度(最大)	屏蔽500 m；非屏蔽300 m	

表 21-4　　数字量 I/O 扩展模块的输出规范

数字量输出规范	DC 24 V 输出		继电器输出		AC 120 V/230 V 输出
	0.75 A	5 μA	2 A	10 A	
输出类型	固态－MOSFET(信号源)		干触点		直通
额定电压	DC 24 V		DC 24 V 或 AC 250 V		AC 120/230 V
电压范围	DC 20.4～28.8 V		DC 5～30 V 或 AC 5～250 V	DC 12～30 V 或 AC 12～250 V	AC 40～264 V (47～63 Hz)
浪涌电流(max)	8 A,100 ms	30 A	5 A,4 s,10%占空比	15 A,4 s,10%占空比	5 A/ms,2 AC 周期
逻辑 1(min)	DC 20 V,最大电流		—	—	L1(－0.9 V/ms)
逻辑 0(max)	0.1 V DC,10 kΩ 负载	0.2 V DC,5 kΩ 负载	—		—
每点额定电流(max)	0.75 A	5 μA	2 A	阻性 10 A;感性 DC 2 A;感性 AC 3 A	AC 0.5 A
公共端额定电流(max)	6 A	5 μA	8 A	10 A	AC 0.5 A
漏电流(max)	10 μA	30 μA	—	—	AC 132 V 是 1.1 mA/ms,AC 264 V 是 1.8 mA/ms
灯负载(max)	5 W	50 W	DC 30 W AC 200 W	DC 100 W AC 1 000 W	60 W
接通电阻(接点)	典型 0.3 Ω (最大 0.6 Ω)	最小 0.05 Ω	最小 0.2 Ω,新的时候	最小 0.1 Ω,新的时候	最大 410 Ω,当负载电流小于 0.05 A 时
延时断开到接通/接通到断开	150 μs/200 μs	500 μs	—	—	0.2 ms+1/2 AC 周期
延时切换(max)	—	—	10 ms	15 ms	—
脉冲频率(max)	—	—	1 Hz	1 Hz	10 Hz
机械寿命周期	—	—	1 千万次(空载)	3 千万次(空载)	—
触点寿命	—	—	10 万次(额定负载)	3 万次(额定负载)	
电缆长度(max)	屏蔽 500 m,非屏蔽 150 m				

注意:

①当一个机械触点接通 S7-200 的 CPU 或任意扩展模块的供电时,它发送一个大约 50 ms 的“1”信号到数字输出,需要考虑这一点。

②当一个机械触点接通 AC 扩展模块的输出电源时,它向 AC 输出发出一个宽度约为 1/2 AC 周期的“1”信号,必须考虑这一点。

③由于是直通电路,所以负载电流必须是完整的 AC 波形而非半波。最小负载电流是 AC 0.05A。当负载电流为 AC 5～50 mA 时,该电流是可控的,但是,由于 410 Ω 的串联电阻的存在会有额外的压降。

④如果因为过多的感性开关或不正常的条件而引起输出过热,输出点可能关断或被损

坏。如果输出在关断一个感性负载时遭受大于 0.7 J 的能量，那么输出将可能过热或被损坏。为了消除这个限制，可以将抑制电路和负载并联在一起。

⑤如果是灯负载，继电器使用寿命将降低 75%，除非采取措施将接通浪涌降低到输出的浪涌电流额定值以下。

⑥灯负载的额定功率值是指额定电压情况下的值。

(3)接线　数字量 I/O 扩展输入模块有直流输入模块和交流输入模块两种，而直流输入模块又有漏型和源型两种接法，相应的接线如图 21-4 所示。

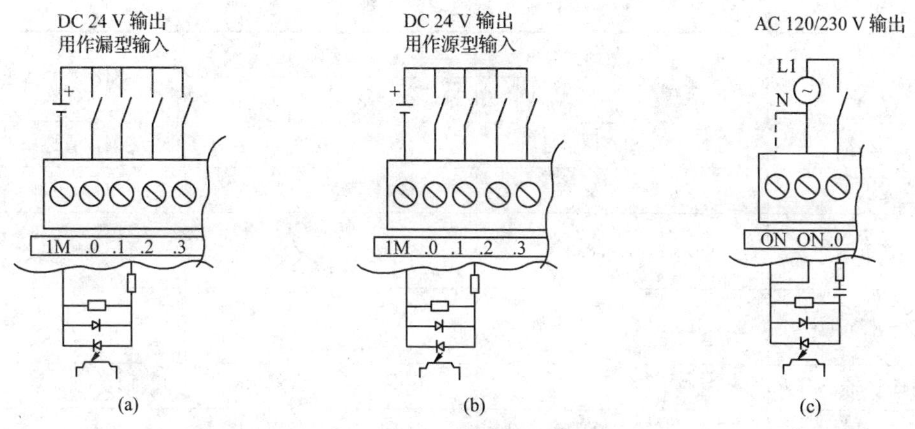

图 21-4　数字量扩展模块输入接线图

数字量输出模块分为直流输出模块、交流输出模块、继电器输出(交、直流均可)模块三种，相应的接线如图 21-5 所示。

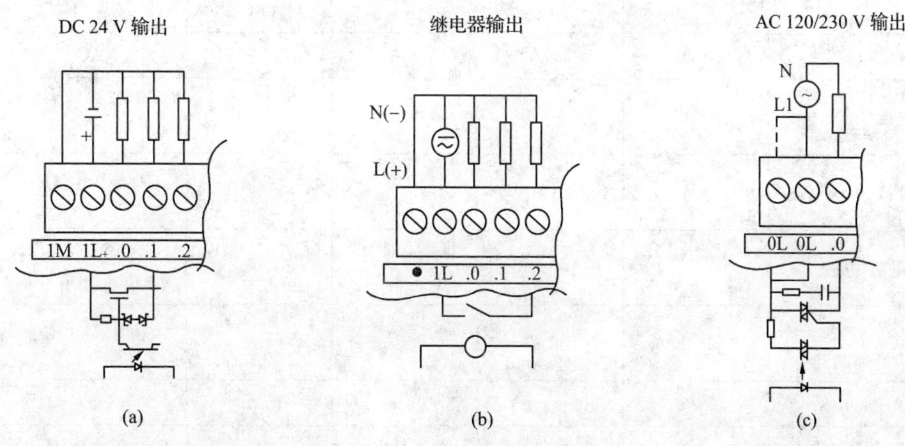

图 21-5　数字量扩展模块输出接线

2. 模拟量 I/O 扩展模块

(1)分类和技术规范　生产过程中有许多电压、电流信号，用连续变化的形式表示流量、温度、压力等工艺参数的大小，就是模拟量信号，这些信号在一定范围内连续变化，如－10～＋10 V 电压，或者 4～20 mA 电流。

S7-200 不能直接处理模拟量信号，必须通过专门的硬件接口，把模拟量信号转换成 CPU 可以处理的数据，或者将 CPU 运算得出的数据转换为模拟量信号。数据的大小与模拟量信号的大小有关，数据的地址由模拟量信号的硬件连接所决定。用户程序通过访问模拟量信号对应的数据地址，获取或输出真实的模拟量信号。S7-200 提供了专用的模拟量模块来处理模拟量信号：EM231，4 路模拟量输入（电压或电流），输入信号的范围由 DIP 开关 SW1、SW2、SW3 设定；EM232，2 路模拟量输出（电压或电流）；EM235，4 路模拟量输入（电压或电流），1 路模拟量输出（电压或电流），量程由 DIP 开关 SW1～SW6 设定（具体设定方法见《S7-200 系统手册》）。建议 EM231 和 EM235 模块不用于热电偶。表 21-5 和 表 21-6 是模拟量扩展模块输入和输出规范。

表 21-5　　模拟量扩展模块输入规范

数字量输出规范	DC 24 V 输出		继电器输出		AC 120/230 V 输出
	0.75 A	5 μA	2 A	10 A	
输出类型	固态－MOSFET（信号源）		干触点		直通
额定电压	DC 24 V		DC 24 V 或 AC 250 V		AC 120/230 V
电压范围	DC 20.4～28.8 V		DC 5～30 V 或 AC 5～250 V	DC 12～30 V 或 AC 12～250 V	AC 40～264 V (47～63 Hz)
浪涌电流(max)	8 A，100 ms	30 A	5 A，4 s，10%占空比	15 A，4 s，10%占空比	5 A/ms，2 AC 周期
逻辑 1(min)	DC 20 V，最大电流		—	—	L1(－0.9 V/ms)
逻辑 0(max)	DC 0.1 V，10 kΩ 负载	DC 0.2 V，5 kΩ 负载	—		—
每点额定电流(max)	0.75 A	5 μA	2 A	阻性 10 A；感性 DC 2 A；感性 AC 3 A	AC 0.5 A
公共端额定电流(max)	6 A	5 μA	8 A	10 A	AC 0.5 A
漏电流(max)	10 μA	30 μA	—	—	AC 132 V 是 1.1 mA/ms，AC 264 V 是 1.8 mA/ms
灯负载(max)	5 W	50 W	DC 30 W AC 200 W	DC 100 W AC 1 000 W	60 W
接通电阻(接点)	典型 0.3 Ω (最大 0.6 Ω)	最小 0.05 Ω	最小 0.2 Ω，新的时候	最小 0.1 Ω，新的时候	最大 410 Ω，当负载电流小于 0.05 A 时
延时断开到接通/接通到断开	150 μs/200 μs	500 μs	—	—	0.2 ms+1/2 AC 周期
延时切换(max)	—	—	10 ms	15 ms	—
脉冲频率(max)	—	—	1 Hz	1 Hz	10 Hz
机械寿命周期	—	—	1 千万次（空载）	3 千万次（空载）	—
触点寿命	—	—	10 万次（额定负载）	3 万次（额定负载）	—
电缆长度(max)	屏蔽 500 m，非屏蔽 150 m				

表 21-6　　模拟量扩展模块输出规范

常规		EM232	EM235
信号范围	电压输出	±10 V	
	电流输出	0～20 mA	
分辨率(满量程):电压/电流		11 位,加 1 符号位/11 位	
数据字格式	电压	−32 767～+32 767	
	电流	0～32 767	
精度(25 ℃)	电压输出	±0.5%满量程	
	电流输出	±0.5%满量程	
稳定时间	电压输出	100 μs	
	电流输出	2 ms	
最大驱动	电压输出	5 000 Ω 最小	
	电流输出	500 Ω 最大	
24 V(DC)电压范围		20.4～28.8 V(DC)(等级 2,有限电源,或来自 PLC 的传感器电源)	

(2)接线　图 21-6 所示为 EM231 的外部接线。EM231 上部共有 12 个端子,每 3 个点为一组,共 4 组。每组可作为一路模拟量的输入通道(电压信号或电流信号),未用的输入通道应短接(图中的 B+、B−)。电压信号用两个端子(A+、A−),电流信号用 3 个端子,其中 RX 与 X+端子短接(X 可为图 21-6 中的 A、B、C、D)。4 线制电流信号的接法见图 21-6 中的 C 通道,为了抑制干扰可将信号的负端连接到扩展模块的电源输入的 M 端子;2 线制电流信号的接法见图 21-6 中的 D 通道。该模块需要 DC 24 V 供电(M、L+端)。可由 CPU 模块的传感器电源 DC 24V/400 mA 供电,也可由用户提供的外部电源供电。一般说来电压信号比电流信号更容易受到干扰,并且电流信号传输的距离更长。

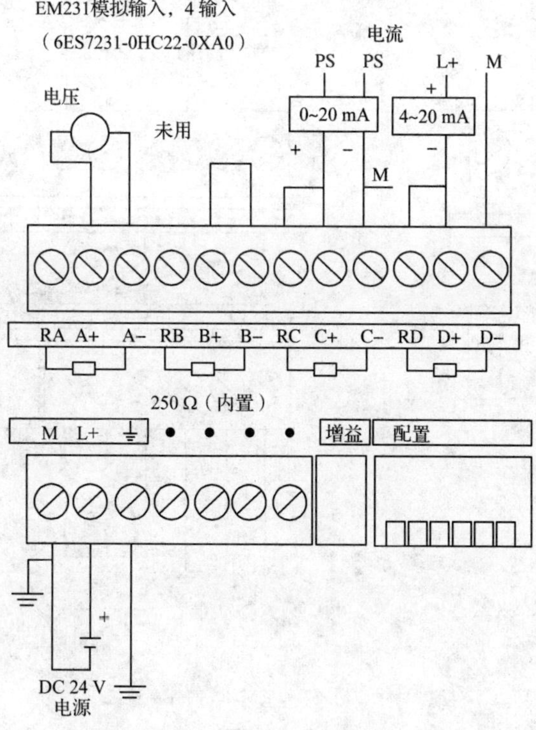

图 21-6　EM231 的外部接线

EM231右端分别是校准电位器和配置DIP设定开关。如果没有精确的测量手段和信号源，就不要对校准电位器进行调整。表21-7所示为如何使用DIP开关来配置EM231模块。其中，ON表示闭合，OFF表示断开。EM231只在电源接通时读取开关设置。

表21-7　　EM231选择模拟量量程的开关配置表

单极性			满量程输入	分辨率
SW1	SW2	SW3		
ON	OFF	ON	0～10 V	2.5 mV
	ON	OFF	0～5 V	1.25 mV
			0～20 mA	5 μA
双极性			**满量程输入**	**分辨率**
SW1	SW2	SW3		
OFF	OFF	ON	±5 V	2.5 mV
	ON	OFF	±2.5 V	1.25 mV

图21-7(a)为EM232的外部接线图。EM232从左端起的每3个点为一组，共两组。每组可作为一路模拟量输出(电压或电流信号)。第一组V0端接电压负载、I0端接电流负载，M0为公共端。第二组的接法和第一组类同。图21-7(b)为EM235的外部接线图，其模拟量输入和模拟量输出的接法和EM231、EM232类同。EM235开关配置表可参见系统手册。

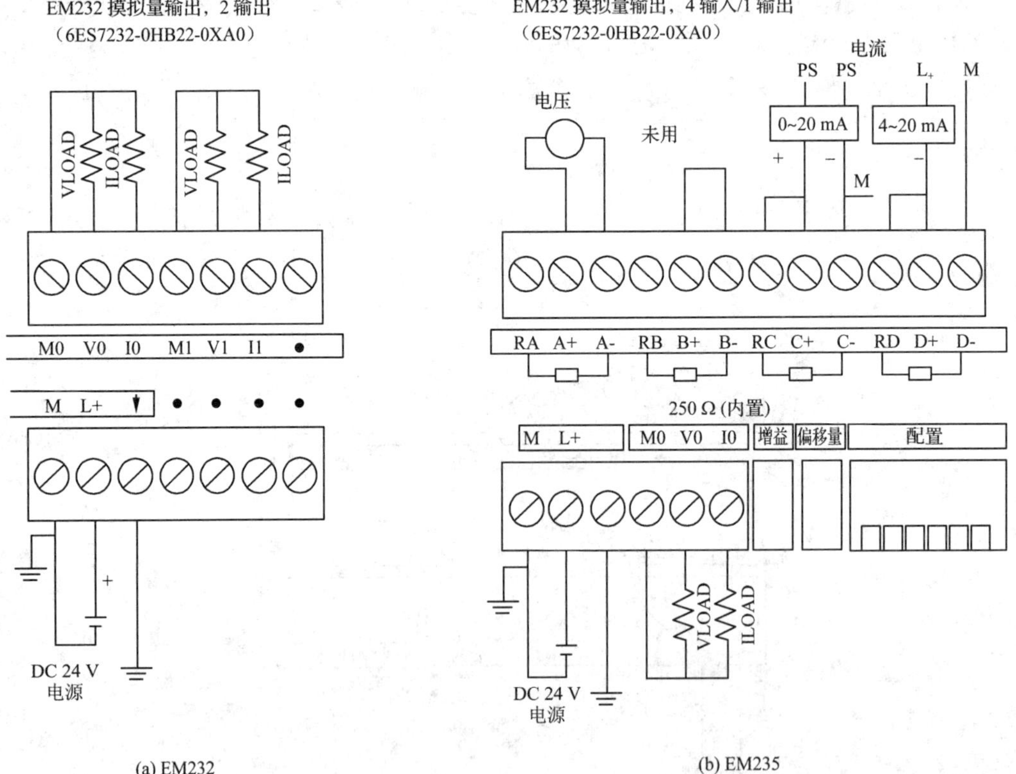

图21-7　EM232和EM235的外部接线

3. 温度测量扩展模块

温度测量扩展模块可以直接连接 TC(热电偶)和 RTD(热电阻)以测量温度。它们各自都可以支持多种热电偶和热电阻,使用时只需简单设置就可以直接得到温度数据。

EM231 TC 为 4 输入通道热电偶输入模块。EM231 RTD 为 2 输入通道热电阻输入模块。表 21-8 为其常规规范。

表 21-8 温度测量扩展模块常规规范

模块名称	尺寸($W\times H\times D$)/(mm×mm×mm)	质量/g	功耗/W	电源要求	
				DC 5 V	DC 24 V
EM231 TC	71.2×80×62	210	1.8	87 mA	60 mA
EM231 RTD	71.2×80×62	210	1.8	87 mA	60 mA

4. 特殊功能模块

S7-200 系统提供了一些特殊模块,用以完成特定的任务。例如 EM277 PROFIBUSDP 通信模块、EM253 位控模块、EM241 MODEM 模块、CP243-1 工业以太网模块、CP243-1IT 互联网模块、CP243-2 AS 接口模块。各模块的选择和使用参见系统手册。

五、S7-200 供电和接线

S7-200 CPU 和扩展模块都需要电源供电。S7-200 CPU 所需的外部电源有交流和直流两种类型,CPU 内部具有内部电源,可为 CPU 模块自身、扩展模块等提供 DC 5 V、DC 24 V 电源。扩展模块通过与 CPU 连接的总线连接电缆取得 5 V 直流电源。每个 CPU 模块向外提供的 DC 24 V 电源从电源输出点(L+、M)引出。此电源可为 CPU 模块和扩展模块上的输入/输出点供电,也为一些特殊或智能模块提供电源。此电源还从 S7-200 的 CPU 模块上的通信接口输出,提供给 PC/PPI 编程电缆,或 TD 200 文本显示操作界面等设备。S7-200 CPU 的供电能力见表 21-9。

表 21-9 S7-200 CPU 的供电能力 mA

CPU 模块型号	DC 5 V	DC 24 V
CPU 221	不能加扩展模块	180
CPU 222	340	180
CPU 224	660	280
CPU 226/CPU 226 XM	1 000	400

由表 21-9 可见,不同规格 CPU 模块的供电能力不同。每个实际应用项目都应对电源容量进行规划与计算。

每个扩展模块都需要 DC 5 V 电源,应当检查所有扩展模块的 DC 5 V 电源需求是否超出 CPU 模块的供电能力。如果超出,就必须减少或改变模块配置。

有些扩展模块需要 DC 24 V 电源供电,I/O 点也可能需要 DC 24 V 电源供电,TD 200 等也需要 DC 24 V 电源供电。这些电源也要根据 CPU 的供电能力进行计算。如果所需电源容量超出 CPU 电源的额定容量,就需要增加外接 DC 24 V 电源。

S7-200 的 CPU 模块的 DC 24 V 电源不能与外接的 DC 24 V 电源并联,这会使一个或两个电源失效,并使 PLC 产生不正确的操作,但上述两个电源必须共地。

项目二十二

S7-200 的编程基础

一、S7-200 PLC 程序的结构

S7-200 PLC 的程序有三种：主程序、子程序、中断程序。

主程序是程序的主体，一个项目只能有一个主程序，其名称为 OB1。在主程序中可以调用子程序和中断程序，CPU 在每个扫描周期都要执行一次主程序。

子程序是可以被其他程序调用的程序，可以达到 64 个，名称分别为 SBR0～SBR63。使用子程序可以提高编程效率且便于移植。

中断程序用来处理中断事件，可以达到 128 个，名称分别为 INT0～INT127。中断程序不是由用户调用的，而是由中断事件引发的。在 S7-200 的 PLC 中能够引发中断的事件有输入中断、定时中断、高速计数器中断、通信中断等。

二、S7-200 PLC 的数据区

S7-200 PLC 的数据区可分为 13 个部分，即输入映像存储器 I、输出映像存储器 Q、变量存储器 V、位存储器 M、定时器存储器 T、计数器存储器 C、高速计数器存储器 HC、累加器存储器 AC、特殊存储器 SM、局部存储器 L、模拟量输入映像存储器 AI、模拟量输出映像存储器 AQ 及顺序控制继电器 S。其中 I、Q、V、M、SM、L、S 均可以按位、按字节、按字和按双字来存取。

1. 输入映像存储器 I

在每个扫描周期的输入采样阶段，CPU 对输入点进行采样，并将采样值存于输入映像存储器 I 中。输入映像存储器 I 中的每一位对应一个数字量输入接点。PLC 在执行用户程序过程中，不再采样输入接点的状态，它所处理的数据为输入映像存储器中的值。

输入映像存储器可以按位、字节、字、双字四种方式来存取。

(1)按“位”方式　每个位地址包括存储器标志符、字节地址及位号三部分。存储器标志符为“I”，字节地址为整数部分，位号为小数部分。例如 I0.0 表示输入映像存储器中第 0 个字节的第 0 位，I15.7 表示输入映像存储器中第 15 个字节的第 7 位。

(2)按“字节”方式　每个字节地址包括存储器字节标志符、字节地址两部分。存储器字节标志符为“IB”，字节地址为整数部分。例如 IB0 表示输入映像存储器中的第 0 个字节，它由 I0.0-I0.7 这 8 位组成，I0.0 为最低位，I0.7 为最高位。

(3)按"字"方式　每个字地址包括存储器字标志符、字地址两部分。存储器字标志符为"IW",字地址为整数部分。相邻的两个字节组成一个字,且低位字节在一个字中应该是高8位,高位字节在一个字中应该是低8位。例如IW0由IB0和IB1两个字节组成,IB0为高8位,IB1为低8位。

(4)按"双字"方式　每个双字地址包括存储器双字标志符、双字地址两部分。存储器双字标志符为"ID",双字地址为整数部分。相邻的四个字节组成一个双字,最低位字节在一个双字中应该是最高8位。例如ID0由IB0、IB1、IB2、IB3四个字节组成,IB0为最高8位,IB3为最低8位。

2. 输出映像存储器Q

在每个扫描周期的输出刷新阶段,PLC将输出映像存储器Q中的数据送到各输出模块,再由后者驱动外部负载。输出映像存储器Q中的每一位对应一个输出量接点。

输出映像存储器可以按位、字节、字、双字四种方式来存取。

(1)按"位"方式　每个位地址包括存储器标志符、字节地址及位号三部分。存储器标志符为"Q",字节地址为整数部分,位号为小数部分。例如,Q0.0表示输出映像存储器中第0个字节的第0位。

(2)按"字节"方式　每个字节地址包括存储器字节标志符、字节地址两部分。存储器字节标志符为"QB",字节地址为整数部分。例如QB0表示输出映像存储器中的第0个字节。

(3)按"字"方式　每个字地址包括存储器字标志符、字地址两部分。存储器字标志符为"QW",字地址为整数部分。相邻的两个字节组成一个字,且低位字节在一个字中应该是高8位,高位字节在一个字中应该是低8位。例如QW0由QB0和QB1两个字节组成,QB0为高8位,QB1为低8位。

(4)按"双字"方式　每个双字地址包括存储器双字标志符、双字地址两部分。存储器双字标志符为"QD",双字地址为整数部分。相邻的四个字节组成一个双字,最低位字节在一个双字中应该是最高8位。例如QD0由QB0、QB1、QB2、QB3四个字节组成,QB0为最高8位,QB3为最低8位。

3. 模拟量输入映像存储器AI

S7-200将模拟量值(例如温度或电压)转换成1个字长(2个字节)的数字量。可以用区域标志符(AI)、数据长度(W)及字节的起始地址来存取这些值。因为模拟输入量为1个字长,且从偶数位字节(如0、2、4)开始,所以必须用偶数字节地址(如AIW0、AIW2、AIW4)来存取这些值。模拟量输入值为只读数据。

4. 模拟量输出映像存储器AQ

S7-200把1个字长(2个字节)数字值按比例转换为电流或电压。可以用区域标志符(AQ)、数据长度(W)及字节的起始地址来改变这些值。因为模拟量为一个字长,且从偶数字节(如0、2、4)开始,所以必须用偶数字节地址(如AQW0、AQW2、AQW4)来改变这些值。模拟量输出值是只写数据。

5. 变量存储器V

变量存储器V用于保存程序执行过程中控制逻辑操作的中间结果,或用来保存与工序或任务相关的其他数据。

变量存储器V可以按位、字节、字、双字四种方式来存取。

(1)按“位”方式　每个位地址包括存储器标志符、字节地址及位号三部分。存储器标志符为“V”,字节地址为整数部分,位号为小数部分。例如V0.0表示变量存储器中第0个字节的第0位。

(2)按“字节”方式　每个字节地址包括存储器字节标志符、字节地址两部分。存储器字节标志符为“VB”,字节地址为整数部分。例如VB0表示变量存储器中的第0个字节。

(3)按“字”方式　每个字地址包括存储器字标志符、字地址两部分。存储器字标志符为“VW”,字地址为整数部分。相邻的两个字节组成一个字,且低位字节在一个字中应该是高8位,高位字节在一个字中应该是低8位。例如VW0由VB0和VB1两个字节组成,VB0为高8位,VB1为低8位。

(4)按“双字”方式　每个双字地址包括存储器双字标志符、双字地址两部分。存储器双字标志符为“VD”,双字地址为整数部分。相邻的四个字节组成一个双字,最低位字节在一个双字中应该是最高8位。例如VD0由VB0、VB1、VB2、VB3四个字节组成,VB0为最高8位,VB3为最低8位。

6. 局部存储器L

局部存储器区是S7-200 PLC的CPU为局部变量数据建立的一个存储器,S7-200 PLC共有64个字节的局部存储器,其中60个可以用作临时存储器或者给子程序传递参数。

局部存储器和变量存储器很相似,但是变量存储器是全局有效的,而局部存储器只在局部有效。全局是指同一个存储器可以被任何程序存取(包括主程序、子程序和中断程序)。局部是指存储器区和特定的程序相关联。局部存储器中存储的局部变量仅在创建它的程序中有效,即只有创建它的程序能存取其中的数据,其他程序不能访问。S7-200给主程序分配64个局部存储器,给每一级子程序嵌套分配64个字节局部存储器,同样给中断程序分配64个字节局部存储器。

S7-200根据需要分配局部存储器。也就是说,当主程序执行时,分配给子程序或中断程序的局部存储器是不存在的。当发生中断或者调用一个子程序时,需要分配局部存储器。新的局部存储器地址可能会覆盖另一个子程序或中断程序的局部存储器地址。

局部存储器在分配时PLC不进行初始化,初值可能是任意的。当在子程序调用中传递参数时,在被调用子程序的局部存储器中,由CPU替换其被传递的参数的值。局部存储器在参数传递过程中不传递值,在分配时不被初始化,可能包含任意数值。

局部存储器区的数据可以按位、字节、字、双字四种方式来存取。

(1)按“位”方式　每个位地址包括存储器标志符、字节地址及位号三部分。存储器标志符为“L”,字节地址为整数部分,位号为小数部分。例如L0.0。

(2)按“字节”方式　每个字节地址包括存储器字节标志符、字节地址两部分。存储器字节标志符为“LB”,字节地址为整数部分。例如LB1。

(3)按“字”方式　每个字地址包括存储器字标志符、字地址两部分。存储器字标志符为

“LW”,字地址为整数部分。相邻的两个字节组成一个字,且低位字节在一个字中应该是高 8 位,高位字节在一个字中应该是低 8 位,例如 LW0。

(4)按“双字”方式　每个双字地址包括存储器双字标志符、双字地址两部分。存储器双字标志符为“LD”,双字地址为整数部分。相邻的四个字节组成一个双字,最低位字节在一个双字中应该是最高 8 位。例如 LD0。

7. 位存储器 M

位存储器 M 用于保存中间操作状态和控制信息。该区虽然称为位存储器,但是其中的数据同样可以按位、字节、字、双字四种方式来存取。

(1)按“位”方式　每个位地址包括存储器标志符、字节地址及位号三部分。存储器标志符为“M”,字节地址为整数部分,位号为小数部分。例如 M31.6。

(2)按“字节”方式　每个字节地址包括存储器字节标志符、字节地址两部分。存储器字节标志符为“MB”,字节地址为整数部分。例如 MB31。

(3)按“字”方式　每个字地址包括存储器字标志符、字地址两部分。存储器字标志符为“MW”,字地址为整数部分。相邻的两个字节组成一个字,且低位字节在一个字中应该是高 8 位,高位字节在一个字中应该是低 8 位,例如 MW4。

(4)按“双字”方式　每个双字地址包括存储器双字标志符、双字地址两部分。存储器双字标志符为“MD”,双字地址为整数部分。相邻的四个字节组成一个双字,最低位字节在一个双字中应该是最高 8 位。例如 MD6。

8. 特殊存储器 SM

特殊存储器 SM 中存储了大量系统状态变量和有关控制信息,用于 CPU 和用户之间交换信息。用户可以按位、字节、字、双字四种方式来存取。

(1)按“位”方式　每个位地址包括存储器标志符、字节地址及位号三部分。存储器标志符为“SM”,字节地址为整数部分,位号为小数部分。例如 SM0.2。

(2)按“字节”方式　每个字节地址包括存储器字节标志符、字节地址两部分。存储器字节标志符为“SMB”,字节地址为整数部分。例如 SMB1。

(3)按“字”方式　每个字地址包括存储器字标志符、字地址两部分。存储器字标志符为“SMW”,字地址为整数部分。相邻的两个字节组成一个字,且低位字节在一个字中应该是高 8 位,高位字节在一个字中应该是低 8 位,例如 SMW0。

(4)按“双字”方式　每个双字地址包括存储器双字标志符、双字地址两部分。存储器双字标志符为“SMD”,双字地址为整数部分。相邻的四个字节组成一个双字,最低位字节在一个双字中应该是最高 8 位。例如 SMD0。

各特殊存储器的功能见系统手册。

9. 定时器存储器 T

定时器是 PLC 实现定时功能的计时装置,相当于继电器控制电路中的时间继电器。定时器对时间间隔计数,时间间隔又称分辨率。S7-200 的 CPU 提供三种定时器分辨率:1 ms、10 ms 和 100 ms。

定时器存储器的每个定时器的地址包括存储器标志符、定时器号两部分。存储器标志符为"T",定时器号为整数,如T0表示0号定时器。

10. 计数器存储器C

计数器用来累计输入脉冲的个数,计数脉冲由外部输入,计数脉冲的有效沿是输入脉冲的上升沿或下降沿,计数器有加计数器、减计数器和加减计数器三种。

计数器存储器的每个计数器地址包括存储器标志符、计数器号两部分。存储器标志符为"C",定时器号为整数,如C1表示1号计数器。

11. 高速计数器存储器HC

高速计数器用来累计比CPU扫描速率更快的事件。普通计数器的当前值和设定值为16位有符号整数,而高速计数器的当前值和设定值为32位有符号整数。

高速计数器存储器的每个高速计数器地址包括存储器标志符、计数器号两部分。存储器标志符为"HSC",定时器号为整数,如HSC0表示0号高速计数器。

12. 顺序控制继电器S

PLC在程序执行过程中,可能会用到顺序控制。顺序控制继电器在顺序控制过程中,用于组织步进过程的控制。

顺序控制继电器可以按位、字节、字、双字四种方式来存取。

(1)按"位"方式　每个位地址包括存储器标志符、字节地址及位号三部分。存储器标志符为"S",字节地址为整数部分,位号为小数部分。例如S0.0。

(2)按"字节"方式　每个字节地址包括存储器字节标志符、字节地址两部分。存储器字节标志符为"SB",字节地址为整数部分。例如SB1。

(3)按"字"方式　每个字地址包括存储器字标志符、字地址两部分。存储器字标志符为"SW",字地址为整数部分。相邻的两个字节组成一个字,且低位字节在一个字中应该是高8位,高位字节在一个字中应该是低8位,例如SW0。

(4)按"双字"方式　每个双字地址包括存储器双字标志符、双字地址两部分。存储器双字标志符为"SD",双字地址为整数部分。相邻的四个字节组成一个双字,最低位字节在一个双字中应该是最高8位。例如SD0。

13. 累加器AC

累加器是可以像存储器那样进行读写的设备。例如,可以利用累加器向子程序传递参数,或从子程序返回参数,以及用来存储计算的中间结果。但是,不能利用累加器做主程序和中断子程序之间的参数传递。S7-200提供了4个32位累加器(AC0、AC1、AC2、AC3)。可以按字节、字或双字来存取累加器数据中的数据。但是,以字节或字的方式读写累加器中的数据时,只能读写累加器32位数据中的最低8位或16位数据。只有采取双字的形式读写累加器中的数据时,才能一次读写全部32位数据。

每个累加器地址包括存储器标志符、累加器号两部分。存储器标志符为"AC",累加器号为整数,如AC0表示0号累加器。

表 22-1 为 S7-200 PLC 的 CPU 存储器范围及特性表。

表 22-1　　S7-200 PLC 的 CPU 存储器范围及特性表

<table>
<tr><th colspan="3">描述</th><th>CPU 221</th><th>CPU 222</th><th>CPU 224</th><th>CPU 224 XP</th><th>CPU 226</th></tr>
<tr><td colspan="3">输入映像存储器 I</td><td colspan="5">I0.0～I15.7</td></tr>
<tr><td colspan="3">输出映像存储器 Q</td><td colspan="5">Q0.0～Q15.7</td></tr>
<tr><td colspan="3">模拟量输入映像存储器 AI</td><td colspan="2">AIW0～AIW30</td><td colspan="3">AIW0～AIW62</td></tr>
<tr><td colspan="3">模拟量输出映像存储器 AQ</td><td colspan="2">AQW0～AQW30</td><td colspan="3">AQW0～AQW62</td></tr>
<tr><td colspan="3">变量存储器 V</td><td colspan="2">VB0～VB2047</td><td>VB0～VB8191</td><td colspan="2">VB0～VB10239</td></tr>
<tr><td colspan="3">局部存储器 L</td><td colspan="5">LB0～LB63</td></tr>
<tr><td colspan="3">位存储器 M</td><td colspan="5">M0.0～M31.7</td></tr>
<tr><td colspan="3">特殊存储器 SM(只读)</td><td>SM0.0～SM179.7
SM0.0～SM29.7</td><td colspan="2">SM0.0～SM299.7
SM0.0～SM29.7</td><td colspan="2">SM0.0～SM549.7
SM0.0～SM29.7</td></tr>
<tr><td rowspan="6">定时器存储器 T</td><td rowspan="3">记忆接通延迟</td><td>1 ms</td><td colspan="5">T0,T64</td></tr>
<tr><td>10 ms</td><td colspan="5">T1～T4,T65～T68</td></tr>
<tr><td>100 ms</td><td colspan="5">T5～T31,T69～T95</td></tr>
<tr><td rowspan="3">接通/关断延迟</td><td>1 ms</td><td colspan="5">T32,T96</td></tr>
<tr><td>10 ms</td><td colspan="5">T33～T36,T97～T100</td></tr>
<tr><td>100 ms</td><td colspan="5">T37～T63,T101～T255</td></tr>
<tr><td colspan="3">计数器存储器 C</td><td colspan="5">C0～C255</td></tr>
<tr><td colspan="3">高速计数器存储器 HC</td><td colspan="5">HC0～HC5</td></tr>
<tr><td colspan="3">顺序控制继电器 S</td><td colspan="5">S0.0～S31.7</td></tr>
<tr><td colspan="3">累加器 AC</td><td colspan="5">AC0～AC3</td></tr>
<tr><td colspan="3">跳转/标号</td><td colspan="5">0～255</td></tr>
<tr><td colspan="3">调用/子程序</td><td colspan="5">0～63</td></tr>
<tr><td colspan="3">中断程序</td><td colspan="5">0～127</td></tr>
<tr><td colspan="3">正/负跳变</td><td colspan="5">256</td></tr>
<tr><td colspan="3">PID 回路</td><td colspan="5">0～7</td></tr>
<tr><td colspan="3">串行通信接口</td><td colspan="3">端口 0</td><td colspan="2">端口 0,1</td></tr>
</table>

三、S7-200 数据的保持

S7-200 的 CPU 中的数据存储器分为两类：易失性的 RAM 存储器和永久保存的 EEPROM。

S7-200 的 CPU 在工作时，各种数据都保存在 RAM 中，如变量存储器 V、位存储器 M、定时器 T 和计数器 C 等的数据。RAM 存储器需要为其提供电源方能保持其中的数据不丢失。

S7-200 的 CPU 内置有 EEPROM 存储器，用来存储程序块、数据块、系统块、强制值、组态为掉电保存的 M 存储器和在用户程序的控制下写入的指定值。

在 S7-200 的系统块中,有设置 RAM 数据保持区的选项。

S7-200 提供了多种保持数据的方法,用户可以根据需要灵活选用。

1. 内置超级电容保持数据

S7-200 的 CPU 中的内置超级电容可在短期断电期间为 RAM 和实时时钟(如果有)提供电源。断电后,CPU 221 和 CPU 222 的超级电容可提供约 50 h 的数据保持,CPU 224、CPU 224 XP 和 CPU 226 可保持数据约 100 h。超级电容在 CPU 上电时充电,为保证获得上述指标的数据保持时间,需要充电至少 24 h。

2. 内置超级电容+电池卡保持数据

可以在 S7-200 的 CPU 的可选卡插槽上插入电池卡,以获得更长的数据保持时间。对于 CPU 221 和 CPU 222 来说,还可以选用时钟/电池卡,以同时获得数据的电池备份功能和实时时钟。

CPU 断电后,首先依靠内置超级电容为数据保持提供电源。超级电容放电完毕后,电池起作用。它们一起组成一个"内置超级电容+电池卡"的电源备份机制。完全靠电池为 CPU 提供数据备份电源时,电池寿命约为 200 d。

3. 使用数据块

用户编程时可以编辑数据块,用于给变量存储器赋初值。由于数据块从 S7-200 下载到 CPU 中时,也会存储到 EEPROM 中,所以数据块的内容永远不会丢失。数据块可以用于保存程序中用到的不改变的一些参数。

4. 使用系统块

S7-200 的 CPU 的 M 存储器有 14 个字节的存储单元(MB0～MB13),可以在 CPU 断电时自动将其中的内容写入 EEPROM 的相应区域中。默认情况下,M 存储器的这 14 个字节未设置为自动保存,需要在 S7-200 的系统块中进行设置。

5. 编程保存数据

在程序中利用特殊存储器 SMB31 和 SMW32,可以把变量存储器 V 中的任意地址的数据写到相应的 EEPROM 中。每次操作可以写入 1 字节、1 字或双字长度的数据。多次执行操作,可以写入多个数据。由于 EEPROM 的写操作次数有限(典型的为 100 万次),在程序中必须注意写入操作的频率。

6. 使用存储卡

存储卡为可拆卸的不可变存储器,通过 S7-200 的资源管理器,可以将文档文件(. doc、. text、. pdf 等)存储在存储卡内,也可以将普通文件保留在存储卡中(复制、删除、创建目录和放置文件)。

要安装存储卡,应先从 S7-200 的 CPU 上取下塑料盖,然后将存储卡插入槽中。正确安装存储卡至关重要,要避免静电放电损坏存储卡或 CPU 接口。要取下存储卡时,应使用接地导电垫或戴接地手套,应当把存储卡存放在导电容器中。

当下载程序时,出于安全考虑,程序块、数据块和系统块将存储在 EEPROM 中。而配方和数据归档组态将存储在存储卡中,并更新原有的配方和数据归档。那些不涉及下载操作的程序部分也将保留在永久存储器和存储卡中,保持不变。如果程序下载涉及配方或数据归档组态,则存储卡就必须一直装在 S7-200 上;否则,程序可能无法正确运行。

四、S7-200 PLC 的寻址方式

在 S7-200 PLC 中，CPU 存储器的寻址方式分为直接寻址和间接寻址两种形式。

1. 直接寻址

在一条指令中，如果操作数是以其所在地址的形式出现的，这种指令的寻址方式就是直接寻址。例如：

MOVB　VB40　VB30

该指令的功能是将 VB40 中的数据传送给 VB30，其中源操作数的数值在指令中并未给出，只给出了存储源操作数的地址 VB40，执行该指令时要到 VB40 中寻找操作数。

前面所述的 13 个存储器均可用于直接寻址。

2. 间接寻址

所谓间接寻址，是指在存储单元中放置一个地址指针，按照这一地址找到的存储单元中的数据才是所要取的操作数，相当于间接地取得数据。地址指针前加“*”，例如：

MOVW　2009　*VD40

该指令中，*VD40 就是地址指针，在 VD40 中存放的是一个地址值，而该地址才是操作数 2009 应存储的地址。如果 VD40 中存放的是 VW0，则该指令的功能是将数值 2009 传送到 VW0 地址中。

S7-200 PLC 的间接寻址方式适用的存储器是 I、Q、V、M、S、T(限于当前值)、C(限于当前值)。此外，间接寻址还需建立间接寻址的指针和对指针的修改。

为了对某一存储器的某一地址进行间接寻址，首先要为该地址建立指针。指针长度为双字，存放另一个存储器的地址。间接寻址只能使用 V、L、AC1、AC2、AC3 作为指针。为了生成指针，必须使用双字传送指令(MOVD)，将存储器某个位置的地址移入存储器的另一个位置或累加器中作为指针。指令的输入操作数必须使用“&”符号表示某一位置的地址，而不是它的数值。例如：

MOVD　&VB0，AC2

该指令的功能是将 VB0 这个地址送入 AC2 中(不是把 VB0 中存储的数据送入 AC2 中)，该指令执行后，AC2 即间接寻址的指针。

在间接寻址方式中，指针指示了当前存取数据的地址。当一个数据已经存入或取出后，如果不及时修改，指针就会出现以后存取仍使用已经用过的地址的现象。为了使存取地址不重复，必须修改指针。因为指针为 32 位的值，所以使用双字指令来修改指针值。加法指令或自增指令可用于修改指针值。

要注意存取数据的长度。当存取一个字节时，指针值加 1；当存取一个字、定时器或计数器的当前值时，指针值加 2；当存取双字时，指针值加 4。

项目二十三

S7-200的位逻辑指令

位逻辑指令针对触点和线圈进行运算操作。触点及线圈指令是 PLC 中应用最多的指令。

使用时要弄清指令的逻辑含义以及指令在两种表达形式(梯形图与指令语句)中的对应关系。

一、触点指令

以下以 S7-200 系列 PLC 指令为主介绍触点指令,S7-200 系列可编程控制器的触点指令见表 23-1,从表中可见有的一个梯形图指令对应多个语句表指令,说明梯形图编程比语句表编程简单、直观。

表 23-1　　S7-200 系列 PLC 的触点指令

<table>
<tr><th>名称</th><th>LAD</th><th>STL</th><th>功能</th></tr>
<tr><td rowspan="3">常开触点</td><td rowspan="3">Bit
─┤ ├─</td><td>LD Bit</td><td>常开触点与左侧母线相连接</td></tr>
<tr><td>A Bit</td><td>常开触点与其他程序段串联</td></tr>
<tr><td>O Bit</td><td>常开触点与其他程序段并联</td></tr>
<tr><td rowspan="3">常闭触点</td><td rowspan="3">Bit
─┤/├─</td><td>LDN Bit</td><td>常闭触点与左侧母线相连接</td></tr>
<tr><td>AN Bit</td><td>常闭触点与其他程序段串联</td></tr>
<tr><td>ON Bit</td><td>常闭触点与其他程序段并联</td></tr>
<tr><td rowspan="3">立即常开触点</td><td rowspan="3">Bit
─┤|├─</td><td>LDI Bit</td><td>立即常开触点与左侧母线相连接</td></tr>
<tr><td>AI Bit</td><td>立即常开触点与其他程序段串联</td></tr>
<tr><td>OI Bit</td><td>立即常开触点与其他程序段并联</td></tr>
<tr><td rowspan="3">立即常闭触点</td><td rowspan="3">Bit
─┤/|├─</td><td>LDNI Bit</td><td>立即常闭触点与左侧母线相连接</td></tr>
<tr><td>ANI Bit</td><td>立即常闭触点与其他程序段串联</td></tr>
<tr><td>ONI Bit</td><td>立即常闭触点与其他程序段并联</td></tr>
<tr><td>取反</td><td>─┤NOT├─</td><td>NOT</td><td>改变能流输入的状态</td></tr>
<tr><td>正跳变</td><td>─┤P├─</td><td>EU</td><td>检测到一次上升沿,能流接通一个扫描周期</td></tr>
<tr><td>负跳变</td><td>─┤N├─</td><td>ED</td><td>检测到一次下降沿,能流接通一个扫描周期</td></tr>
</table>

常开触点和常闭触点称为标准触点，其操作数为 I、Q、V、M、SM、S、T、C、L 等。

立即触点(立即常开触点和立即常闭触点)的操作数为 I。触点指令的数据类型均为布尔型。

常开触点对应的存储器地址位为 1 状态时，该触点闭合。在指令语句表中，用 LD(Load，装载)、A(And，与)和 O(Or，或)指令来表示。常闭触点对应的存储器地址位为 0 状态时，该触点闭合，在指令语句表中，用 LDN(Load Not)、AN(And Not)和 ON(Or Not)来表示，触点符号中间的“/”表示常闭。

立即触点并不依赖于 S7-200 的扫描周期刷新，它会即时刷新。立即触点指令只能用于输入量 I。执行立即触点指令时，立即读入物理输入点的值，根据该值决定触点的接通/断开状态，但是并不更新该物理输入点对应的输入映像存储器的值。

取反触点将它左边电路的逻辑运算结果取反，逻辑运算结果若为 1，则变为 0；若为 0，则变为 1，即取反指令改变能流输入的状态，该指令没有操作数。正跳变触点指令对其之前的逻辑运算结果的上升沿产生一个宽度为一个扫描周期的脉冲。正跳变指令的助记符为 EU(Edge Up，上升沿)，该指令没有操作数，其中间的“P”表示正跳变(Positive Transition)。

负跳变触点指令对逻辑运算结果的下降沿产生一个宽度为一个扫描周期的脉冲。负跳变指令的助记符为 ED(Edge Down，下降沿)，指令没有操作数，其中间的“N”表示负跳变(Negative Transition)。

正、负跳变指令常用于启动及关断条件的判定，以及配合功能指令完成一些逻辑控制任务。由于正跳变指令或负跳变指令要求上升沿或下降沿的变化，所以不能在第一个扫描周期中检测到上升沿或下降沿的变化。

二、线圈指令

线圈指令用来表达一段程序的运算结果。线圈指令包括普通线圈指令、置位及复位线圈指令和立即线圈指令等类型。

普通线圈指令(=)又称为输出指令，在工作条件满足时，指定位对应的映像存储器为 1，反之则为 0。

置位线圈指令 S 在相关工作条件满足时，从指定位地址开始的 N 个位地址都被置位(变为 1)，$N=1\sim255$。工作条件失去后，这些位仍保持置 1，复位需用线圈复位指令。执行复位线圈指令 R 时，从指定位地址开始的 N 个位地址都被复位(变为 0)，$N=1\sim255$。

如果对定时器状态位(T)/计数器位(C)复位，则不仅复位了定时器位/计数器位，而且定时器/计数器的当前值也被清零。

立即线圈指令(=I)又称为立即输出指令，“I”表示立即。当指令执行时，新值会同时被写到输出映像存储器和相应的物理输出，这一点不同于非立即指令(非立即指令执行时只把新值写入输出映像存储器，而物理输出的更新要在 PLC 的输出刷新阶段进行)，该指令只能用于输出量 Q。

S7-200 系列 PLC 的线圈指令见表 23-2。

表 23-2　　S7-200 系列 PLC 的线圈指令

名称	LAD	STL	功能
输出	Bit —( )	= Bit	将运算结果输出
立即输出	—(I)	=I Bit	将运算结果立即输出
置位	Bit —(S) N	S Bit,N	将从指定地址开始的 N 个点置位
复位	Bit —(R) N	R Bit,N	将从指定地址开始的 N 个点复位
立即置位	Bit —(SI) N	SI Bit,N	立即从指定地址开始的 N 个点置位
立即复位	Bit —(RI) N	RI Bit,N	立即从指定地址开始的 N 个点复位
无操作	N —[NOP]	NOP N	指令对用户程序执行无效。在 FBD 模式中不可使用该指令，操作数 N 为 0～255

三、触点、线圈指令示例

图 23-1 所示为触点、线圈指令编程示例，图中左侧为三个梯形图程序，右侧为对应指令表。图 23-2 为各程序的时序图。

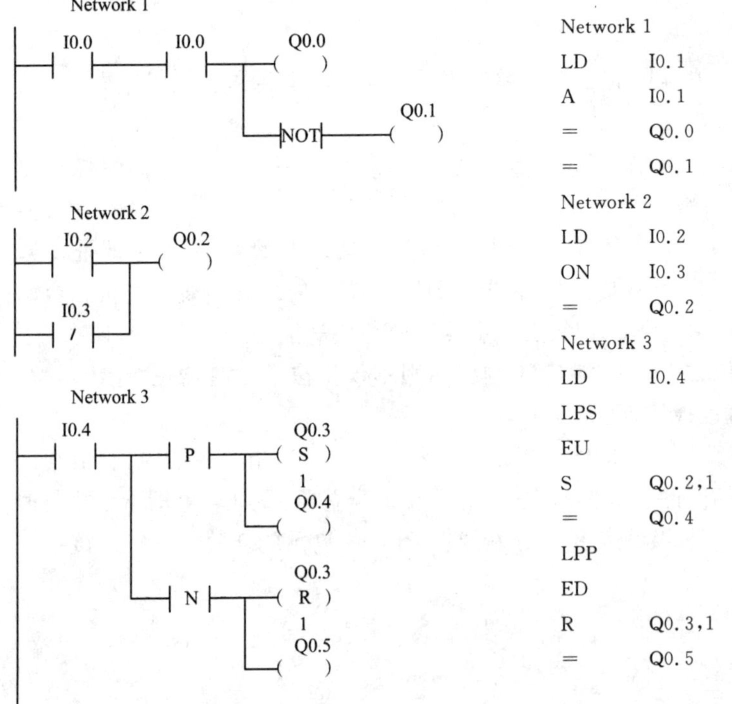

图 23-1　触点、线圈指令编程示例

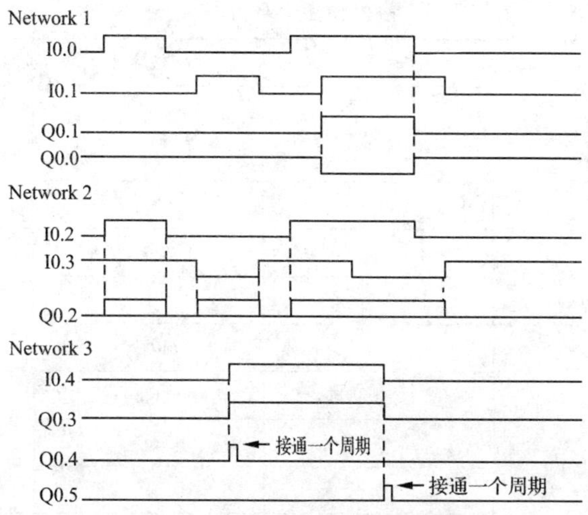

图 23-2　触点、线圈指令编程示例时序图

四、触发器指令

置位优先触发器是一个置位优先的锁存器，其梯形图符号如图 23-3(a)所示。当置位信号(S1)为真时，输出为真。

复位优先触发器是一个复位优先的锁存器，其梯形图符号如图 23-3(b)所示。当复位信号(R1)为真时，输出为假。

Bit 参数用于指定被置位或者复位的布尔参数。可选的输出反映 Bit 参数的信号状态。

表 23-3 列出了触发器指令的有效操作数。表 23-4 为触发器指令真值表。

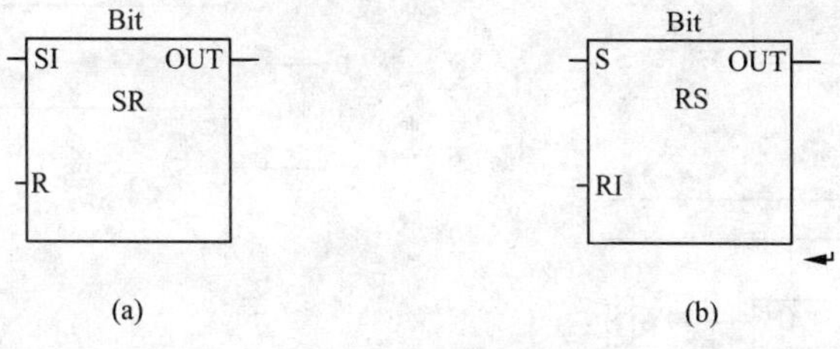

图 23-3　触发器指令的梯形图符号

表 23-3　RS 触发器指令有效操作数表

输入/输出	数据类型	操作数
S1、R	BOOL	I、Q、V、M、SM、S、T、C、能流
S、R1、OUT	BOOL	I、Q、V、M、SM、S、T、C、L、能流
Bit	BOOL	I、Q、V、M、S

表 23-4　　触发器指令真值表

	指令		
	S1	R	OUT(Bit)
置位优先指令(SR)	0	0	保持前一状态
	0	1	0
	1	0	1
	1	1	1
	指令		
	S	R1	OUT(Bit)
复位优先指令(RS)	0	0	保持前一状态
	0	1	0
	1	0	1
	1	1	0

图 23-4 为触发器指令示例的梯形图和时序图。

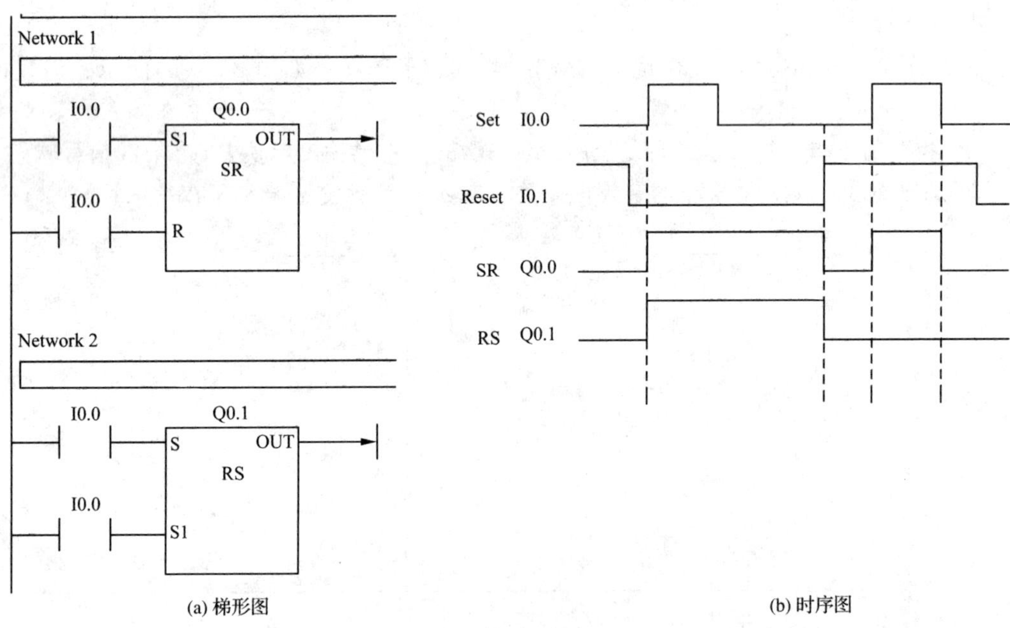

(a) 梯形图　　(b) 时序图

图 23-4　触发器指令示例梯形图和时序图

项目二十四

定时器计数器指令

一、定时器指令

1. 定时器概述

定时器对时间间隔计数,时间间隔称为分辨率,又称为时基。

定时器指令用来规定定时器的功能,S7-200 的 CPU 提供了 256 个定时器,共有三种类型:接通延时定时器(TON)、有记忆接通延时定时器(TONR)和断开延时定时器(TOF)。见表 24-1。

表 24-1　　定时器分类及特征

定时器类型	分辨率/ms	最长定时值/s	定时器号
TONR	1	32.767	T0、T64
	10	327.67	T1～T4、T65～T68
	100	3 276.7	T5～T31、T69～T95
TON、TOF	1	32.767	T32、T96
	10	327.67	T33～T36、T97～T100
	100	3 276.7	T37～T63、T101～T255

定时器的分辨率决定了每个时间间隔的时间长短。例如,一个分辨率为 10 ms 的接通延时定时器,在启动输入位接通后,以 10 ms 的间隔计数,若其计数值为 50,则代表 500 ms。定时器号决定了定时器的分辨率。

对于分辨率为 1 ms 的定时器来说,定时器状态位和当前值的更新不与扫描周期同步。对于大于 1 ms 的程序扫描周期,定时器状态位和当前值在一次扫描内刷新多次。

对于分辨率为 10 ms 的定时器来说,定时器状态位和当前值在每个程序扫描周期开始时刷新。定时器状态位和当前值在整个扫描周期过程中为常数。在每个扫描周期的开始会将一个扫描累计的时间间隔加到定时器当前值上。

对于分辨率为 100 ms 的定时器来说,定时器状态位和当前值在指令执行时刷新。因此,为了使定时器保持正确的定时值,要确保在一个程序扫描周期中,只执行一次 100 ms 定时器指令。

从表 24-1 中可以看出，TON 和 TOF 使用相同范围的定时器号。

注意：在同一个 PLC 程序中，一个定时器号只能使用一次。即在同一个 PLC 程序中，不能既有接通延时(TON)定时器 T32，又有断开延时(TOF)定时器 T32。

表 24-2 列出了定时器指令 LAD 和 STL。表中以接通延时定时器为例，T33 为定时器号，IN 为位能输入位，接通时启动定时器，10 ms 为 T33 的分辨率，PT 为预置值，* 可以为 IW、QW、VW、MW、SMW、SW、LW、T、C、AC、AIW、* VD、* LD、* AC、常数。定时器的定时时间等于其分辨率和预置值的乘积。使用软件 STEP 7 Micro/WIN 梯形图方式编程时，所使用定时器指令可选的定时器号及对应的分辨率有工具提示(将光标放在计时器框内稍等片刻即可看到)。

表 24-2　　定时器指令

指　令	名　称		
	接通延时定时器	有记忆接通延时定时器	断开延时定时器
LAD	T33 IN　TON PT　10 ms	T4 IN　TONR PT　10 ms	T37 IN　TOF PT　100 ms
STL	TON　T33，*	TONR T4，*	TOF T37，*

2. 接通延时定时器 TON

接通延时定时器 TON 用于单一间隔的定时，当启动输入 IN 接通时，接通延时定时器开始计时，当定时器的当前值大于等于预置值(PT)时，该定时器状态位被置位。当启动输入 IN 断开时，接通延时定时器复位，当前值被清除(在定时过程中，启动输入需一直接通)。达到预置值后，定时器仍继续定时，达到最大值 32 767 时停止。图 24-1 所示为接通延时定时器使用示例，图 24-2 为其时序图。

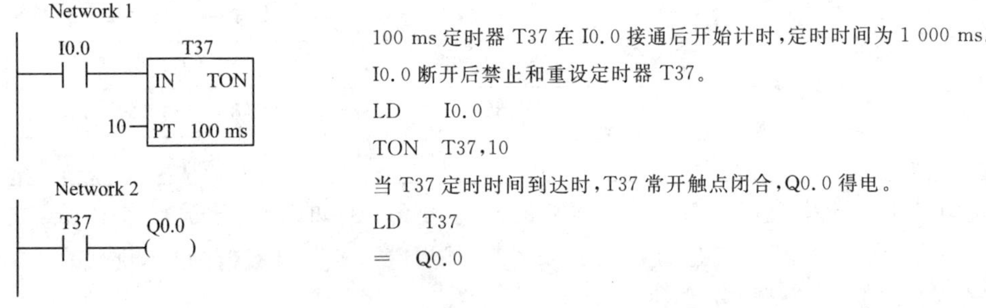

图 24-1　接通延时定时器使用示例

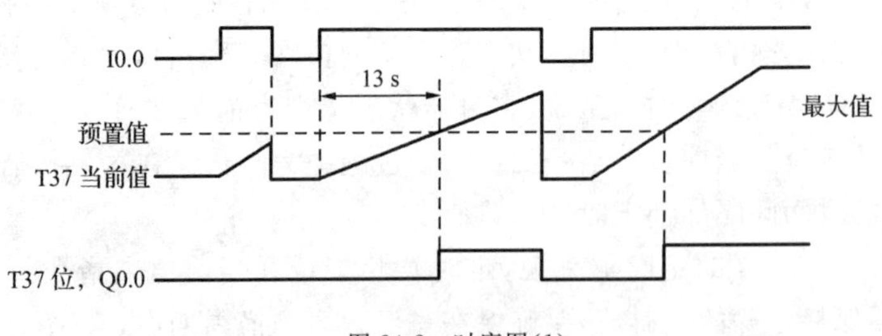

图 24-2　时序图(1)

从时序图中可以看出：定时器 T37 在 I0.0 接通后开始计时，当定时器的当前值等于预置值 10（延时 $100\times10\times10^{-3}=1$ s）时，T37 位（其常开触点闭合 Q0.0 得电）。此后，如果 I0.0 仍然接通，定时器继续计时直到最大值 32 767，T37 位保持接通直到 I0.0 断开。任何时刻，只要 I0.0 断开，则 T37 就复位：定时器状态位为 OFF，当前值＝0。

3. 有记忆接通延时定时器 TONR

有记忆接通延时定时器 TONR 用于累计多个时间间隔。和 TON 相比，TONR 具有以下特点：

（1）当启动输入 IN 接通时，TONR 以上次的保持值作为当前值开始计时。

（2）当启动输入 IN 断开时，TONR 的定时器状态位和当前值保持最后状态。

（3）上电周期或首次扫描时，TONR 的定时器状态位为 OFF，当前值为掉电之前的值。因此 TONR 定时器只能用复位指令 R 对其复位。图 24-3 所示为有记忆接通延时定时器 TONR 使用示例。图 24-4 为其时序图。

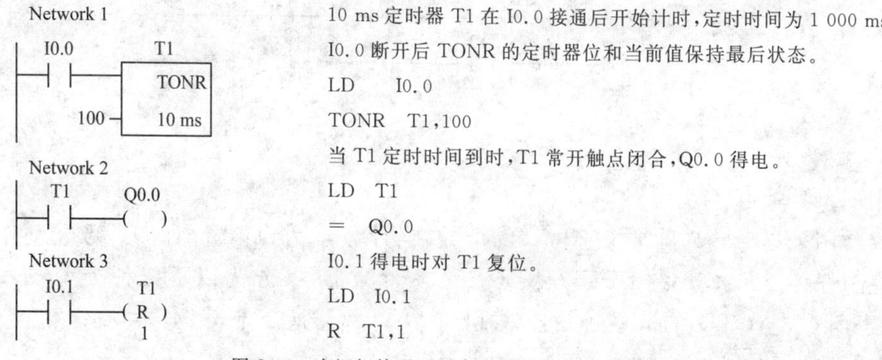

图 24-3　有记忆接通延时定时器 TONR 使用示例

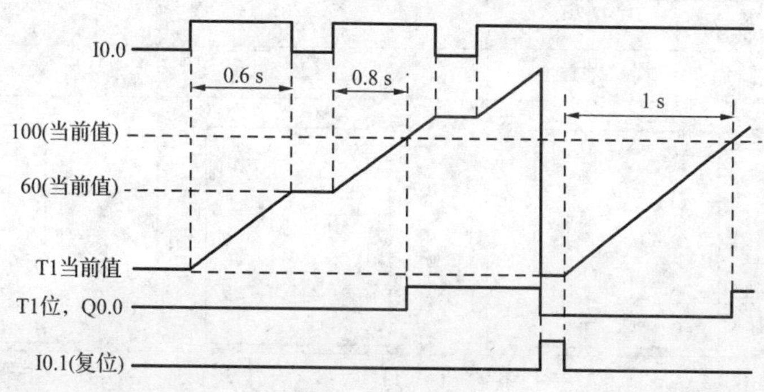

图 24-4　时序图(2)

4. 断开延时定时器 TOF

断开延时定时器 TOF 用于关断或故障事件后的延时，例如在电动机停止后，需要冷却电动机。当启动输入接通时，定时器状态位立即接通，并把当前值设为 0。当启动输入断开时，定时器开始计时，直到达到预设时间。当达到预设时间时，定时器状态位断开，并且停止计时当前值。当启动输入断开的时间短于预设时间时，定时器状态位保持接通。TOF 必须用使能输入的下降沿启动计时。图 24-5 所示为断开延时定时器 TOF 使用示例。图 24-6 为其时序图。

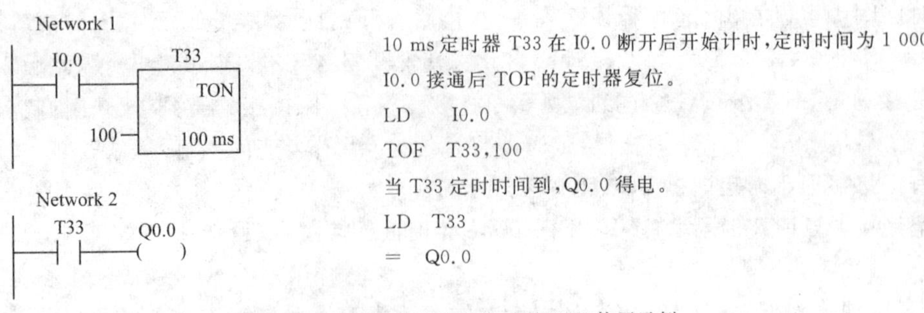

图 24-5 断开通延时定时器 TOF 使用示例

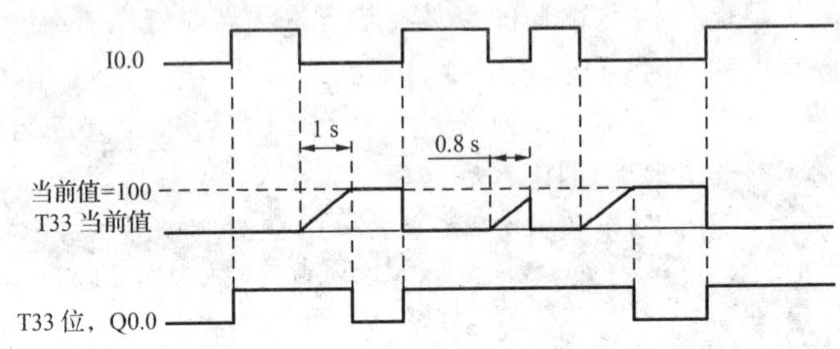

图 24-6 时序图(3)

二、计数器指令

计数器用来累计输入脉冲(上升沿)的个数，当计数器达到预置值时，计数器动作，以完成计数控制任务。S7-200 的 CPU 提供了 256 个计数器，共分为以下三种类型：加计数器(CTU)、减计数器(CTD)、加/减计数器(CTUD)。计数器指令见表 24-3。

表 24-3 **计数器指令**

指令	名称		
	加计数器(CTU)	减计数器(CTD)	加/减计数器(CTUD)
LAD	C××× CU CTU R ???? PV	C××× CD CTD LD PV	C××× CU CTUD CD R ???? PV
STL	CTU C×××,PV	CTD C×××,PV	CTUD C×××,PV

在表 24-2 中，C×××为计数器号，取 C0～C255(因为每个计数器有一个当前值，不要将相同的计数器号码指定给一个以上计数器)；CU 为增计数器信号输入端，CD 为减计数器信号输入端；R 为复位输入；LD 为预置值装载信号输入(相当于复位输入)；PV 为预置值。计数器的当前值是否掉电保持可以由用户设置。

1. 加计数器指令(CTU)

每个加计数器有一个 16 位的当前值寄存器及一个状态位。对于加计数器，在 CU 输入端，每当一个上升沿到来时，计数器当前值加 1，直至计数到最大值(32 767)。当当前计数值大于或等于预置计数值(PV)时，该计数器状态位被置位(置 1)，计数器的当前值仍被保持。如果在 CU 端仍有上升沿到来时，计数器仍计数。且不影响计数器的状态位。当复位端

(R)置位时,计数器被复位,即当前值清零,状态位也清零。

图 24-7 所示为加计数器指令使用示例。加计数器 C40 对 CU 输入端(I0.0)的脉冲累加值达到 3 时,计数器的状态位被置 1,C40 常开触点闭合,使 Q0.0 得电:直至 I0.1 触点闭合,使计数器 C40 复位,Q0.0 失电。

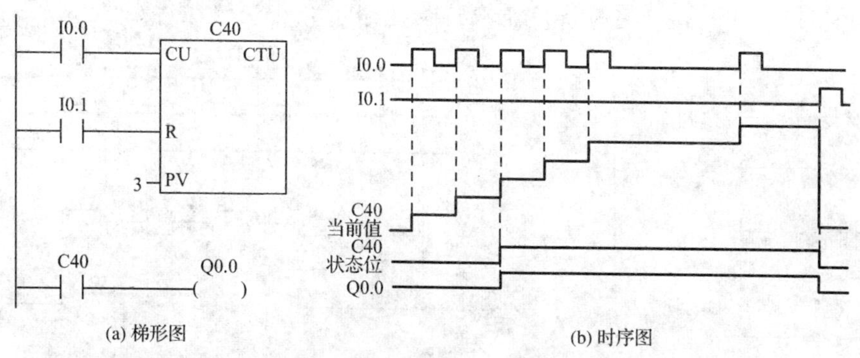

图 24-7　加计数器使用示例

2. 减计数器指令(CTD)

每个减计数器有一个 16 位的当前值寄存器及一个状态位。对于减计数器,当复位端 LD 输入脉冲上升沿信号时,计数器被复位,减计数器被装入预设值(PV),状态位被清零,但是启动对 CD 的计数是在该脉冲的下降沿。

当启动计数后,在 CD 输入端,每当一个上升沿到来时,计数器当前值减 1,当当前计数值等于 0 时,该计数器状态位被置位,计数器停止计数。如果在 CD 端仍有上升沿到来,计数器仍保持为 0,且不影响计数器的状态位。图 24-8 所示为减计数器指令使用示例。I0.1 的上升沿信号给 C1 复位端(LD)一个复位信号,使其状态位为 0,同时 C1 被装入预置值 3。C1 的输入端 CD 累积脉冲达到 3 时,C1 的当前值减到 0,使 C1 的状态位置 1,使 Q0.0 得电,直至 I0.1 的下一个上升沿到来,C1 复位,状态位为 0,C1 再次被装入预置值 3。(以下略)

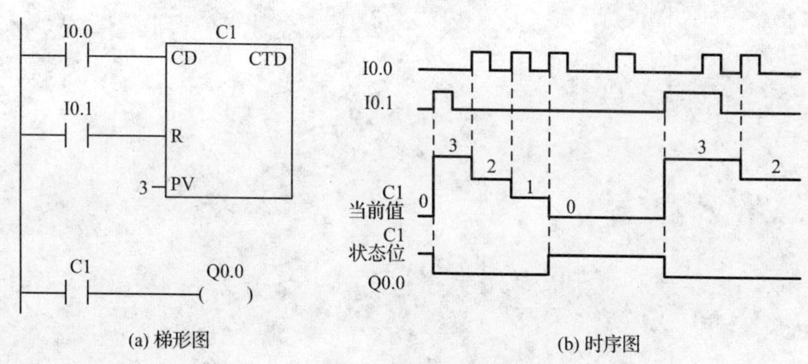

图 24-8　减计数器使用示例

3. 加/减计数器指令(CTUD)

加/减计数器指令(CTUD)兼有加计数器和减计数器的双重功能,在每一个加计数输入(CU)的上升沿时加计数,在每一个减计数输入(CD)的上升沿时减计数。计数器的当前值保存当前计数值。在每一次计数器执行时,预置值 PV 与当前值进行比较。当 CTUD 计数器当前值大于等于预置值PV时，计数器状态为置位；否则，计数器状态为复位。当复位端(R)接通或者执行复位指令后，计数器被复位。

当达到最大值(32 767)时，加计数输入端的下一个上升沿导致当前计数值变为最小值(－32 768)。当达到最小值(－32 768)时，减计数输入端的下一个上升沿导致当前计数值变为最大值(32 767)。图24-9所示为加/减计数器指令使用示例。

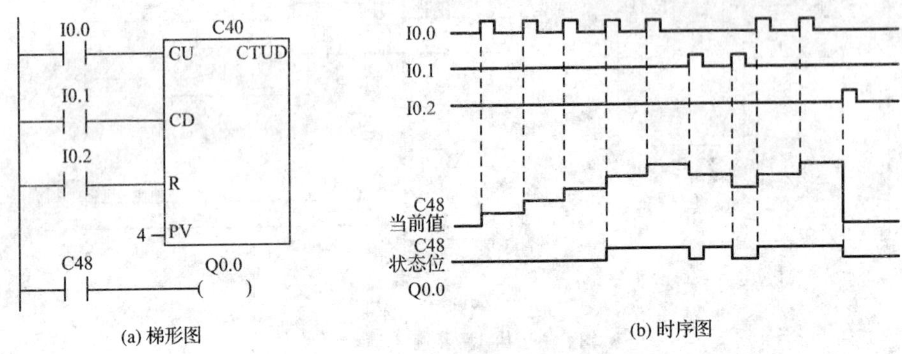

图24-9 加/减计数器使用示例

项目二十五

数据处理指令

一、比较指令

比较指令用于比较两个数值或字符串，当满足比较关系式给出的条件时，触点闭合。比较指令为实现上、下限控制以及数值条件判断提供了方便。比较指令有五种类型：字节比较、整数(字)比较、双字比较、实数比较和字符串比较。其中字节比较是无符号的，整数比较、双字比较、实数比较是有符号的。

数值比较指令的运算有=、>=、<=、>、<和<>等 6 种，而字符串比较指令只有=和<>两种。

对比较指令可进行“LD”“A”和“O”编程。

比较指令见表 25-1。

表 25-1　　比较指令

指　令	名　称				
	字节比较	整数比较	双字比较	实数比较	字符串比较
LAD (以>为例)	IN1 —|B|— IN2	IN1 —|I|— IN2	IN1 —|D|— IN2	IN1 —|R|— IN2	IN1 —|S|— IN2
STL	LDB=IN1,IN2 AB=IN1,IN2 OB=IN1,IN2 LDB<>IN1,IN2 AB<>IN1,IN2 OB<>IN1,IN2 LDB<IN1,IN2 AB<IN1,IN2 OB<IN1,IN2 LDB<=IN1,IN2 AB<=IN1,IN2 OB<=IN1,IN2 LDB>IN1,IN2 AB>IN1,IN2 OB>IN1,IN2 LDB>=IN1,IN2 AB>=IN1,IN2 OB>=IN1,IN2	LDW=IN1,IN2 AW=IN1,IN2 OW=IN1,IN2 LDW<>IN1,IN2 AW<>IN1,IN2 OW<>IN1,IN2 LDW<IN1,IN2 AW<IN1,IN2 OW<IN1,IN2 LDW<=IN1,IN2 AW<=IN1,IN2 OW<=IN1,IN2 LDW>IN1,IN2 AW>IN1,IN2 OW>IN1,IN2 LDW>=IN1,IN2 AW>=IN1,IN2 OW>=IN1,IN2	LDD=IN1,IN2 AD=IN1,IN2 OD=IN1,IN2 LDD<>IN1,IN2 AD<>IN1,IN2 OD<>IN1,IN2 LDD<IN1,IN2 AD<IN1,IN2 OD<IN1,IN2 LDD<=IN1,IN2 AD<=IN1,IN2 OD<=IN1,IN2 LDD>IN1,IN2 AD>IN1,IN2 OD>IN1,IN2 LDD>=IN1,IN2 AD>=IN1,IN2 OD>=IN1,IN2	LDR=IN1,IN2 AR=IN1,IN2 OR=IN1,IN2 LDR<>IN1,IN2 AR<>IN1,IN2 OR<>IN1,IN2 LDR<IN1,IN2 AR<IN1,IN2 OR<IN1,IN2 LDR<=IN1,IN2 AR<=IN1,IN2 OR<=IN1,IN2 LDR>IN1,IN2 AR>IN1,IN2 OR>IN1,IN2 LDR>=IN1,IN2 AR>=IN1,IN2 OR>=IN1,IN2	LDS=IN1,IN2 AS=IN1,IN2 OS=IN1,IN2 LDS<>IN1,IN2 AS<>IN1,IN2 OS<>IN1,IN2

在表 25-1 中，触点中间的 B、I、D、R 和 S 分别表示字节、整数、双字、实数和字符串比较。以 LD、A、O 开始的比较指令分别表示开始、串联和并联的比较触点。

字节比较用于比较两个字节型无符号整数值 IN1 和 IN2 的大小，整数比较用于比较两个字节的有符号整数值 IN1 和 IN2 的大小，其范围是 16＃8000～16＃7FFF。双字整数比较用于比较两个有符号双字 INl 和 IN2 的大小，其范围是 16＃80000000～16＃7FFFFFFF。实数比较指令用于比较两个实数 1N1 和 IN2 的大小，是有符号的比较。字符串比较指令比较两个字符串的 ASCII 码是否相等。比较指令的用法如图 25-1 所示。

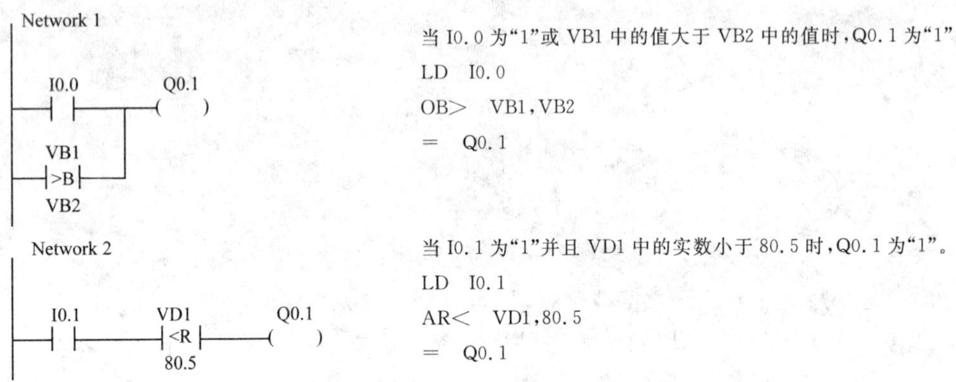

图 25-1 比较指令编程示例

二、传送指令

传送指令在不改变原存储单元值（内容）的情况下，将 IN（输入端存储单元）的值复制到 OUT（输出端存储单元）中。可用于存储单元的清零、程序初始化等场合。

传送包括单个数据传送及一次性传送多个连续字块的传送。每种又可依传送数据的类型分为字节、字、双字或者实数等情况。见表 25-2。

表 25-2 **传送指令**

指令名称	LAD	STL	指令功能
单个数据传送指令	MOV_* EN ENO ????-IN OUT-????	MOV＊ IN，OUT	使能输入 EN 有效时，把一个字节（字、双字、实数）由 IN 传送到 OUT 所指定的存储单元
块传送指令	BLKMOV_* EN ENO ????-IN OUT-???? ????-N	BM＊ IN，OUT，N	使能输入 EN 有效时，把从 IN 开始的 *N* 个字节（字、双字）传送到从 OUT 开始的 *N* 个字节（字、双字）存储单元
字节交换指令	SWAP EN ENO ????-IN	SWAP IN	使能输入 EN 有效时，交换输入字 IN 的高字节和低字节

续表

指令名称	LAD	STL	指令功能
字节立即读指令	MOV_BIR: EN, ENO; ????-IN, OUT-????	BIR　IN,OUT	使能输入 EN 有效时,立即读取 1 个字节的物理输入 IN,并传送到 OUT 所指的存储单元,但映像存储器并不刷新
字节立即写指令	MOV_BIW: EN, ENO; ????-IN, OUT-????	BIW　IN,OUT	使能输入 EN 有效时,立即将 IN 单元的字节数据写入 OUT 所指的存储单元的映像存储器和物理区。该指令用于把计算结果立即输出到负载

注:表中的 * 可以是 B、W、DW(或 D)、和 R,分别表示操作数为字节、字、双字和实数。传送指令的输入/输出数据应当等长度。

三、移位指令

移位指令的功能是将二进制数按位向左或向右移动。可分为左移、右移、循环左移和循环右移四种。左移一位后,其最低位补 0;右移一位后,其最高位补 0;循环左移一位后,移出的最高位填入最低位;循环右移一位后,移出的最低位填入最高位。

在 S7-200 PLC 中,左、右移位指令每次移出的位将送入特殊存储器 SM1.1 中,循环移位指令每次移出的位除送入另一端外,也将送入 SM1.1 中。若左移、右移指令中移位次数大于被移数据的位数,则特殊存储器 SM1.0 置位。

S7-200 PLC 移位指令的操作数可以是字节型、字型或双字型,见表 25-3。

表 25-3　　移位指令

指令名称	LAD	STL	指令功能
左移指令	SHL_*: EN, ENO; ????-IN, OUT-????; ????-N	SL＊　OUT,N	将输入值 IN 左移 *N* 位,并将结果装载到 OUT
右移指令	SHR_*: EN, ENO; ????-IN, OUT-????; ????-N	SR＊　OUT,N	将输入值 IN 右移 *N* 位,并将结果装载到 OUT
循环左移指令	ROL_*: EN, ENO; ????-IN, OUT-????; ????-N	RL＊　OUT,N	将输入值 IN 循环左移 *N* 位,并将结果装载到 OUT

续表

指令名称	LAD	STL	指令功能
循环右移指令	RORL_* EN ENO ????-IN OUT-???? ????-N	RR * OUT,N	将输入值 IN 循环右移 N 位,并将结果装载到 OUT
移位寄存器指令	SHRB EN ENO ????-DATA ????-S_Bit ????-N	SHRB DATA,S_BIT,N	把输入的 DATA 数值移入移位寄存器。其中,S_BIT 指定移位寄存器的最低位,N 指定移位寄存器的长度和移位方向[N 为正,则正向移位(数据从最低位移入,最高位移出);N 为负,则反向移位]

注:表中 * 可以是 B、W、DW,分别表示操作数为字节、字、双字。

图 25-2 所示为移位寄存器指令应用示例。

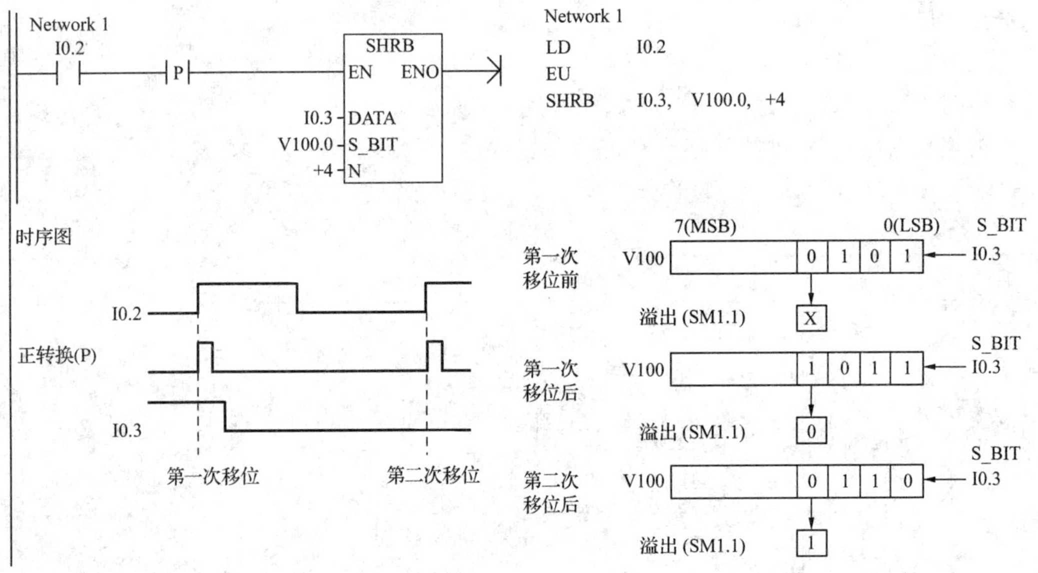

图 25-2 移位寄存器指令应用示例

项目二十六

程序控制指令

程序控制指令使程序结构灵活，合理使用程序控制指令可以优化程序结构，增强程序功能。程序控制指令见表 26-1。

表 26-1　　　　程序控制指令

指令名称		LAD	STL	指令功能
循环指令	FOR	FOR ENO INDX INIT FINAL	FOR INDX,INIT, FINAL	循环开始，INDX 为当前循环次数计数器，INIT 为循环初值，FINAL 为循环终值，它们的数据类型均为整数
	NEXT	—(NEXT)	NEXT	循环结束
跳转指令 JMP		N —(JMP)	JMP n	可使程序流程转移转到同一程序中指定的标号(n)处，和标号指令成对使用
标号指令 LBL		N — LBL	LBL n	使程序跳转到指定的目标位置(n)
顺序控制继电器指令	装载 SCR	S bit SCR	LSCR　S bit	将 S 位的值装载到 SCR 和逻辑堆栈中
	SCR 传输指令	S bit —(SCRT)	SCRT　S bit	将程序控制权从一个激活的 SCR 段传递到另一个 SCR 段
	结束 SCR	—(SCRE)	SCRE	可以使程序退出一个激活的程序段而不执行 CSCRE 与 SCRE 之间的指令
条件结束指令		—(END)	END	根据前面的逻辑关系终止当前的扫描周期
停止指令		—(STOP)	STOP	使 PLC 从运行模式进入停止模式
看门狗复位指令		—(WDR)	WDR	允许 S7-200 的 CPU 系统的看门狗定时器被重新触发

一、循环指令

在遇到需要多次重复执行的任务时，可以使用循环指令。循环指令有两条：FOR、NEXT(两条指令必须成对使用)。FOR 为循环开始指令，用来标记循环体的开始。NEXT 为循环结束指令，用来标记循环体的结束，NEXT 指令无操作数。FOR 和 NEXT 之间的程序段称为循环体。

FOR 指令使用时必须设置 INDX、INIT、FINAL 参数，INDX 为当前循环次数计数器，INIT 为循环初值，FINAL 为循环终值，它们的数据类型均为整数。每执行一次循环体，当前循环次数计数值加 1，并将其与循环终值比较，如果大于终值，则终止循环；否则，反复执行循环体。

FOR/NEXT 循环指令允许嵌套，即 FOR/NEXT 循环可以在另一个 FOR/NEXT 循环之中，最多可以嵌套 8 层。如图 26-1 所示，I2.0 接通阶段执行 100 次外循环(图中标有 1 的回路)，I2.0 和 I2.1 同时接通时，外循环每执行 1 次，内循环 2 执行 2 次。

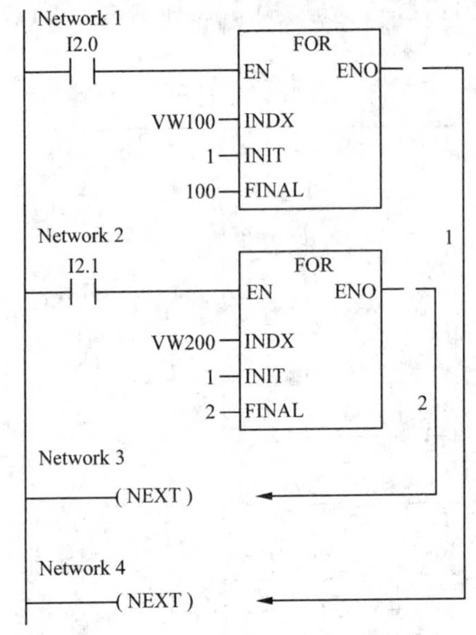

图 26-1 循环指令使用示例

二、跳转及标号指令

跳转及标号指令必须成对使用，跳转指令(JMP)使程序流程转移到同一程序中指定的标号(n)处。标号指令(LBL)是使程序跳转到指定的目标位置(n)。跳转及标号指令可以分别用在主程序、子程序或中断程序中。但不能从主程序跳到子程序或中断程序，也不能从子程序或中断程序跳出。可以在 SCR 段中使用跳转指令，但对应的标号指令必须位于相同的 SCR 段内。其操作数为 1～255。

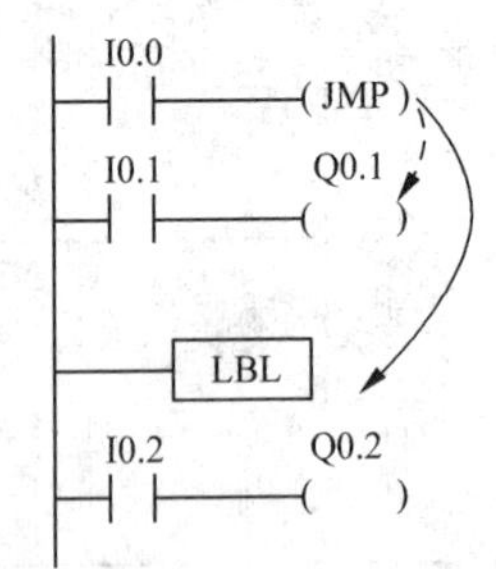

图 26-2 跳转及标号指令示例

图 26-2 所示为跳转及标号指令示例。当 JMP 条件满足(I0.0 接通)时程序跳转，执行 LBL 标号以后的指令(图 26-2 中实线箭头所示)，而在 JMP 和 LBL 之间的指令概不执行，在这个过程中即使 I0.1 接通，Q0.1 也不会得电。当 JMP 条件不满足时，则当 I0.1 接通时 Q0.1 会得电

（图 26-2 中虚线箭头所示）。

三、顺序控制继电器指令

只要 PLC 应用中包含的一系列操作需要反复执行，就可以使用顺序控制继电器指令使程序更加结构化，以便于直接应用，这样可以使得编程和调试更加快速和简单。

顺序控制继电器指令中的 S bit 是顺序控制继电器标号。顺序控制继电器有一个使能位（状态位），从 SCR 开始到 SCRE 结束的所有指令组成 SCR。SCR 是一个顺序控制继电器（SCR）段的开始，当 S Bit 使能位为 1 时，允许 SCR 段工作。SCR 段必须用 SCRE 指令结束。

SCRT 指令执行 SCR 段的转移。它一方面对下一个 SCR 使能位置位，以使下一个 SCR 段工作；另一方面又同时对本段 SCR 使能位复位，以使本段 SCR 停止工作。SCR 指令只能用在主程序中，不可用在子程序和中断程序中。顺序控制继电器的编号为 S0.0～S31.7。

当使用 SCR 时，注意以下限定：

（1）不能把同一个使能位用于不同程序中。

（2）在 SCR 段之间不能使用 JMP 和 LBL 指令，即不允许跳入、跳出。

（3）在 SCR 段中不能使用 END 指令。

图 26-3 所示为用顺序控制继电器控制交通信号灯变化的部分程序。

第一次扫描时，SM0.1 触点接通，S0.1 置 1；

S0.1 置 1，启动第一段 SCR 程序；

SM0.0 触点接通，Q0.4 得电，第一条街红灯亮；
Q0.5 和 Q0.6 失电，黄灯和绿灯灭；
启动 2 s 定时。

2 s 后切换到第二段 SCR；

第一段 SCR 结束；

S0.2 置 1，第二段 SCR 开始；
SM0.0 触点接通，Q0.2 得电，第二条街绿灯亮；
启动 25 s 定时。

25 s 后切换到第三段 SCR；
第二段 SCR 结束

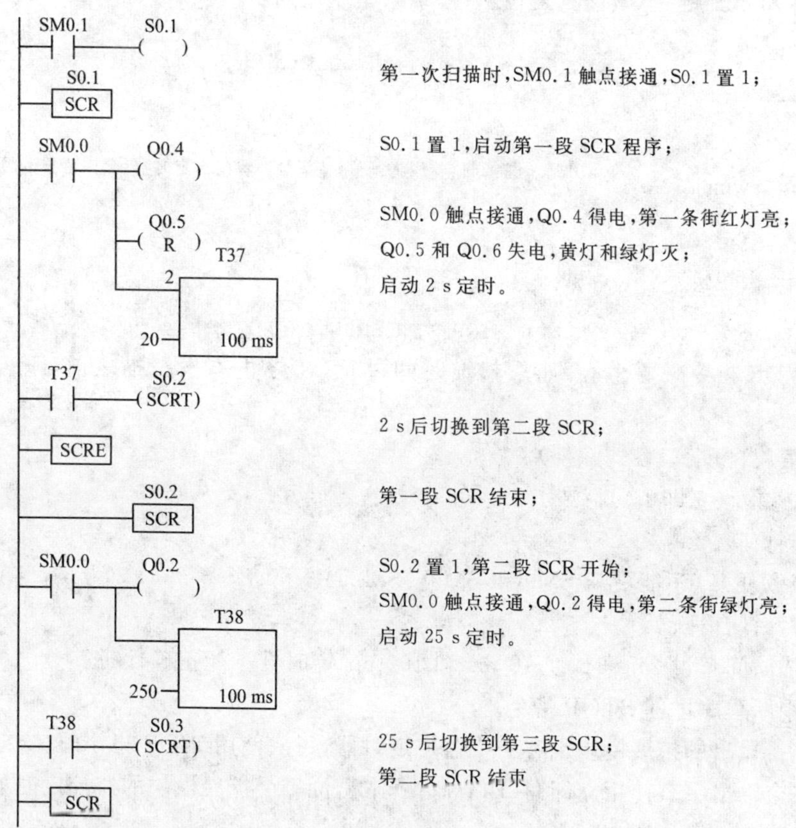

图 26-3　顺序控制继电器使用示例

四、条件结束指令与停止指令

条件结束指令(END)根据前面的逻辑关系终止当前的扫描周期,只能在主程序中使用,不能在子程序或中断程序中使用。STEP 7-Micro/WIN 软件自动在主程序中增加无条件结束指令。

停止指令(STOP)使 PLC 从运行(RUN)模式进入停止(STOP)模式,从而立即终止程序的执行。STOP 指令可以用在主程序、子程序和中断程序中。如果在中断程序中执行停止指令,中断程序立即终止,并忽略全部等待执行的中断,继续扫描主程序的剩余部分,并在当前扫描的最后,完成从 RUN 到 STOP 模式的转变。

五、看门狗复位指令

看门狗又称为系统监控定时器,它的定时时间为 500 ms,每次扫描它都被自动复位一次。用户程序正常工作时扫描周期小于 500 ms,它不起作用。

当扫描周期大于 500 ms 时,看门狗就会停止执行用户程序,例如用户程序很长或者出现中断事件导致执行中断程序的时间较长等。

如果希望程序的扫描周期超过 500 ms,或者在中断事件发生时有可能使程序的扫描周期超过 500 ms,则应使用看门狗复位指令(WDR)来重新触发看门狗定时器。这样可以在不引起看门狗错误的情况下,延长扫描所允许的时间。

图 26-4 所示为停止、看门狗复位、条件结束指令使用示例。

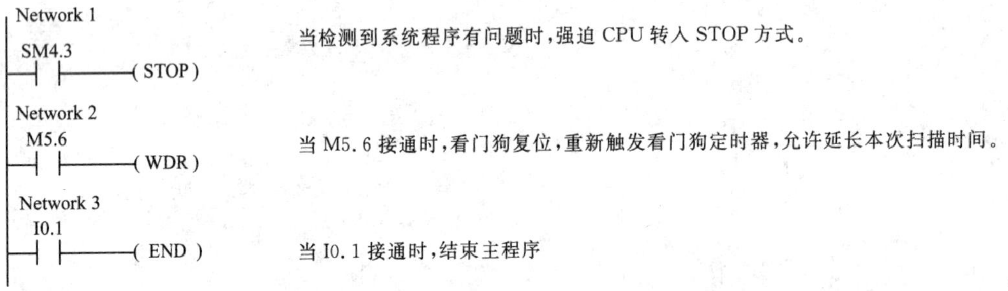

```
Network 1
 SM4.3
--| |------( STOP )        当检测到系统程序有问题时,强迫 CPU 转入 STOP 方式。

Network 2
 M5.6
--| |------( WDR )         当 M5.6 接通时,看门狗复位,重新触发看门狗定时器,允许延长本次扫描时间。

Network 3
 I0.1
--| |------( END )         当 I0.1 接通时,结束主程序
```

图 26-4 STOP、WDR、END 指令使用示例

使用 WDR 指令时要小心,如果扫描时间过长,在终止本次扫描之前,下列操作将被禁止:

(1)通信(自由端口模式除外)。

(2)I/O 更新(立即 I/O 除外)。

(3)强制更新。

(4)SM 位更新(不能更新 SM0 和 SM5～SM29)。

(5)运行时间诊断。

(6)扫描时间超过 24 s 时,使 10 ms 和 100 ms 定时器不能正确计时。

(7)在中断程序中的 STOP 指令。

带数字量输出的扩展模块也有一个监控定时器,每次使用 WDR 指令时,应对每个扩展模块的第一个输出字节使用立即写(BIW)指令来复位每个扩展模块的监控定时器。

项目二十七

子程序及中断指令

一、子程序指令

S7-200 的 CPU 的控制程序由主程序、子程序和中断程序组成。STEP 7-Micro/WIN 在程序编辑器窗口为每个 POU(程序组织单元)提供一个独立的页。主程序总是第 1 页,后面是子程序和中断程序。

子程序是一个可选的指令的集合,使用子程序可以简化程序代码,使程序结构简单清晰,易于查错和维护。子程序仅在被其他程序调用时执行。同一子程序可以在不同的地方被多次调用,未调用它时不会执行子程序中的指令,因此使用子程序可以缩短扫描时间。

如果子程序中只使用局部变量,因为与其他 POU 没有地址冲突,所以可以将子程序移植到其他项目。为了移植子程序,应避免使用全局符号和变量,例如 V 存储器中的绝对地址。

子程序可以嵌套调用。从主程序算起,一共可以嵌套 8 层。在中断程序中调用的子程序,不能再调用到其他子程序。不禁止递归调用(子程序调用自己),但是当使用带子程序的递归调用时应慎重。

因为累加器可在主程序和子程序之间自由传递,所以在调用子程序时,累加器的值既不保存也不恢复。

当子程序在同一个扫描周期内被多次调用时,不能使用上升沿、下降沿、定时器和计数器指令。

1. 建立子程序

STEP 7-Micro/WIN 在打开程序编辑器时,默认提供了一个空的子程序 SBR_0,用户可以直接在其中输入程序。此外,用户还可以用以下方法创建子程序:

(1)在“编辑”菜单中执行命令“插入”/“子例行程序”。

(2)在程序编辑器视窗中单击鼠标右键,从弹出的快捷菜单中执行“插入”/“子例行程序”。

(3)在指令树上的“程序块”图标处单击鼠标右键,并从弹出的快捷菜单中选择“插入”/“子例行程序”。

采用以上方法创建子程序后,程序编辑器将从原来的 POU 显示进入新的子程序状态

(可以在其中编程),程序编辑器底部出现新的子程序标签。默认的子程序名是 SBR_N,编号 N 从 0 开始按递增顺序生成,对于 CPU 226 XP,N 为 0～127;对其余 CPU,N 为 0～63。可以在程序图标上单击鼠标右键,在弹出的快捷菜单中选择"重新命名",即可修改它们的名称;选择"删除",可以删除该子程序。在指令树窗口双击新建的子程序图标(或者单击程序编辑器视窗下方的程序名称),即可进入子程序,对它进行编辑。

2. 子程序指令

子程序指令包含子程序调用指令及子程序返回指令。于程序调用指令将程序控制权交给子程序 SBR_N,可以使用带参数或不带参数的"调用子例行程序"指令。该子程序执行完成后,程序控制权返回到子程序调用指令的下一条指令。子程序调用指令位于指令树的"调用子例行程序"分支中。建立一个子程序,相应地就在该分支中产生一个该子程序的调用指令。(只有建立了子程序后,才可以使用该子程序的调用指令)

STEP 7-Micro/WIN 会自动在子程序末尾加上返回指令。S7-200 的 CPU 还提供了条件返回指令(RET),该指令用在子程序的内部,根据条件选择是否提前返回调用它的程序。条件返回指令在指令树的"程序控制"分支中。

子程序指令见表 27-1。

表 27-1　子程序指令

指令名称	LAD	STL	指令功能
调用子程序指令	SBR_0	CALL SBR_0	当 EN 端输入接通时,调用子程序 SBR_0
条件返回指令	—(RET)	CRET	从子程序中返回

图 27-1 所示为子程序调用指令使用示例。在子程序中使用了条件返回指令 RET,若条件满足,则提前从子程序返回;否则,执行到子程序末尾再返回。

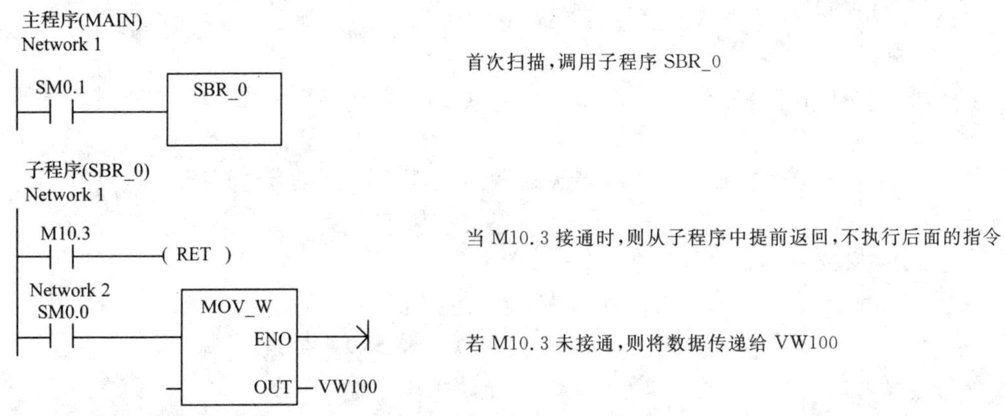

图 27-1　子程序调用指令使用示例

3. 带参数调用子程序

程序中的每个 POU 都有自己的由 64BL 存储器组成的局部变量表。它们用来定义有范围限制的变量,局部变量只在它被创建的 POU 中有效。在主程序或中断程序中,局部变量表只包含 TEMP 变量。子程序的局部变量表中的变量类型有四种,如图 27-2 所示。

SIMATIC LAD

	符号	变量类型	数据类型	注解
	EN	IN	BOOL	
		IN		
		IN_OUT		
		OUT		
		TEMP		

图 27-2　子程序的局部变量

(1)IN(输入变量)　由调用它的 POU 提供的输入参数。

(2)OUT(输出变量)　返回给调用它的 POU 的输出参数。

(3)IN_OUT(输入/输出变量)　其初始值由调用它的 POU 提供,被子程序修改后返回给调用它的 POU。

(4)TEMP(临时变量)　不能用来传递参数,仅用于子程序内部暂存数据。

定义参数时必须指定参数的符号名称(最多使用 23 个英文字符)、变量类型和数据类型。一个子程序最多可以传递 16 个参数。如要在局部变量表中加入一个参数,首先应根据变量类型选择合适的行,在符号格中输入符号名称,在数据类型格中单击鼠标左键,在弹出的数据类型选项栏中选择即可。

图 27-3 所示为带参数调用的子程序示例,其中包括编辑完成的子程序及其局部变量表,图 27-4 所示为其主程序。

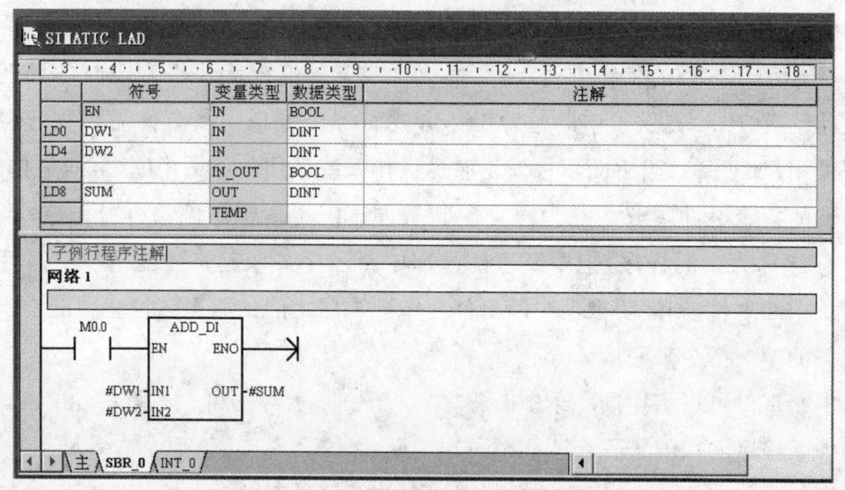
SIMATIC LAD

	符号	变量类型	数据类型	注解
	EN	IN	BOOL	
LD0	DW1	IN	DINT	
LD4	DW2	IN	DINT	
		IN_OUT	BOOL	
LD8	SUM	OUT	DINT	
		TEMP		

图 27-3　带参数调用的子程序示例

图 27-3 中的子程序完成两个字类型的整数相加功能。主程序将进行相加的实际数据分别传送给子程序的两个参数 DW1 和 DW2,并将二者之和保存在从 VD238 开始的四个字节中。

子程序中定义了三个变量 DW1、DW2 和 SUM,这些变量也称为子程序的参数。子程序的参数必须在子程序的局部变量表中定义。如图 27-3 所示。

按照子程序指令的调用顺序,参数值分配给局部变量存储器 L,编程时,系统对每个变

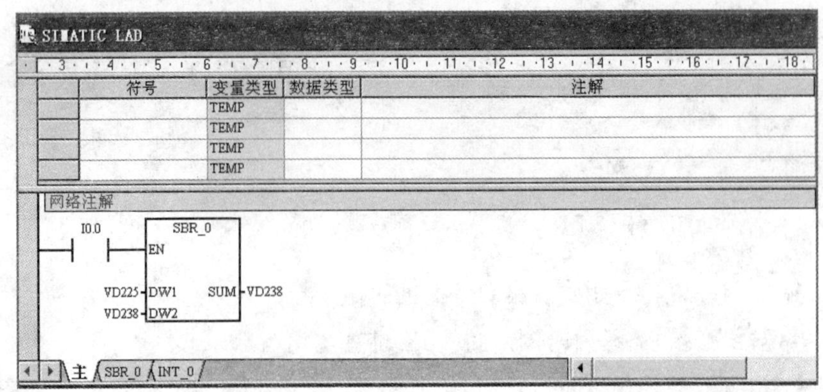

图 27-4 主程序

量自动分配局部变量存储器地址。例如局部变量表中的 LD0、LD4 和 LD8 等。

子程序的参数是形式参数，并不是具体的数值或者变量地址，而是以符号定义的参数。这些参数在调用子程序时被实际数据代替。

子程序中变量符号名称前的“#”表示该变量是局部变量。

于程序可以被多次调用，带参数的子程序在每次调用时可以对不同的变量、数据进行相同的运算、处理，以提高程序编辑和执行的效率，节省程序存储空间。

二、中断指令

1. 中断概述

PLC 采用循环扫描的工作方式，使突发事件或意外情况无法得到及时的处理和响应。为了解决此问题，PLC 提供了中断这种工作方式。PLC 处理中断事件需要执行中断程序，中断程序是用户编写的，当中断事件发生时由操作系统调用。所谓中断事件，是指能够用中断功能处理的特定事件。S7-200 为每个中断事件规定了一个中断事件号。响应中断事件而执行的程序称为中断程序，把中断事件号和中断程序关联起来才能执行中断处理功能。若要关闭某中断事件，则需要取消中断事件与中断程序之间的联系。这些功能在 PLC 中可以使用相关的中断指令来完成。

多个中断事件可以调用同一个中断程序，一个中断事件不可以关联多个中断程序。中断程序或中断程序调用的子程序不会被再次中断。

中断事件可能在 PLC 程序扫描循环周期中的任意时刻发生。执行中断程序前后，系统会自动保护和恢复被中断的程序运行环境，以避免中断程序对主程序造成影响。

S7-200 的 CPU 支持三类中断事件：通信中断、I/O 中断、定时中断。以上中断事件中，通信中断优先级最高，定时中断优先级最低。任何时刻只能执行一个中断程序。中断程序执行过程中发生的其他中断事件不会影响该中断的执行，而是按照优先级和发生时序排队。队列中优先级高的中断事件首先得到处理；优先级相同的中断事件先到先处理。中断事件号及其优先级见表 27-2。

表 27-2　　中断事件号及其优先级

事件号	中断描述	优先级	优先组中的优先级	CPU 支持			
				221	222	224	224 XP 226
8	端口 0:接收字符	通信（最高）	0	√	√	√	√
9	端口 0:发送完成		0	√	√	√	√
23	端口 0:接收信息完成		0	√	√	√	√
24	端口 1:接收信息完成		1				√
25	端口 1:接收字符		1				√
26	端口 1:发送完成		1				√
19	PTO 0 完成中断	I/O（中等）	0	√	√	√	√
20	PTO 1 完成中断		1	√	√	√	√
0	上升沿,I0.0		2	√	√	√	√
2	上升沿,I0.1		3	√	√	√	√
4	上升沿,I0.2		4	√	√	√	√
6	上升沿,I0.3		5	√	√	√	√
1	下降沿,I0.0		6	√	√	√	√
3	下降沿,I0.1		7	√	√	√	√
5	下降沿,I0.2		8	√	√	√	√
7	下降沿,I0.3		9	√	√	√	√
12	HSC0 CV=PV（当前值=预置值）		10	√	√	√	√
27	HSC0 输入方向改变		11	√	√	√	√
28	HSC0 外部复位		12	√	√	√	√
13	HSC1 CV=PV（当前值=预置值）		13			√	√
14	HSC1 输入方向改变		14			√	√
15	HSC1 外部复位		15			√	√
16	HSC2 CV=PV（当前值=预置值）		16			√	√
17	HSC2 输入方向改变		17			√	√
18	HSC2 外部复位		18			√	√
32	HSC3 CV=PV（当前值=预置值）		19	√	√	√	√
29	HSC4 CV=PV（当前值=预置值）		20	√	√	√	√
30	HSC4 输入方向改变		21	√	√	√	√
31	HSC4 外部复位		22	√	√	√	√
33	HSC5 CV=PV（当前值=预置值）		23	√	√	√	√
10	定时中断 0,SMB34	定时（最低）	0	√	√	√	√
11	定时中断 1,SMB35		1	√	√	√	√
21	定时器 T32 CT=PT 中断		2	√	√	√	√
22	定时器 T96 CT=PT 中断		3	√	√	√	√

表27-3列出了三个中断队列以及它们能够存储的中断个数。有时，可能有多于队列所能保存数目的中断出现，因而，由系统维护的队列溢出存储器位表明丢失的中断事件的类型。中断队列溢出标志位见表27-4。应当只在中断程序中使用这些位，因为在队列变空时，这些位会被复位，控制权返回到主程序。

表27-3 每个中断队列的最大数目

队列	CPU 211、CPU 222、CPU 224	CPU 224 XP和CPU 226
通信中断队列	4	8
I/O中断队列	16	16
定时中断队列	8	8

表27-4 中断队列溢出标志位

描述(0=不溢出，1=溢出)	SM位
通信中断队列	SM4.0
I/O中断队列	SM4.1
定时中断队列	SM4.2

2. 中断指令

S7-200的中断指令见表27-5。

表27-5 中断指令

指令名称	LAD	STL	指令功能
中断允许指令	—(ENI)	ENI	全局地允许所有被连接的中断事件
中断禁止指令	—(DISI)	DISI	全局地禁止处理所有中断事件
中断连接指令	ATCH EN ENO ????-IN ????-EVNT	ATCH INT EVNT	将中断事件EVNT与中断程序号INT相关联，并使能该中断事件
中断分离指令	DTCH EN ENO ????-EVNT	DTCH EVNT	将中断事件EVNT与中断程序之间的关联切断，并禁止该中断事件
中断条件返回指令	—(RETI)	CRETI	用于根据前面的逻辑操作的条件，从中断程序中返回
消除中断事件指令	CLR_EVNT EN ENO ????-EVNT	CEVNT EVNT	从中断队列中清除所有EVNT类型的中断事件

(1)中断允许指令 ENI(Enable Interrupt)　全局地允许所有被连接的中断事件。

(2)中断禁止指令 DISI(Disable Interrupt)　全局地禁止处理所有中断事件。允许中断事件排队等候,但不允许执行中断服务程序,直到用全局中断允许指令 ENI 重新允许中断。

当进入 RUN 模式时,中断被自动禁止。在 RUN 模式执行全局中断允许指令后,各中断事件发生时是否会执行中断程序,取决于是否执行了该中断事件的中断连接指令。

(3)中断连接指令 ATCH(Attach Interrupt)　将中断事件 EVNT 与中断程序号 INT 相关联,并使能该中断事件。也就是说,执行 ATCH 后,该中断程序在事件发生时被自动启动。因此,在启动中断程序之前,应在中断事件和该事件发生时希望执行的中断程序之间,用 ATCH 指令建立联系。

(4)中断分离指令 DTCH(Detach Interrupt)　用来断开中断事件 EVNT 与中断程序 INT 之间的联系,从而禁止单个中断事件。

(5)中断条件返回指令 CRETI(Conditional Return from Interrupt)　用于根据前面的逻辑操作的条件,从中断程序中返回,编程软件自动为各中断程序添加无条件返回指令。

(6)清除中断事件指令 CEVNT(Clear Event)　从中断队列中清除所有的中断事件,该指令可以用来消除不需要的中断事件。如果用来清除假的中断事件,首先应分离事件;否则,在执行该指令之后,新的事件将增加到队列中。

在中断程序中不能使用 DISI、ENI、HDEF、LSCR 和 END 指令。

3. 中断程序的建立

STEP 7-Micro/WIN 在打开程序编辑器时,默认提供了一个空的中断程序 INT_0,用户可以直接在其中输入程序。此外,用户还可以用以下方法创建中断程序:

(1)在“编辑”菜单中执行命令“插入”/“中断”。

(2)在程序编辑器视窗中单击鼠标右键,在弹出的快捷菜单中执行“插入”/“中断”。

(3)在指令树上的“程序块”图标上单击鼠标右键,并在弹出的快捷菜单中选择“插入”/“中断”。

用以上方法创建中断程序后,程序编辑器将从原来的 POU 显示进入新的中断程序(可以在其中编程),程序编辑器底部出现新的中断程序标签。

中断程序提供对特殊(或紧急)内部事件和外部事件的快速响应。中断程序应尽量短小、简单,以缩短中断程序的执行时间,减少对其他处理的延迟。中断程序在执行完某项特定任务后,应立即返回主程序;否则,可能引起主程序控制的设备操作异常。

4. 中断指令示例

中断指令使用示例见表 27-6,表中给出了主程序和中断程序及相应的指令功能。表 27-7 为用定时中断读取模拟量的程序示例。

表 27-6 **中断指令示例**

程序类型	网络号	LAD	指令功能
MAIN	Network 1	SM0.1; MOV_B: EN ENO, 100 - INT OUT - SMB34; ATCH: EN ENO, INT_0 - INT, 10 - EVNT; (ENI)	首次扫描，定义事件 1(I0.0 的下降沿)的中断程序为 INT_0；全局中断允许
	Network 2	SM5.0; DTCH: EN ENO, EVNT	如果检测到 I/O 错误，禁止事件 1(I0.0 的下降沿)的中断，该程序段是可选的
	Network 3	M5.0 (DISI)	当 M5.0 接通时，禁止所有中断
INT_0		SM5.0 (RETI)	事件 1(I0.0 的下降沿)的中断程序：当有 I/O 错误时返回

表 27-7 **用定时中断读取模拟量的程序示例**

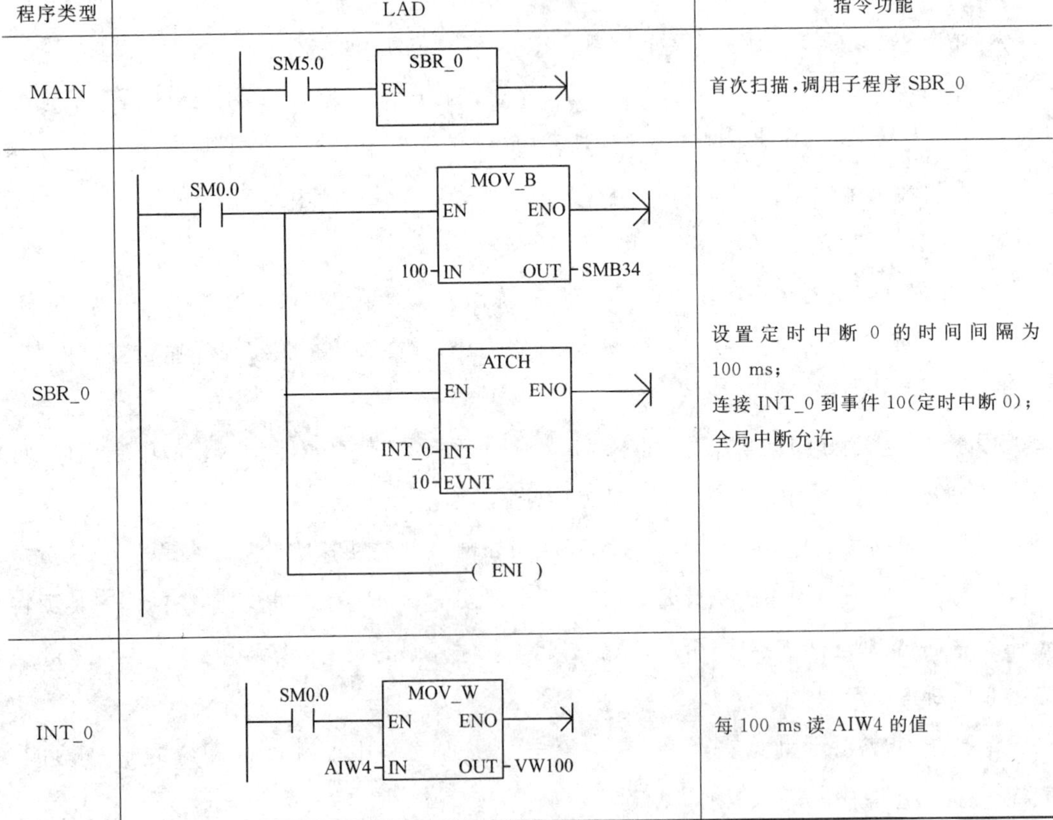

程序类型	LAD	指令功能
MAIN	SM5.0; SBR_0: EN	首次扫描，调用子程序 SBR_0
SBR_0	SM0.0; MOV_B: EN ENO, 100 - IN OUT - SMB34; ATCH: EN ENO, INT_0 - INT, 10 - EVNT; (ENI)	设置定时中断 0 的时间间隔为 100 ms；连接 INT_0 到事件 10(定时中断 0)；全局中断允许
INT_0	SM0.0; MOV_W: EN ENO, AIW4 - IN OUT - VW100	每 100 ms 读 AIW4 的值

项目二十八

PLC 应用系统设计及示例

一、应用系统设计概述

在了解了 PLC 的基本工作原理和指令系统之后，可以结合实际进行 PLC 应用系统设计，它包括硬件设计和软件设计两部分，其基本原则是：

(1)充分发挥 PLC 的控制功能，最大限度地满足被控制的生产机械或生产过程的控制要求。

(2)在满足控制要求的前提下，力求使控制系统经济、简单，维修方便。

(3)保证控制系统安全可靠。

(4)考虑到生产发展和工艺的改进，在选用 PLC 时，在 I/O 点数和内存容量上适当留有余地。

(5)软件设计主要是指编写程序，要求程序结构清楚，可读性强，简短，占用内存少，扫描周期短。

二、PLC 应用系统设计

1.设计内容及设计步骤

(1)设计内容

①根据设计任务书进行工艺分析，绘制工艺流程图，拟订控制方案。

②选择输入设备(如按钮、开关、传感器等)和输出设备(如继电器、接触器、指示灯等执行机构)。

③选定 PLC 的型号(包括机型、容量、I/O 模块和电源等)。

④分配 PLC 的 I/O 点数，绘制 PLC 的 I/O 硬件接线图。

⑤编写程序并调试。

⑥设计控制系统的操作台、电气控制柜以及安装接线图等。

⑦编写设计说明书和使用说明书。

(2)设计步骤

①工艺分析

深入了解控制对象的工艺过程、工作特点、控制要求，并划分控制的各个阶段，归纳各个阶段的特点和各阶段之间的转换条件，绘制控制流程图或功能流程图。

②选择合适的PLC类型

在选择PLC机型时，主要考虑以下方面：

● 功能的选择　对于小型PLC，主要考虑I/O扩展模块、A/D与D/A模块以及指令功能（如中断、PID等）。

● I/O点数的确定　统计被控制系统的开关量、模拟量的I/O点数，并考虑以后的扩充（一般加上10%～20%的备用量），据此选择PLC的I/O点数和输出规格。

● 内存的估算　用户程序所需的内存容量主要与系统的I/O点数、控制要求、程序结构及长短等因素有关。一般情况下其估算公式为

存储容量＝开关量输入点数×10＋开关量输出点数×8＋模拟通道数×100＋定时器/计数器数量×2＋通信接口个数×300＋备用量

③分配I/O点数

分配PLC的I/O点数时，应先编制I/O分配表或绘制I/O端子的接线图，再进行PLC程序设计，同时进行电气控制柜或操作台的设计和现场施工。

④程序设计

对于较复杂的控制系统，根据生产工艺要求，绘制控制流程图或功能流程图，然后设计出梯形图，再根据梯形图编写指令表程序清单，对程序进行模拟调试和修改，直到满足控制要求为止。

⑤电气控制柜或操作台的设计和现场施工

设计电气控制柜及操作台的电器布置图及安装接线图，设计控制系统各部分的电气互锁图，根据图纸进行现场接线，并检查。

⑥应用系统整体调试

如果控制系统由多个部分组成，则应先进行局部调试，然后再进行整体调试；如果控制程序的步序较多，则可先进行分段调试，然后连接起来进行总体调试。

⑦编制技术文件

技术文件应包括可编程控制器的外部接线图等电气图纸、电器布置图、电器元件明细表、顺序功能图、带注释的梯形图和说明等。

2. 硬件、软件设计及调试

(1)硬件设计

PLC的硬件设计包括PLC及外围线路的设计、电气线路的设计和抗干扰措施的设计等。

选定PLC的机型和分配I/O点数后，硬件设计的主要内容就是电气控制系统的原理图的设计、电气控制元器件的选择和电气控制柜的设计。电气控制系统的原理图包括主电路和控制电路。控制电路中包括PLC的I/O接线和自动、手动部分的详细连接等。电气控制元件的选择主要根据控制要求选择按钮、开关、传感器、保护电器、接触器、指示灯、电磁阀等。

(2)软件设计

软件设计包括系统初始化程序、主程序、子程序、中断程序、故障应急措施和辅助程序的设计，小型开关量控制一般只有主程序。首先应根据总体要求和控制系统的具体情况，确定程序的基本结构，绘制控制流程图或功能流程图，简单的可以用经验设计法，复杂的系统一

般用顺序控制设计法。

(3)软件、硬件的调试

调试分为模拟调试和联机调试。

软件设计好后一般先进行模拟调试。模拟调试可以通过仿真软件来代替 PLC 硬件在计算机上调试程序。对于有 PLC 的硬件,可以用小开关和按钮模拟 PLC 的实际输入信号(如启动、停止信号)或反馈信号(如限位开关的接通或断开),再通过输出模块上各输出位对应的指示灯,观察输出信号是否满足设计的要求。需要模拟量信号 I/O 时,可用电位器和万用表配合调试。在编程软件中可以用状态图或状态图表监视程序的运行或强制某些编程元件。

硬件部分的模拟调试主要是对电气控制柜或操作台的接线进行测试。可在操作台的接线端子上模拟 PLC 外部的开关量输入信号,或操作按钮的指令开关,观察对应 PLC 输入点的状态。用编程软件将输出点强制 ON/OFF,观察对应的电气控制柜内 PLC 负载(指示灯、接触器等)的动作是否正常,或对应的接线端子上的输出信号的状态变化是否正确。

联机调试时,把编制好的程序下载到现场的 PLC 中。调试时,主电路一定要断电,只对控制电路进行联机调试。通过现场的联机调试,还会发现新的问题或对某些控制功能的改进。

3. 常用方法

PLC 程序设计的常用方法主要有经验设计法、继电器控制电路转换为梯形图法、逻辑设计法、顺序控制设计法等。

(1)经验设计法

经验设计法即在一些典型的控制电路程序的基础上,根据被控制对象的具体要求,进行选择组合,并多次反复调试和修改梯形图,有时需增加一些辅助触点和中间编程环节,才能达到控制要求。这种方法没有规律可循,设计所需的时间和设计质量与设计者的经验有很大的关系,所以称为经验设计法。经验设计法用于较简单的梯形图设计。应用经验设计法必须熟记一些典型的控制电路,如启－保－停电路、脉冲发生电路等。

(2)继电器控制电路转换为梯形图法

继电器-接触器控制系统经过长期的使用,已有一套能完成系统要求的控制功能并经过验证的控制电路图,而 PLC 控制的梯形图和继电器控制电路很相似,因此可以直接将经过验证的继电器控制电路转换成梯形图。主要步骤如下:

①熟悉现有的继电器控制电路。

②对照 PLC 的 I/O 端子接线图,将继电器控制电路上的被控器件(如接触器线圈、指示灯、电磁阀等)换成接线图上对应的输出点的编号,将继电器控制电路上的输入装置(如传感器、按钮开关、行程开关等)触点都换成对应的输入点的编号。

③将继电器控制电路中的中间继电器、定时器,用 PLC 的辅助继电器、定时器来代替。

④绘制全部梯形图,并予以简化和修改。

这种方法对简单的控制系统是可行的,比较方便,但对较复杂的控制电路,就不适用了。

例 28-1 电动机 Y/△降压启动控制系统的 PLC 改造。

①工作要求

电动机 Y/△降压启动控制的主电路和控制电路如图 28-1 所示,其工作原理如下:按下启动按钮 SB2,KM1、KM3、KT 通电并自保,电动机为 Y 启动;2 s 后,KT 动作,使 KM3 断电,KM2 通电吸合,电动机采用△启动运行。按下停止按钮 SB1,电动机停止运行。

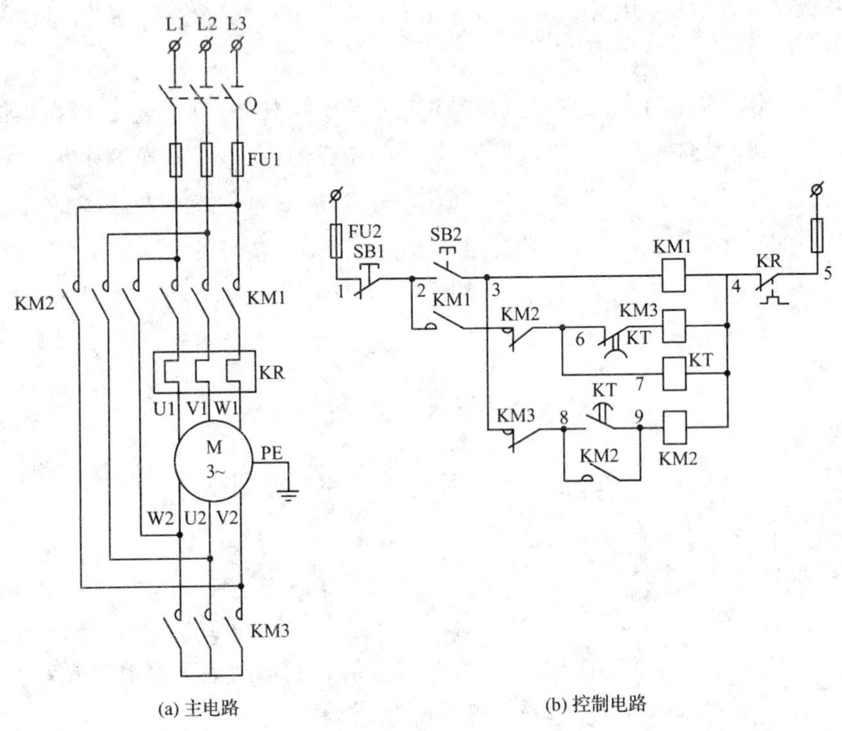

(a) 主电路　　(b) 控制电路

图 28-1 电动机 Y/△降压启动控制的主电路和控制电路

②I/O 分配(表 28-1)

表 28-1 **I/O 分配(1)**

输入(I)		输出(O)	
输入器件	端口分配	输入器件	端口分配
停止按钮 SB1	I0.0	KM1	Q0.0
启动按钮 SB2	I0.1	KM2	Q0.1
过载保护 FR	I0.2	KM3	Q0.2

③梯形图

转换后的梯形图如图 28-2 所示。按照梯形图语言中的语法规定简化和修改梯形图。为了简化电路,当多个线圈都受某一串并联电路控制时,可在梯形图中设置该电路控制的存储器的位，如 M0.0。简化后的梯形图如图 28-3 所示。

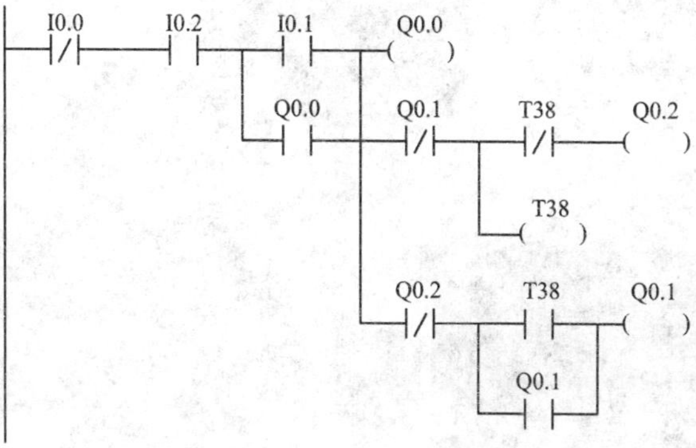

图 28-2　例 28-1 梯形图

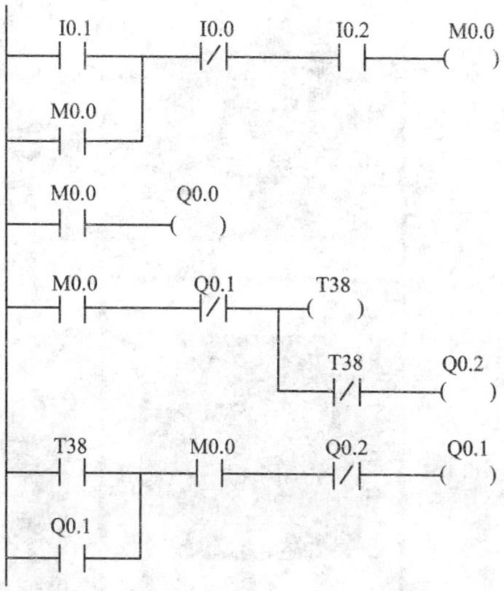

图 28-3　例 28-1 简化后的梯形图

图 28-4 所示为电动机 Y/△降压启动控制的硬件仿真系统。

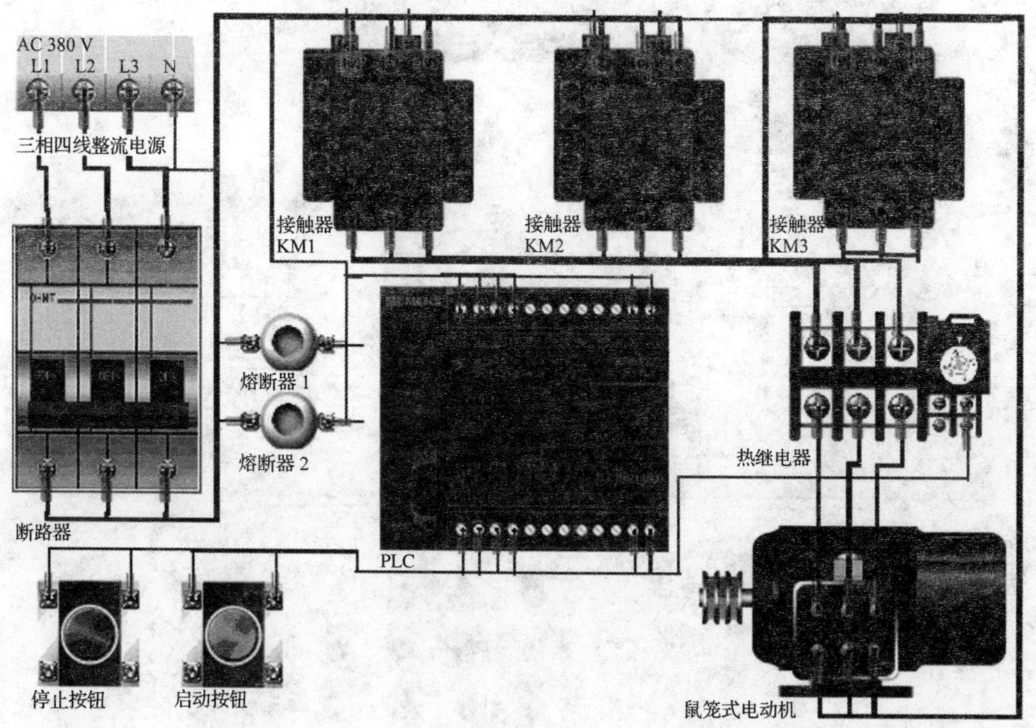

图 28-4　电动机 Y/△降压启动控制的硬件仿真系统

图 28-5 所示为软、硬件的仿真运行。其仿真过程为：合上断路器，按动启动按钮，电路即进入自动工作过程。按下停止按钮，电动机停止运行。

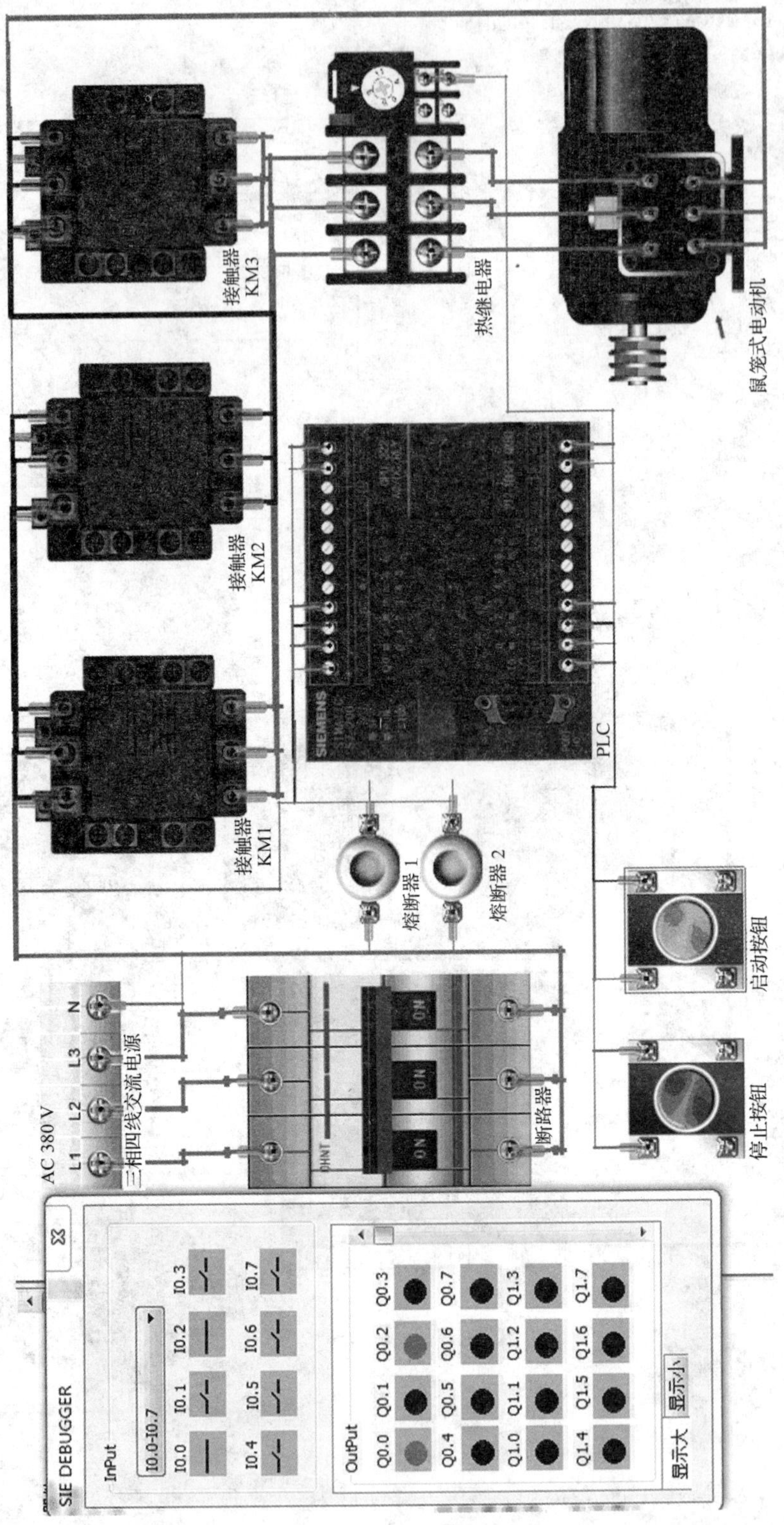

图 28-5 软、硬件的仿真运行

(3)逻辑设计法

逻辑设计法以布尔运算为理论基础,根据生产过程中各工步之间的检测元件(如行程开关、传感器等)状态的变化,列出检测元件的状态表,确定所需的中间记忆元件,再列出各执行元件的工序表,然后写出检测元件、中间记忆元件和执行元件的逻辑表达式,再转换成梯形图。该方法在单一的条件控制系统中非常实用,相当于组合逻辑电路,但在和时间有关的控制系统中,则很复杂。

例 28-2　用 PLC 实现交通灯控制。

①控制要求

如图 28-6 所示,交通信号灯启动后,南北方向红灯亮并维持 25 s。在南北方向红灯亮的同时,东西方向绿灯也亮,1 s 后,东西方向车灯(甲)亮。到 20 s 时,东西方向绿灯闪烁,3 s 后熄灭,在东西方向绿灯熄灭后、东西方向黄灯亮,同时甲灭。东西方向黄灯亮 2 s 后熄灭,东西方向红灯亮。与此同时,南北方向红灯熄灭,南北方向绿灯亮。1 s 后,南北车灯(乙)亮。南北方向绿灯亮 25 s 后闪烁,3 s 后熄灭,同时乙熄灭,南北方向黄灯亮 2 s 后熄灭,南北方向红灯亮,东西方向绿灯亮,如此循环往复。

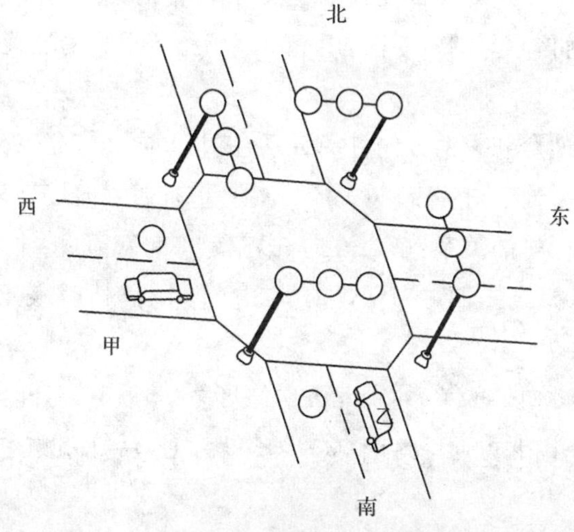

图 28-6　交通灯控制

②I/O 分配(表 28-2)

表 28-2　**I/O 分配(2)**

输入(I)	输出(O)	
启动按钮:I0.0	南北方向红灯:Q0.0	东西方向红灯:Q0.3
	南北方向黄灯:Q0.1	东西方向黄灯:Q0.4
	南北方向绿灯:Q0.2	东西方向绿灯:Q0.5
	南北方向车灯:Q0.6	东西方向车灯:Q0.7

③程序设计

根据控制要求首先画出交通信号灯的时序图，如图 28-7 所示。

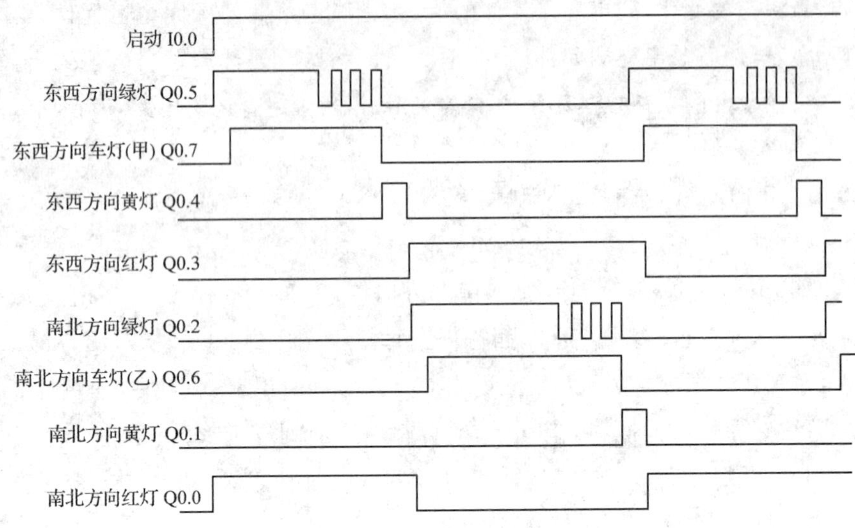

图 28-7 交通信号灯的时序图

根据十字路口交通信号灯的时序图，用基本逻辑指令设计的交通信号灯控制的梯形图，如图 28-8 所示。分析如下：

首先，找出南北方向灯和东西方向灯的关系：南北方向红灯亮（灭）的时间＝东西方向红灯灭（亮）的时间，南北方向红灯亮 25 s（T37 计时）后，东西方向红灯亮 30 s（T41 计时）后。

其次，找出东西方向灯的关系：东西方向红灯亮 30 s 后灭（T41 复位）→东西方向绿灯平光亮 20 s（T43 计时）后→东西方向绿灯闪烁 3 s（T44 计时）后，东西方向绿灯灭→东西方向黄灯亮 2 s（T42 计时）。

再其次，找出南北方向灯的关系：南北方向红灯亮 25 s（T37 计时）后灭→南北方向绿灯亮 25 s（T38 计时）后→南北方向绿灯闪烁 3 s（T39 计时）后，南北方向绿灯灭→南北方向黄灯亮 2 s（T40 计时）。

最后，找出车灯的时序关系：东西方向车灯是在南北方向红灯亮后开始延时（T49 计时）1 s 后，东西方向车灯亮，直至东西方向绿灯灭（T44 延时到）；南北方向车灯是在东西方向红灯亮后开始延时（T50 计时）1 s 后，南北方向车灯亮，直至南北方向绿灯灭（T39 延时到）。

根据上述分析列出各灯的输出控制表达式，见表 28-3。

表 28-3　　输出控制表达式

东西方向		南北方向	
红灯	Q0.3＝T37	红灯	Q0.0＝M0.0·T37
绿灯	Q0.5＝Q0.0·T43＋T43·T44·T59	绿灯	Q0.2＝Q0.3·T38＋T38·T39·T59
黄灯	Q0.4＝T44·T42	黄灯	Q0.1＝T39·T40
车灯	Q0.7＝T49·T44	车灯	Q0.6＝T50·T39

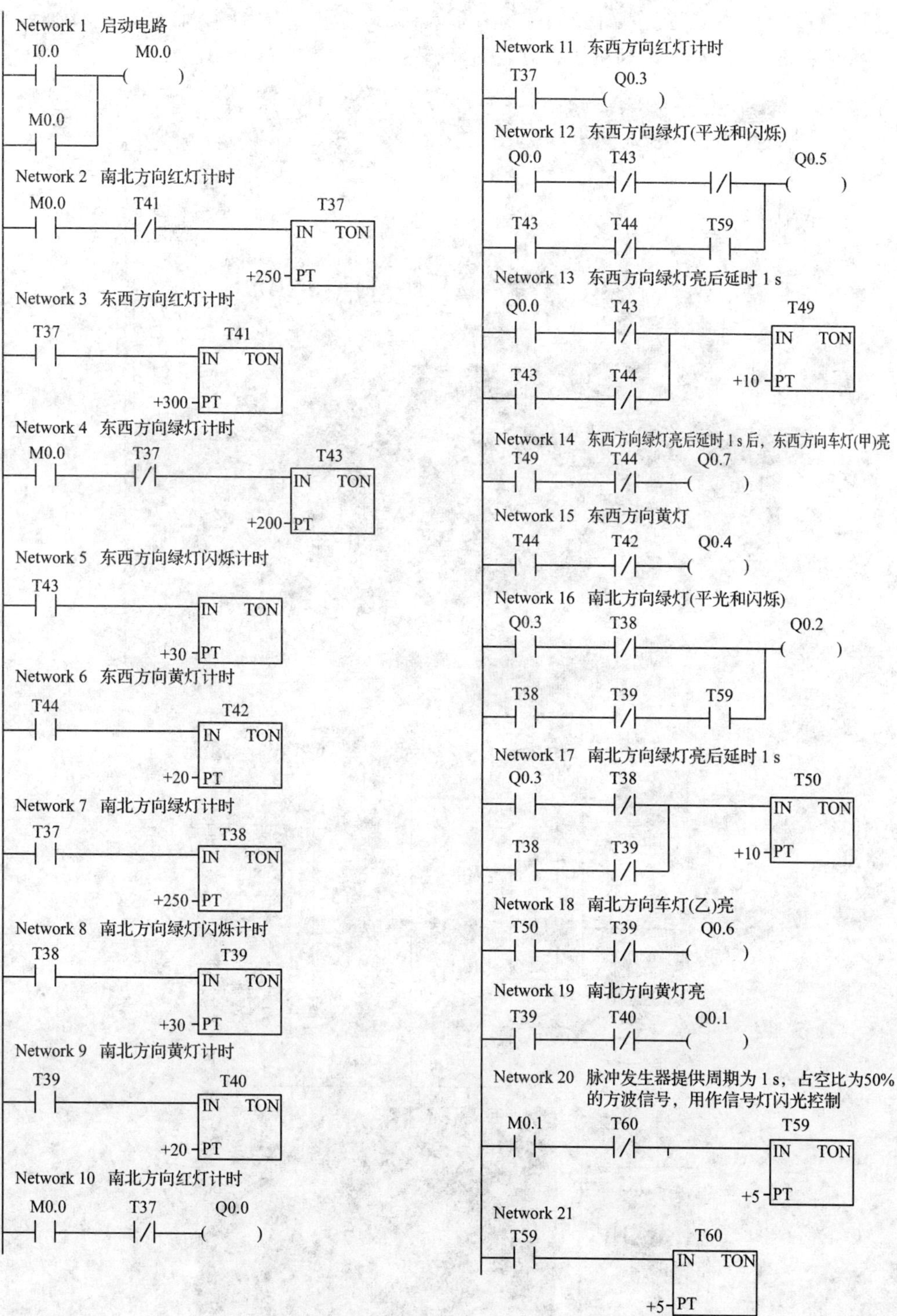

图 28.8 用基本逻辑指令设计的交通信号灯控制的梯形图

图28-9所示为交通信号灯控制的仿真系统，其工作过程为：合上断路器，在转换开关处单击鼠标右键，交通信号灯即进入自动运行状态。

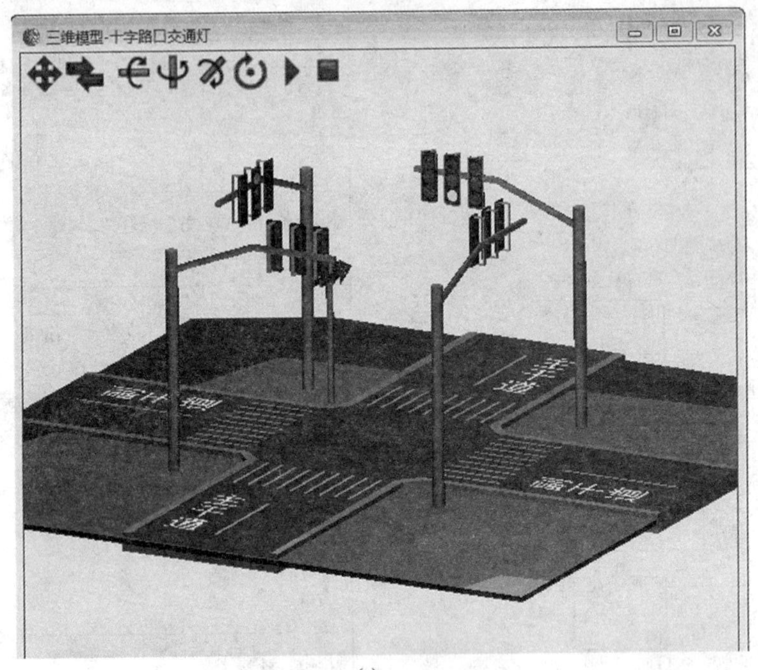

(a)

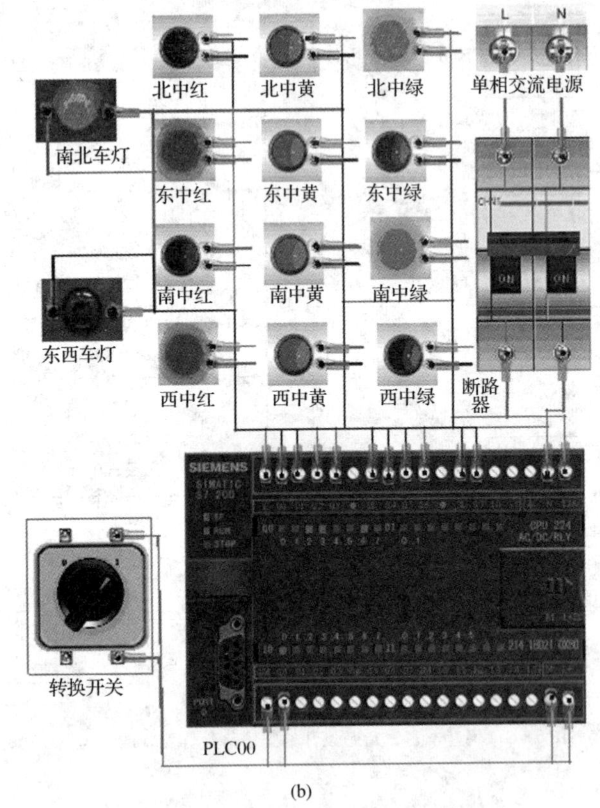

(b)

图28-9 交通信号灯控制的仿真系统

(4)顺序控制设计法

根据功能流程图,以步为核心,从起始步开始一步一步地设计下去,直至完成。这种方法的关键是绘制功能流程图。首先将被控制对象的工作过程按输出状态的变化分为若干步,并指定各步之间的转换条件和每一步的控制对象。这种工艺流程图集中了工作的全部信息。在进行程序设计时,可以用中间继电器来记忆,一步一步地顺序进行,也可以用顺序控制指令来实现。下面介绍功能流程图的种类及编程方法。

功能流程图的单流程结构形式简单,如图 28-10 所示,其特点是:每一步后面只有一个转换,每个转换后面只有一步。各步按顺序执行,上一步执行结束,转换条件成立,立即开通下一步,同时关断上一步。在这里将介绍用中间继电器来记忆步的编程方法。

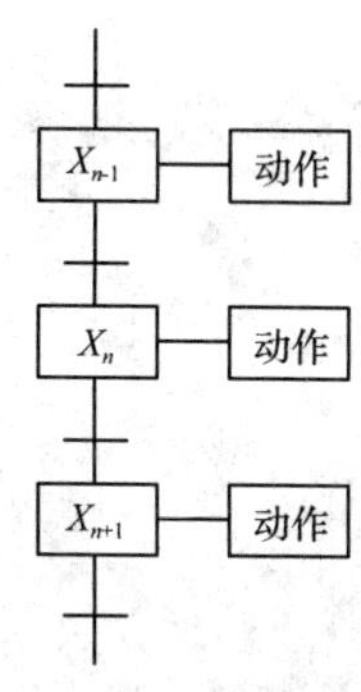

图 28-10　单流程结构

在图 28-10 中,当第 $n-1$ 步为活动步时,转换条件 b 成立,则转换实现,第 n 步变为活动步,同时第 $n-1$ 步关断。由此可见,第 n 步成为活动步的条件是:$X_{n-1}=1,b=1$;第 n 步关断的条件只有一个:$X_{n+1}=1$。用逻辑表达式表示功能流程图的第 n 步开通和关断条件为

$$X_n=(X_{n-1}\cdot b+X_n)\cdot \overline{X_{n+1}}$$

式中,等号左边的 X_n 为第 n 步的状态,等号右边的 X_{n+1} 表示关断第 n 步的条件,X_n 表示自保持信号,b 表示转换条件,"·"表示串联(与的关系),"+"表示并联(或的关系)。

例 28-3　根据图 28-11 所示的功能流程图,设计出梯形图程序。

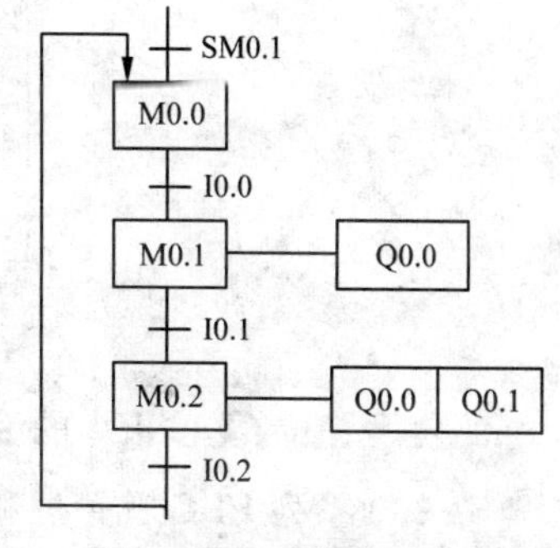

图 28-11　例 28-3 图

①使用启一保一停电路模式的编程方法

在梯形图中,为了实现前级步为活动步且转换条件成立时才能进行步的转换,总是将代表前级步的中间继电器的常开触点与转换条件对应的触点串联,作为代表后续步的中间继电器得电的条件。当后续步被激活时,应将前级步关断,因此将代表后续步的中间继电器常闭触点串联在前级步的电路中。

如图 28-11 所示的功能流程图中对应的状态逻辑关系如下:

$$M0.0=(SM0.1+M0.2\cdot I0.2+M0.0)\cdot \overline{M0.1}$$

$$M0.1=(M0.0\cdot I0.0+M0.1)\cdot \overline{M0.2}$$

$$M0.2=(M0.1\cdot I0.1+M0.2)\cdot \overline{M0.0}$$

$$Q0.0=M0.1+M0.2$$

$$Q0.1=M0.2$$

对于输出电路,应注意:Q0.0 输出继电器在 M0.1、M0.2 步中都被接通,应将 M0.1 和 M0.2 的常开触点并联去驱动 Q0.0;Q0.1 输出继电器只在 M0.2 步为活动步时才接通,所以用 M0.2 的常开触点驱动 Q0.1。

使用启一保一停电路模式编制的梯形图如图 28-12 所示。

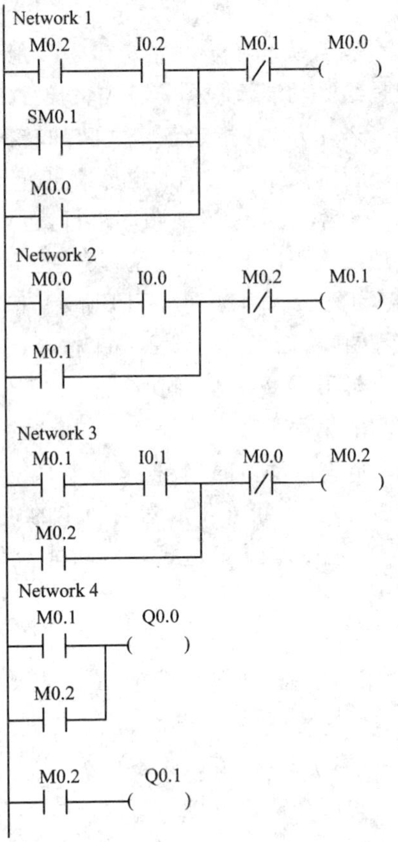

Network 1
M0.2 I0.2 M0.1 M0.0
SM0.1
M0.0
Network 2
M0.0 I0.0 M0.2 M0.1
M0.1
Network 3
M0.1 I0.1 M0.0 M0.2
M0.2
Network 4
M0.1 Q0.0
M0.2
M0.2 Q0.1

图 28-12 例 28-3 梯形图

②使用置位、复位指令的编程方法

S7-200 系列 PLC 有置位和复位指令，且对同一个线圈置位和复位指令可分开编程，因此可以实现以转换条件为中心的编程。

当前步为活动步且转换条件成立时，用 S 将代表后续步的中间继电器置位（激活），同时用 R 将本步复位（关断）。

在如图 28-11 所示的功能流程图中，如用 M0.0 的常开触点和转换条件 I0.0 的常开触点串联作为 M0.1 置位的条件，同时作为 M0.0 复位的条件。这种编程方法很有规律，每一个转换都对应一个 S/R 的电路块，有多少个转换就有多少个这样的电路块。用置位、复位指令编制的梯形图如图 28-13 所示。

③使用移位寄存器指令编程的方法

在单流程的功能流程图中各步总是顺序通断的，并且同时只有一步接通，因此很容易采用移位寄存器指令实现这种控制。对于图 28-11 所示的功能流程图，可以指定一个两位的移位寄存器，用 M0.1、M0.2 代表有输出的两步，移位脉冲由代表步状态的中间继电器的常开触点和对应转换条件组成的串联支路并联提供，数据输入端（DATA）的数据由初始步提供。对应的梯形图如图 28-14 所示。在梯形图中将对应步的中间继电器的常闭触点串联连接，可以禁止流程执行的过程中移位寄存器 DATA 端置“1”，以免产生误操作信号，从而保证了程序的顺利执行。

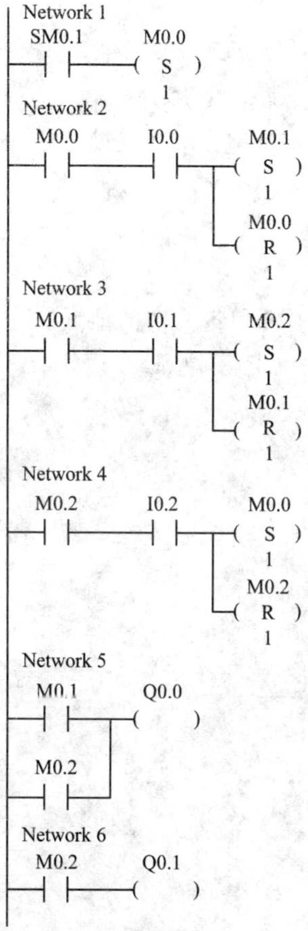

Network 1
SM0.1
M0.0
S
1
Network 2
M0.0
I0.0
M0.1
S
1
M0.0
R
1
Network 3
M0.1
I0.1
M0.2
S
1
M0.1
R
1
Network 4
M0.2
I0.2
M0.0
S
1
M0.2
R
1
Network 5
M0.1
Q0.0
M0.2
Network 6
M0.2
Q0.1

图 28-13　用置位、复位指令编制的梯形图

Network 1
SM0.0
M0.1
M0.2
M0.0
I0.2
Network 2
I0.2
I0.0
P
SHRB
EN
ENO
M0.0
M0.1
+2
SM0.0
M0.1
I0.1
M0.2
I0.2
Network 3
M0.1
Q0.0
M0.2
Network 4
M0.2
Q0.1

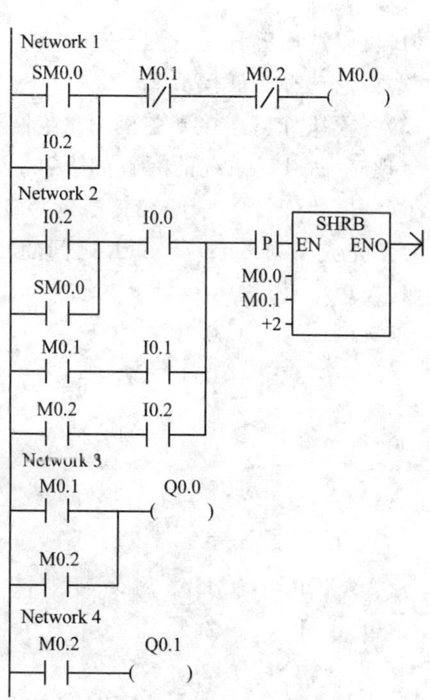

图 28-14　用移位寄存器指令编制的梯形图

第五篇习题

1. S7-200 系列 PLC 的主机中有哪些主要编程元件？

2. 什么是直接寻址？什么是间接寻址？如何使用？

3. 一个控制系统如果需要 12 点数字量输入、30 点数字量输出、10 点模拟量输入和 2 点模拟量输出，则：

(1)可以选用哪种主机型号？

(2)如何选择扩展模块？

(3)各模块如何连接到主机？试绘制连接图，并确定主机和各模块的地址。

4. 现有一 PLC 系统的配置如下：CPU 模块、PS 模块、CP 模块、FM 模块、SMI 模块(2 个)、SMO 模块(2 个)，请问在其基板上应如何组态该系统？

5. 请完成下列 LAD 与 STL 之间的转换。

(1)
```
A (
  O   I   0.0
  O   I   0.1
  )
A I   0.2
= Q   4.0
```

(2)
```
A   I   0.0
A   I   0.1
O   I   0.2
=   Q   4.0
```

(3)

I0.0
(Q4.0)
I0.1
I0.2

(4)

I0.0
I0.1
I0.3
(Q4.0)
I0.2

(5)

I0.0
I0.1
I0.2
(Q4.0)
I0.3
I0.4

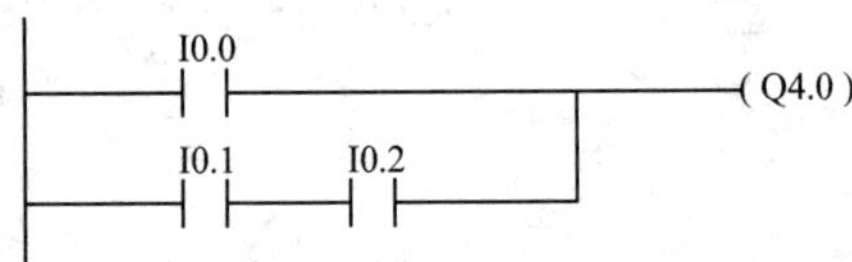

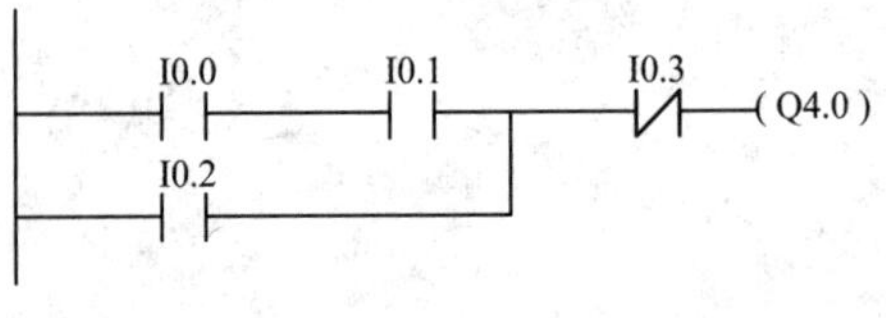

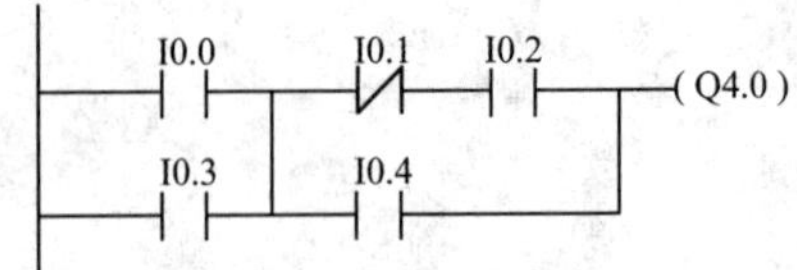

6.试绘制一段梯形图，要求：有 2 个开关 X001、X002，其中任何一个接通都将立即点亮红灯，2 s 钟后点亮绿灯。

7.试设计满足图 1 所示波形要求的梯形图。

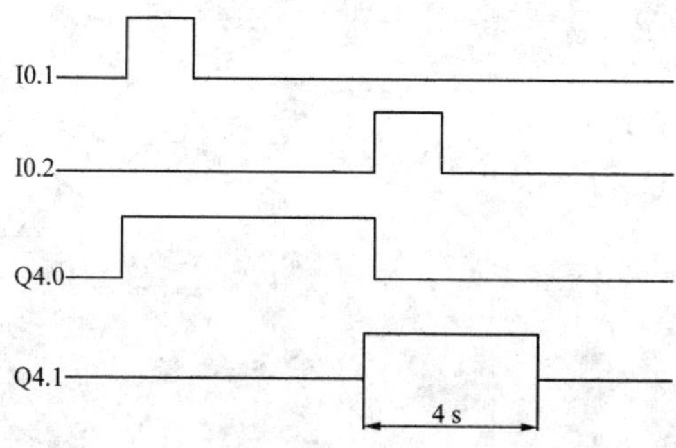

图 1　习题 7 图

8.试运用算术运算指令完成下列算式的运算：

(1)[(100＋200)＊10]/3。

(2)5^{30}。

(3)求 sin 45°的函数值。

9.试编程输出字符 A 的七段显示码。